计算机应用技术与信息化创新研究

唐小健 著

U0320196

ℂ 吉林科学技术出版社

图书在版编目（CIP）数据

计算机应用技术与信息化创新研究 / 唐小健著. --

长春 ：吉林科学技术出版社，2023.8

ISBN 978-7-5744-0961-3

Ⅰ．①计… Ⅱ．①唐… Ⅲ．①电子计算机 Ⅳ.
①TP3

中国国家版本馆 CIP 数据核字（2023）第 200701 号

计算机应用技术与信息化创新研究

著	唐小健
出 版 人	宛　霞
责任编辑	刘　畅
封面设计	南昌德昭文化传媒有限公司
制　版	南昌德昭文化传媒有限公司
幅面尺寸	185mm×260mm
开　本	16
字　数	295 千字
印　张	13.75
印　数	1-1500 册
版　次	2023年8月第1版
印　次	2024年2月第1次印刷

出　版　吉林科学技术出版社
发　行　吉林科学技术出版社
地　址　长春市福祉大路5788号
邮　编　130118
发行部电话/传真　0431-81629529 81629530 81629531
　　　　　　　　　81629532 81629533 81629534
储运部电话　0431-86059116
编辑部电话　0431-81629518
印　刷　三河市嵩川印刷有限公司

书　号　ISBN 978-7-5744-0961-3
定　价　78.00元

前 言

21 新世纪以来，随着我国国民经济水平的不断提升，我国的计算机也得到了迅速的发展，计算机应用技术也已经广泛的应用到了各个行业中，并且计算机应用技术对于促进行业的快速发展也是有着重要的意义的。这主要因为计算机应用技术不但给一些企业带来了优秀的管理系统，同时也促进了信息化技术的有效拓展，人们生活和工作对计算机的依赖程度越来越高，这就对计算机应用技术提出了更高的要求，计算机应用技术只有不断的满足社会发展的需求，才能从根本上为我国的可持续发展提供原动力。

计算机在各个领域的广泛应用不仅提高了人们的生活质量，为人们带来了各种便利，还在人们的生产和日常工作中发挥着极其重要的作用，大大提高了生产和工作效率。随着计算机技术的应用和发展，与其他领域的技术相结合并进行技术上的创新，为人们提供了各种高科技的信息技术，推动了社会经济的发展和科学技术的进步。

在当今科技高速发展的时代背景下，先进科学技术冲击着整个世界，本书属于计算机应用与信息化方面的著作，全书以"互联网 +"时代的计算机应用技术与信息化技术为研究对象，主要研究计算机应用技术与信息化，本书从计算机技术概述入手，针对计算机网络技术基础与结构进行了简单的介绍，另外对网络接入技术与无线网络技术，局域网与广域网技术进行了分析研究，对物联网网络层技术与物联网应用层技术做了一定的介绍，对计算机控制技术，计算机网络安全技术进行了简单的探究，最后对"互联网 +"时代信息化技术下的翻转课堂、慕课与微课的设计进行了探究，提出了一些建议，并通过案例对"互联网 +"时代的计算机实际应用及其信息化创新进行更深一步的研究。由于作者水平有限，书中难免会出现不足之处，希望各位读者和专家能够提出宝贵意见，以待进一步修改，使之更加完善。

目　录

第一章 计算机技术概述

第一节 计算机概念与组成

一、计算机概论

计算机（computer）俗称电脑，是现代一种用于高速计算的电子计算机器，可以进行数值计算，又可以进行逻辑计算，还具有存储记忆功能。它是能够按照程序运行，自动、高速处理海量数据的现代化智能电子设备。

（一）计算机的基本概念

1. 计算机的定义

计算机在诞生初期主要是用来进行科学计算的，所以被称为"计算机"，是一种自动化计算工具。但目前计算机的应用已远远超出了"计算"，它可以处理数字、文本、图形图像、声音、视频等各种形式的数据。

实际上，计算机是一种能够按照事先存储的程序，自动、高速地对数据进行处理和存储的系统。一个完整的计算机系统包括硬件和软件两大部分：硬件是由各种机械、电子等器件组成的物理实体，包括运算器、存储器、控制器、输入设备和输出设备等5个基本组成部分；软件由程序及有关文档组成，包括系统软件和应用软件。

2. 计算机的分类

计算机分类的依据有很多，不同的分类依据有不同的分类结果。常见的分类方法有以下五种。第一，按规模分类。我们可以把计算机分为巨型机、小巨型机、大中型机、小型机、工作站和微型机（PC 机）等。第二，按用途分类。可以把计算机分为工业自动控制机和数据处理机等。第三，按结构分类。可以把计算机分为单片机、单板机、多芯片机和多板机。第四，按处理信息的形式分类。可以把计算机分为数字计算机和模拟计算机，目前的计算机都是数字计算机。第五，按字长分类。可以把计算机分为 8 位机、16 位机、32 位机和 64 位机等。

3. 计算机的特点

（1）计算速度快

计算机的处理速度用每秒可以执行多少百万条指令（million of in structions persecond，MIPS）来衡量，巨型机的运算速度可以达到上千个 MIPS，这也是计算机广泛使用的主要原因之一。

（2）存储能力强

目前一个普通的家用计算机存储能力可以达到上百 GB，更有多种移动存储设备可以使用，为人类的工作、学习提供了巨大的方便。

（3）计算精度高

对于特殊应用的复杂科学计算，计算机均能够达到要求的计算精确度，如卫星发射、天气预报等海量数据的计算。

（4）可靠性高、通用性强

由于采用了大规模和超大规模集成电路，计算机具有非常高的可靠性，大型机可以连续运行几年。同一台计算机可以同时进行科学计算、事务管理、数据处理、实时控制、辅助制造等功能，通用性非常强。

（5）可靠的逻辑判断能力

采用"程序存储"原理，计算机可以根据之前的运行结果，逻辑地判断下一步如何执行，因此，计算机可以广泛地应用在非数值处理领域，如信息检索、图像识别等。

4. 计算机的应用

计算机的应用已经渗透到了人类社会的各个领域，成为未来信息社会的强大支柱。目前计算机的应用主要在以下几方面。

（1）科学计算

科学计算包括最早的数学计算（数值分析等）和在科学技术与工程设计中的计算问题，如核反应方程式、卫星轨道、材料结构、大型设备的设计等。这类计算机要求速度快、精度高、存储量大。

（2）数据处理

数据处理已经成为最主要的计算机应用，包括办公自动化（office automation，OA）、各种管理信息系统（management information system，MIS）、专家系统（expert system，ES）等，在以后相当长的时间里，数据和事务处理仍是计算机最主要的应用领域。

（3）过程控制

日常生活中的各个领域都存在着过程控制，特别是工业和医疗行业。一般用于控制的计算机需要通过模拟／数字转换设备获取外部数据信息，经过识别处理后，再通过数字／模拟转换进行实时控制。计算机的过程控制可以大大提高生产的自动化水平、劳动生产率和产品质量。

（4）计算机辅助系统

广泛应用的计算机辅助系统包括：计算机辅助设（computer aided design，CAD）、计算机辅助制造（computer aided manufacturing，CAM）、计算机辅助测试（computer aided testing，CAT）、计算机集成制造（computer integrated manufacturing system，CIMS）、计算机辅助教学（computer aided instruction，CAI）等。

（5）计算机通信

计算机通信技术是近几年飞速发展起来的一个重要应用领域，主要体现在网络发展中。特别是多媒体技术的日渐成熟，给计算机网络通信注入了新的内容。随着全数字网络（ISDN）的广泛应用，计算机通信将进入更高速的发展阶段。

5. 微型计算机

微型计算机又称为个人计算机（personal computer，PC），它的核心部件是微处理器。PC机是大规模、超大规模集成电路的产物。自问世以来，因其小巧、轻便、价格便宜、使用方便等优点得到迅速发展，并成为计算机市场的主流。目前PC机已经应用于社会的各个领域，几乎无所不在。微型机主要分为台式机（desktop computer）、笔记本电脑（notebook）和个人数字助理（personal distal assistant，PDA）三种。

6. 计算机的主要性能指标

（1）主频即时钟频率

主频即时钟频率指计算机的CPU在单位时间内发出的脉冲数。它在很大程度上决定了计算机的运行速度。主频的单位是赫兹（Hz），目前微型机的主频达到2GHz以上。

（2）字长

字长是指计算机的运算部件能同时处理的二进制数据的位数。它决定了计算机的运算精确度。目前微型机大多为32位机，部分高档机达到64位。

（3）存储容量

存储容量是指计算机内存的存储能力，单位为字节。

（4）存取周期

存储器进行一次完整读写操作所用的时间称为存取周期。"读"指将外部数据信息存入内存储器，"写"指将数据信息从内部存储器保存到外存储器。目前微型机的存取周期能够达到几十纳秒。

除了上面提到的四项主要指标外，还应考虑机器的兼容性、系统的可靠性与可维护性等其他性能指标。

（二）计算机系统的组成

计算机系统是由计算机硬件和计算机软件组成的。计算机硬件（Hardware）是指构成计算机的所有实体部件的集合，通常这些部件由电路（电子元件）、机械元件等物理部件组成。它们都是看得见、摸得着的物体。软件（software）主要是一系列按照特定顺序组织的计算机数据和指令的集合，较为全面的定义为软件是计算机程序、方法和规范及其相应的文档以及在计算机上运行时所必需的数据。软件是相对于机器硬件而言的。

1. 计算机的硬件系统

当前的计算机仍然遵循被誉为"计算机之父"的冯·诺依曼提出的基本原理运行。冯·诺依曼原理的基本思想是：①采用二进制形式表示数据和指令。指令由操作码和地址码组成。②将程序和数据存放在存储器中，使计算机在工作时从存储器取出指令加以执行，自动完成计算任务。这就是"存储程序"和"程序控制"（简称存储程序控制）的概念。③指令的执行是顺序的，即一般按照指令在存储器中存放的顺序执行，程序分支由转移指令实现。④计算机由存储器、运算器、控制器、输入设备和输出设备五大基本部件组成，并规定了五部分的基本功能。

冯·诺依曼原理的基本思想奠定了现代计算机的基本架构，并开创了程序设计的时代。采用这一思想设计的计算机被称为冯·诺依曼机。冯·诺依曼机有五大组成部件。原始的冯·诺依曼机在结构上是以运算器为中心的，但演变到现在，电子数字计算机已经转向以存储器为中心。

在计算机的五大部件中，运算器和控制器是信息处理的中心部件，所以它们合称为"中央处理单元"（central processing unit，CPU）。存储器、运算器和控制器在信息处理中起着主要作用，是计算机硬件的主体部分，通常被称为"主机"。而输入（input）设备和输出（output）设备统称为"外部设备"，简称为外设或 I/O 设备。

（1）存储器

存储器（memory）是用来存放数据和程序的部件。对存储器的基本操作是按照要求向指定位置存入（写入）或取出（读出）信息。存储器是一个很大的信息储存库，被划分成许多存储单元，每个单元通常可存放一个数据或一条指令。为了区分和识别各个单元，并按指定位置进行存取，给每个存储单元编排了一个唯一对应的编号，称为"存储单元地址"（address）。存储器所具有的存储空间大小（即所包含的存储单元总数）称为存储容量。通常存储器可分为两大类：主存储器和辅助存储器。

①主存储器。主存储器能直接和运算器、控制器交换信息，它的存取时间短但容量不够大；由于主存储器通常与运算器、控制器形成一体组成主机，所以也称为内存储器。主存储器主要由存储体、存储器地址寄存器（memory address register，MAR）、存储器数据寄存器（memory data register，MDR）以及读写控制线路构成。

②辅助存储器。辅助存储器不直接和运算器、控制器交换信息，而是作为主存储器的补充和后援，它的存取时间长但容量极大。辅助存储器常以外设的形式独立于主机存在，所以辅助存储器也称为外存储器。

（2）运算器

运算器是对信息进行运算处理的部件。它的主要功能是对二进制编码进行算术（加减乘除）和逻辑（与或非）运算。运算器的核心是算术逻辑运算单元（arithmetic logic unit，ALU）。

机性能的重要因素，精度和速度是运算器重要的性能指标。

（3）控制器

控制器是整个计算机的控制核心。它的主要功能是读取指令、翻译指令代码并向计算机各部分发出控制信号，以便执行指令。当一条指令执行完以后，控制器会自动地去取下一条将要执行的指令，依次重复上述过程直到整个程序执行完毕。

（4）输入设备

人们编写的程序和原始数据是经输入设备传输到计算机中的。输入设备能将程序和数据转换成计算机内部能够识别和接收的信息方式，并顺序地把它们送入存储器中。输入设备有许多种，例如键盘、鼠标、扫描仪和光电输入机等。

（5）输出设备

输出设备将计算机处理的结果以人们能接受的或其他机器能接受的形式送出。输出设备同样有许多种，例如显示器、打印机和绘图仪等。

计算机各部件之间的联系是通过两种信息流实现的。粗线代表数据流，细线代表指令流。数据由输入设备输入，存入存储器中；在运算过程中，数据从存储器读出，并送入运算器进行处理；处理的结果再存入存储器，或经输出设备输出；而这一切则是由控制器执行存于存储器的指令实现的。

2. 计算机的软件系统

计算机软件（software）是指能使计算机工作的程序和程序运行时所需要的数据以及与这些程序和数据有关的文字说明和图表资料，其中文字说明和图表资料又称为文档。软件也是计算机系统的重要组成部分。相对于计算机硬件而言，软件是计算机的无形部分，但它的作用很大。如果只有好的硬件，没有好的软件，计算机不可能显示出它的优越性能。

计算机软件可以分为系统软件和应用软件两大类。系统软件是指管理、监控和维护计算机资源（包括硬件和软件）的软件。系统软件为计算机使用提供最基本的功能，但并不针对某一特定应用领域。而应用软件则恰好相反，不同的应用软件根据用户和所服务的领域提供不同的功能。

（1）系统软件

目前常见的系统软件有操作系统、各种语言处理程序、数据库管理系统以及各种服务性程序等。

①操作系统。操作系统是最底层的系统软件，它是对硬件系统功能的首次扩充，也是其他系统软件和应用软件能够在计算机上运行的基础。操作系统实际上是一组程序，它们用于统一管理计算机中的各种软、硬件资源，合理地组织计算机的工作流程，协调

计算机系统各部分之间、系统与用户之间、用户与用户之间的关系。由此可见，操作系统在计算机系统中占有非常重要的地位。通常，操作系统具有五个方面的功能，即存储管理、处理器管理、设备管理、文件管理和作业管理。

②语言处理程序。人们要利用计算机解决实际问题，首先要编制程序。程序设计语言就是用来编写程序的语言，它是人与计算机之间交换信息的渠道。程序设计语言是软件系统的重要组成部分，而相应的各种语言处理程序属于系统软件。程序设计语言一般分为机器语言、汇编语言和高级语言三类：第一，机器语言。机器语言是最底层的计算机语言。用机器语言编写的程序，计算机硬件可以直接识别。第二，汇编语言。汇编语言是为了便于理解与记忆，将机器语言用助记符号代替而形成的一种语言。第三，高级语言。高级语言与具体的计算机硬件无关，其表达方式接近于被描述的问题，易为人们所接受和掌握。用高级语言编写程序要比低级语言容易得多，并大大简化了程序的编制和调试，使编程效率得到大幅度的提高。高级语言的显著特点是独立于具体的计算机硬件，通用性和可移植性好。

③数据库管理系统。随着计算机在信息处理、情报检索及各种管理系统中应用的发展，要求大量处理某些数据，建立和检索大量的表格。如果将这些数据和表格按一定的规律组织起来，可以使得这些数据和表格处理起来更方便，检索更迅速，用户使用更方便，于是出现了数据库。数据库就是相关数据的集合。数据库和管理数据库的软件构成数据库管理系统。数据库管理系统目前有许多类型。

④服务程序。常见的服务程序有编辑程序、诊断程序和排错程序等。

（2）应用软件

应用软件是指除了系统软件以外的所有软件，它是用户利用计算机及其提供的系统软件为解决各种实际问题而编制的计算机程序。计算机已渗透到了各个领域，因此，应用软件是多种多样的。常见的应用软件有：①用于科学计算的程序包。②字处理软件。③计算机辅助设计、辅助制造和辅助教学软件。④图形软件等。例如文字处理软件Word、WPS 和 Acrobat，报表处理软件 Excel，软件工具 Norton，绘图软件 Auto CAD、Photoshop 等。

3. 硬件与软件的逻辑等价性

现代计算机不能简单地被认为是一种电子设备，而是一个十分复杂的由软、硬件结合而成的整体。而且，在计算机系统中并没有一条明确的关于软件与硬件的分界线，没有一条硬性准则来明确指定什么必须由硬件完成，什么必须由软件来完成。因为，任何一个由软件所完成的操作也可以直接由硬件来实现，任何一条由硬件所执行的指令也能用软件来完成。这就是所谓的软件与硬件的逻辑等价。例如，在早期计算机和低档微型机中，由硬件实现的指令较少，像乘法操作，就由一个子程序（软件）去实现。但是，如果用硬件线路直接完成，速度会很快。另外，由硬件线路直接完成的操作，也可以由控制器中微指令编制的微程序来实现，从而把某种功能从硬件转移到微程序上。另外，还可以把许多复杂的、常用的程序硬件化，制作成所谓的"固件"（firmware）。固件是一种介于传统的软件和硬件之间的实体，功能上类似于软件，但形态上又是硬件。对于程序员来说，通常并不关心究竟一条指令是如何实现的。

微程序是计算机硬件和软件相结合的重要形式。第三代以后的计算机大多采用了微程序控制方式，以保证计算机系统具有最大的兼容性和灵活性。从形式上看，用微指令编写的微程序与用机器指令编写的系统程序差不多。微程序深入机器的硬件内部，以实现机器指令操作为目的，控制着信息在计算机各部件之间流动。微程序也基于存储程序的原理，把微程序存放在控制存储器中，所以也是借助软件方法实现计算机工作自动化的一种形式。这充分说明软件和硬件是相辅相成的。第一，硬件是软件的物质支柱，正是在硬件高度发展的基础上才有了软件的生存空间和活动场所。没有大容量的主存和辅存，大型软件将发挥不了作用，而没有软件的"裸机"也毫无用处，等于没有灵魂的人的躯壳。第二，软件和硬件相互融合、相互渗透、相互促进的趋势正越来越明显。硬件软化（微程序即是一例）可以增强系统功能和适应性。软件硬化能有效发挥硬件成本日益降低的优势。随着大规模集成电路技术的发展和软件硬化的趋势，软硬件之间明确的划分已经显得比较困难了。

第二节　计算机硬件与软件技术

一、计算机硬件技术

计算机的广泛应用，使得人们的工作和生活变得更加便捷。随着科技的不断创新和改革，计算机的运行状态以及其配置程度发生了巨大的变化，计算机在人们生活和工作中起到了越来越大的作用。人们对于计算机有了更多的需求，推动着计算机中相关技术的质量不断提高。要想应用好计算机就必须使计算机硬件相关技术指标合格。计算机技术的更新换代，也使与计算机相关的诊断技术、维护技术、存储技术等都扩大了其应用范围。

（一）硬件技术

1. 诊断技术

诊断技术是对计算机运行过程中出现的问题故障进行诊断，利用诊断系统检测故障出现的原因。在这一流程中，为了保证计算机能够自动运行诊断技术，一般采用诊断系统与数据生成系统结合的方式。数据生成系统能够将输入计算机的数据变成系统的网络，然后对计算机的硬件进行检测。诊断系统根据数据生成系统的报告对计算机的问题故障进行解决并且生成报告。在诊断技术的进行中，一般会有一台独立的计算机为诊断机使用，从而可以采取微诊断、远程诊断等多种多样的诊断形式。

2. 存储技术

随着计算机的普及，计算机也在不断地更替，以多种形式出现。在不断发展过程中计算机的存储技术也在不断地提升。存储技术有 NAS、SAN、DAS 等多种模式。不同的模式有不同的用处及优缺点。例如，NAS 模式具有优良的延展性，所占服务器的资源介绍，但是传输速度慢，直接影响了计算机的网络高性能；SAN 模式在速度和延展性上都有优势，但是 SAN 技术复杂，成本较高；DAS 模式操作简单、成本低、性价比高，不足之处在于安全性较差、延展性差。

3. 加速技术

计算机给人们带来的是效率，人们追求的也是高速的数据处理系统，因此在数据的处理速度上需要不断地改进，做到更快。近年来，加速技术逐渐成为计算机领域研究的重点内容。在加速技术不断发展的过程中，利用硬件的功能特色来替代软件算法的技术也在不断地生成中，也成为技术人员的研发重点内容；在信息的处理中，硬件技术充分地发挥了调用程序及数据分析处理的功能，有效提高了计算机的工作效率。要提高计算机的加速技术，可以在计算机里面增添一些对应的软件，将软件功能聚集起来，以此协助 CPU 同步运算，加快计算机的运行速度，从而提高计算机数据处理速度及运行能力。

4. 开发技术

就计算机的发展来说，开发技术主要针对嵌入式硬件技术平台。嵌入式硬件技术平台包括了嵌入式的控制器、处理器以及芯片。控制器可以在单片计算机的芯片中形成一个集合，以实现多种多样的功能，减少成本，减少计算机的整体大小，为后续微型计算机的发展奠定基础。在计算机硬件技术的发展中，同时也注重了数字信号处理器的研发，这样能够有效地提升计算机整体的速度，提升计算机的性能。

5. 维护技术

维护技术是保证计算机硬件正常运行的存在。有时候，计算机在运行的过程中，难免会遇到一些问题，而在维护技术的运行过程中则会对容易出现问题的部件进行保养与维护。同时，使用者也要学会一些计算机的维护方法，对于计算机时常出现的小问题能够及时处理，比如清洁、除锈工作。清洁、除锈工作是必要的，以保证计算机在优良的状态下高效工作。

6. 计算机硬件的制造技术

我国计算机硬件的制造技术正不断发展，可以制造光驱、声卡、显卡、内存、主板等一系列的硬件。但是，我国目前在 CPU 方面的技术并不是很理想，仍需不断努力。我国计算机硬件的核心制造技术主要包括微电子技术和光电子技术。只有拥有良好的硬件制造技术，计算机行业才可以开发软件和进行正常工作。

（二）计算机硬件技术的发展趋势

1. 变得更加小巧

对于计算机硬件技术的发展，就体积上来说，一直不断地在追求精巧。体积小巧可以更加方便日常携带。如果发展得更为迅速的话，硬件甚至可以放置在口袋内、衣服上甚至是皮肤里面。这样的变革是由生产的速度、芯片的低价格、体积变小共同完成的。首先，纳米技术在电子产品领域的使用，使得数码产品、电器产品在功能上变得更加齐全，也更为智能化。其次，现在平板电脑、掌上电脑的数据处理等运用性能也在不断地改进和完善，在未来将会给人们生活工作带来极大的便利。

2. 变得更加个性化

计算机在未来的发展中，在芯片和交互软件上都会有很大的革新。在未来的某一天，人与计算机通过语音交流也会成为一种时尚。首先，现在我们需要通过语音识别让计算机认知我们在说什么。而在未来，只要计算机认知了我们的"唇语"，便能知道我们在说什么。甚至，使用者的一个动作就能够让计算机了解使用者在说什么，想要做什么，明白各种形式的指令。

3. 计算机发展的措施和目标

在巨大的社会变革和科技飞跃的影响下，计算机重要的组成部位与核心构件——处理器内存等硬件设备，从巨大到小巧，从笨拙到灵便，但是唯一不变的是其性能越来越强。巨型、微型化、网络化和智能化是计算机硬件未来的方向发展。GPU 技术出现仅仅几年，就迅速成为研究热点，足以看出此项技术具有广阔的发展前景，但面向GPU 的软件开发依然是制约其应用的主要瓶颈。受功耗、传统集成电路技术等制约，单 CPU 性能提高有很大的局限性。开发新材料、完善计算机封装结构成为提高计算性能的新途径，高性能软硬件一体化发展是高性能计算大力推广的关键。目前硬件发展优于软件，所以必须大力发展软件产业，充分发挥硬件的性能优势。

计算机硬件技术在未来的发展历程中，将会有更大的进步与创新，也会推动我国乃至全球经济的迅速发展，为人类的发展历程献新的突破。

硬件技术的作用众所周知，要想实现技术更好应用，就必须注重硬件技术的发展与开发，才能够有效地提高计算机的综合性能。

二、软件技术

计算机软件的发展受到应用和硬件的推动与制约；反之，软件的发展也推动了应用和硬件的发展。

众所周知，计算机最为重要的组成部分之一就是软件，软件也是计算机系统的核心部件。当前，随着科学技术的发展，计算机软件技术也已有了很大的发展。计算机软件技术的应用也已经涉及各个领域，其具体的应用领域主要体现在以下几方面。

（一）网络通信

信息时代的今天，人们都非常重视信息资源的共享和交换。同时，我国光网城市的建设，使得我国的网络普及的覆盖面积越来越宽，用户通过计算机软件进行网络通信的频率也是越来越多。在网络通信中，利用计算机软件可以实现不同区域、不同国家之间的异地交流沟通和资源共享，将世界连接成为一个整体。比如，利用计算机软件技术可以进行网络会议，也可以视频聊天，对我们的工作和生活都带来了无限的可能。

（二）工程项目

我们不难发现，与过去相比，一个工程项目无论是工作质量还是完成速率来看，都有着突飞猛进的发展。这是因为在工程项目中应用了计算机软件技术，其为工程项目带来了非常大的帮助。比如，将工程制图计算机软件应用于工程项目中可以大大提高工程的设备准确率和效率。在工程管理计算机软件应用于工程项目中对工程的管理提供了便捷。

此外，将工程造价计算机软件应用于工程管理中不仅可以保障对工程造价评估的准确性，还能为工程节约大量成本。总而言之，在工程项目中计算机软件技术对工程无论是质量、效率还是成本都有着非常重要的作用。

（三）学校教学

与传统的教学方式相比，现代的教育中应用计算机软件技术有着质的飞跃。传统教育中往往是老师在黑板上用粉笔书写上课内容，对于教师而言，既耗时又耗力，对学生而言也会觉得非常无趣。而当前，我们在教学中应用计算机软件技术不仅可以有效提高教学效率，还能更好地激发学生学习的兴趣。比如，老师利用PPT等office软件代替传统黑板书写，省事省力，学生也更感兴趣。还可以利用计算机软件让学生进行考试答卷，既保证了考试阅卷的准确性，也节约了大量的阅卷时间。

（四）医院医疗

信息时代的今天，医疗方面也有了很大的改革。与现代医疗相比，传统医疗既昂贵又耽误时间。而当前，许多医院计算机软件技术的应用，为医院和病人提供了便利。比如，通过计算机软件可以实现病人预约挂号，为病人节约大量宝贵的时间。利用计算机软件技术实现病人在计算机终端取检查报告，既保障了病人医疗报告的隐私，也节约了病人排队取报告的时间。总之，医院医疗中计算机软件技术的应用，无论对医院还是病人都有着重要的实际意义。

计算机软件技术对我们的工作、生活、学习都有着重大的作用。计算机软件技术在网络通信、工程项目、学习教学以及医院医疗等各方面的应用都彰显出计算机软件技术在我国各个发展领域的重要性。未来，计算机软件技术必然还会有着更加深远的发展。

第三节　计算机信息技术应用

信息技术（infonnation technology，IT），是主要用于管理和处理信息所采用的各种技术的总称。它主要是应用计算机科学和通信技术来设计、开发、安装和实施信息系统及应用软件。

一、信息技术的功能与好处

（一）信息技术的功能

信息化是当今世界经济和社会发展的大趋势。为了迎接世界信息技术迅猛发展的挑战，世界各国都把发展信息技术作为 21 世纪社会和经济发展的一项重大战略目标，加快发展本国的信息技术产业，争抢经济发展的制高点。那么，作为一个信息时代的个体，我们应该对信息技术的功能有较为清楚的认识。只有这样，才能真正地适应信息时代。下面我们将从本体功能方面来分析信息技术的功能特征。对信息技术本体功能的认识可以有很多视角。如果从延伸人类感觉器官和认知器官的角度来分析信息技术的本体功能，那么，信息技术的本体功能要表现在对信息的采集、传递、存储和处理等方面。

1. 信息技术具有扩展人类采集信息的功能

人类可以通过各种方式采集信息，最直接的方式是用眼睛看、用鼻子闻、用耳朵听、用舌头尝。另外，我们还可以借助各种工具获取更多的信息，例如用望远镜我们可以看得更远，用显微镜可以观察微观世界。现代信息技术的迅速发展，尤其是传感技术和网络技术的迅速发展，极大地突破了人类难以突破时间和空间的限制，弥补了采集信息的不足，扩展了人类采集信息的功能。

2. 信息技术具有扩展人类传递信息的功能

信息的载体千百年来几乎没有变化，主要的载体依旧是声音、文字和图像，但是信息传递的媒介却经历了多次大的革命。从书报杂志到邮政电信、广播电视、卫星通信、国际互联网络等现代通信技术的出现，每一个进步都极大地改变了人类的社会生活，特别是人类的时空概念。计算机网络的出现，特别是国际互联网的出现，使得跨越时间、跨越国界和跨越文化的信息交往成为可能，这在很大程度上扩展了人类传递信息的功能。

3. 信息技术具有扩展人类存储信息的功能

教育领域中曾流行"仓库理论"，认为大脑是存储事实的仓库，教育就是用知识去填满仓库。学生知道的事实越多，搜集的知识越多，就越有学问。因此"仓库理论"十分重视记忆，认为记忆是存储信息和积累知识的最佳方法。但是在信息社会里，信息总量迅速膨胀，如此多的信息如果光靠记忆显然是不可能的。现代信息技术为信息存储提供了非常有效的方式，例如微技术，计算机软盘、硬盘、光盘以及存储于因特网各个终端的各种信息资源。这样就有效地减轻了人类的记忆负担，同时也扩展了人类存储信息的功能。

4. 信息技术具有扩展人类处理信息的功能

人们用眼睛、耳朵、鼻子、手等器官就能直接获取外界的各种信息，经过大脑的分析、归纳、综合、比较、判断等处理后，能产生有价值的信息。但是在很多时候，有很多复杂的信息需要处理。例如，一些繁杂的航天、军事数据等，如果仅用人工处理是需要耗费非常大的精力的。这就需要一些现代的辅助工具，如计算机技术。在计算机被发明以后，人们将处理大量繁杂信息的工作交给计算机来完成，用计算机帮助我们收集、存储、加工、传递各种信息，效率大为提高，极大地扩展了人类处理信息的功能。

由此，我们可以简单概括：传感技术具有延长人的感觉器官来收集信息的功能。通信技术具有延长人的神经系统传递信息的功能。计算机技术具有延长人的思维器官处理信息和决策的功能。缩微技术具有延长人的记忆器官存贮信息的功能。当然，对信息技术本体功能的这种认识是相对的、大致的，因为在传感系统里也有信息的处理和收集，而计算机系统里既有信息传递过程，也有信息收集的过程。

（二）信息技术的好处

1. 信息技术促进了世界经济的发展

信息技术促进了世界经济的发展，主要体现在以下几点：①信息技术推出了一个新兴的行业 —— 互联网行业。②信息技术使得人们的生产、科研能力获得极大提高。通过互联网，任何个人、团体和组织都可以获得大量的生产经营以及研发等方面的信息，使生产力得到进一步的提高。③基于互联网的电子商务模式使得企业产品的营销与售后服务等都可以通过网络进行，企业与上游供货商、零部件生产商以及分销商之间也可以通过电子商务实现各种交互。这不仅仅是一种速度方面的突飞猛进，更是一种无地域界限、无时间约束的崭新形式。④传统行业为了适应互联网发展的要求，纷纷在网上提供各种服务。

2. 信息技术的发展造就了多元文化并存的状态

信息技术的发展造就了多元文化并存的状态，主要体现在以下几点：①网络媒体开始出现并逐渐成为"第四媒体"。互联网同时具备有利于文字传播和有利于图像传播的特点，因此能够促成精英文化和大众文化并存的局面。②互联网与其他传播媒体的一个主要区别在于传播权利的普及，因此有"平民兴办媒体"之说。③互联网造就了一种新的文化模式 —— 网络文化。基于各种通过网络进行的传播和交流，它已经逐渐拥有了一些专门的语言符号、文字符号，形成了自己的特色。

3. 信息技术改善了人们的生活

信息技术使人们的生活更加便利，远程教育也成为现实。虚拟现实技术使人们可以通过互联网尽情游览缤纷的世界。

4. 信息技术推动信息管理进入了崭新的阶段

信息技术作为扩展人类信息功能的技术集合，对信息管理的作用十分重要，是信息管理的技术基础。信息技术的进步使信息管理的手段逐渐从手工方式向自动化、网络化、智能化的方向发展，使人们能全面、快速而准确地查找所需信息，更快速地传递多媒体信息，从而更有效地利用和开发信息资源。

二、信息技术发展与应用

（一）计算机信息技术的应用

1. 计算机数据库技术在信息管理中的应用

随着现代化信息技术发展水平的不断提升，数据库技术成为新型发展技术的代表。其运用优势主要体现在：①可以在短时间内完成对大量数据的收集工作。②实现对数据的整理和存储。③利用计算机对相关有效数据进行分析和汇总。在市场竞争激烈的背景下，其应用范围得到不断拓展。应用计算机数据库技术需要注意以下几点。

（1）掌握数据库的发展规律

在数据发展体系的运行背景下，数据分布带有很强的规律性。换言之，虽然数据的来源和组织形式存在很大的不同，但是在经过有效地整合之后，会表现出很多相同点，从而可以找到最佳排序方法。

（2）计算机数据库技术具有公用性

数据只有在半开放的条件下才能发挥出应有的价值。数据库建立初始阶段，需要用户注册信息，并设置独立的账户密码，从而实现对信息的有效浏览。

（3）计算机数据库技术具有孤立性

虽然在大多数情况下数据库技术都会联合其他技术共同完成任务，但是数据库技术并不会因此受到任何影响，也就是说数据库技术的软、硬件系统不会与其他技术发生冲突，逻辑结构也不会因此改变。

2. 计算机网络安全技术的应用

计算机网络安全技术的应用主要有以下方面。

（1）计算机网络的安全认证技术

利用先进的计算机网络发展系统，可以对经过合法注册的用户信息做好安全认证，这样可以从根本上避免非法用户窃取合法用户的有效信息进行非法活动。

（2）数据加密技术

加密技术的最高层次就在于打乱系统内部有效信息，保证未经授权的用户无法看懂信息内容，可以有效保护重要的机密信息。

（3）防火墙技术

无论是哪种网络发展系统，安装防护墙都是必要的，其最主要的作用在于有效辅助计算机系统屏蔽垃圾信息。

（4）入侵检测系统

安装入侵检测系统的主要目的是保证可以及时发现系统中的异常信息，实施安全风险防护措施。

3. 办公自动化中计算机信息处理技术的应用

在企业的发展中，需要建立完善的办公信息平台发展体系，可以实现企业内部的有效交流和资源共享，可以最大限度地帮助企业提升工作效率，保证发展的稳定性，可以在激烈的市场竞争中获得生存发展的空间。其中，文字处理技术是企业办公自动化体系的重要构成因素。科学合理地运用智能化文字处理技术，可以保证文字编辑工作不断向着智能化、快捷化方向发展，利用 WPS、WORD 等办公软件，可以提升办公信息排版及编辑水平，为企业创造一个高效化的办公环境。数据处理技术的发展要点在于，需要对数据处理软件进行优化升级。通过对数字表格的应用，实现企业整体办公效率的提高，有利于提升数据库管理系统的工作效率。

（二）计算机信息技术发展方向

1. 应用多媒体技术

在计算机信息系统管理过程中，有效融入多媒体管理技术，可以保证项目任务的有效完成。众所周知，不同的工程项目都有其自身发展的独特性。在使用多媒体技术进行处理的过程中，难免会出现一些问题，使得用户无法继续接下来的操作。因此，为了能够从根本上减少项目的问题，就需要结合计算机和新媒体技术，完成好相应的开发和互相融合工作。

2. 应用网络技术

每一个发展中的企业都需要完善内部的相应管理体系。但是在实际工作中，不同的企业的具体运营状况也存在很大的不同。如果要及时有效地解决一些对企业发展影响重大的问题，就应建立与完善相关的信息发展平台，在内部实现信息共享。企业信息技术部门还要带头组建网络管理群，这样，可以保证企业高层通过网络数据了解到员工的切实需要和企业运作发展状况，为实现企业的可持续发展打下坚实基础。

3. 微型化、智能化

众所周知，现代化的发展进程中，由于生活节奏不断加快，需要不断完善社会建设功能，特别是在当今信息传播如此之快的发展时期，计算机信息技术的应用为了迎合大多数人的发展需要，应不断向智能化和微型化方向转变。那时，人们就可以在各种微小型的设备上，随时随地获得想要了解的信息，完善智能发展要点，并将其应用于工作与学习中，有效提升发展效率，满足人们的不同发展需要。

4. 人性化

随着工业革命的完成，规范化生产模式被实现，计算机信息技术成为辅助人类进行生产与生活的重要组成部分，就像人们接受手机、电脑一样，智能计算机信息技术同样会受到广泛欢迎。相较于现阶段，其应用领域将会无限扩大，大到航天航空领域，小到家庭生活，都在运用计算机管家。而且，计算机信息技术会不断向多元化方向发展，民用化带来的突出变化在于计算机信息技术将会和日常商品一样，可供众多家庭选择。

第二章 计算机网络技术基础与结构

第一节 计算机网络技术基础

一、计算机网络技术发展与技术建制

（一）技术发展模式的核心是技术建制

技术发展模式的核心是技术建制。技术建制是指一种有秩序、有物质内涵的社会结构，是大型组织和企业发展的基础。它包括物质内容和制度内容，物质内容由物化的技术和知识化的人力构成，制度内容由组织、行为规则、社会规范、习俗和传统构成。技术建制既不同于技术，也不同于制度，是技术和制度的有机组合。技术建制对于与之相关的社会活动和社会生产起着支配和基础性作用。从历史的角度看，所有生产性组织的制度安排都需要围绕技术和技术创新来进行，只有形成了完善的技术建制和不断地将技术创新成果建制化，才能形成有效率的社会组织，并支持经济和社会的发展。技术建制作为一种社会存在，是技术的制度安排和社会安排，所以我们可以从秩序和制度的建构方式来理解技术建制的内涵。

1. 秩序意义上的技术建制

技术本身就是一种建构秩序的活动或过程，技术是按人的需求意志对科学标示的物

的属性进行新的秩序组合，实现对人更有利的物的属性建构的过程，它的秩序化是以科学认识的物的秩序性为基础的。例如，电子管技术的设计思路最早源于爱迪生，爱迪生在研制灯泡时，将一块金属板与灯丝密封在灯泡内，当灯泡中的灯丝受热后，给金属板加一个正电压，灯丝和金属板之间就会出现电流，如果加负电压就没有电流通过，这一效应被称为爱迪生效应。金属板、灯丝、电流三种物及属性按一定的顺序排列在灯泡中就出现一种检波功能，这种排列体现的就是秩序意义上的技术建制。再比如，分组交换技术是计算机网络技术发展史上最重要的技术发明之一，这一发明大大地推进了计算机网络技术的发展。实际上，分组交换技术的发明就是传统通信技术秩序范式和排队论秩序范式结合的产物，它的创新过程是一种典型的技术秩序建构过程

2. 组织、制度意义上的计算机网络技术建制

技术的力量不是简单的发明就可以发挥出来的，技术的创新和发明是依靠一定的组织来实现的，它原创于技术已有的建制和结构，是技术制度化的结果，离开已制度化的技术，技术创新和发明都是不可能的。有了新的技术创新和技术发明，其作用也不可能直接发挥出来，它需要有相应的组织来规范技术，这样，技术的作用才能发挥出来。企业的进一步组织创新、组织形式的升级换代，是高技术产业发展过程的必然现象。适应发展的需要，及时调整组织，是一个企业能不断保持技术创新的势头和保持活力的重要条件。

（二）技术的建制化对计算机网络技术的发展起着决定性作用

新技术的不断诞生与发展推动着社会的前进，每一次社会的巨大变革都与当时新诞生的技术息息相关。计算机网络技术的诞生，是当前时代最具革命性的技术，但是在诞生之初它并没有立刻被社会所接受，而是在经历了各种艰难的发展与突破之后才得到社会的认可与接纳。因此，计算机网络技术在未来的发展中，必须以过去的组织为基础，不断地进行突破，以建立起适合下一代计算机网络技术发展与成长的建制，只有这样，其技术本身才会不断前进发展。从计算机网络技术的结构上看，是其原有技术的持续进步而产生了现有技术，但在实质上，现有技术的诞生是原有技术本身与当前制度一起适应与创新而达成的。计算机网络技术中的某项技术可能是具有革命性意义的，但它对整个计算机网络产业的发展并不立刻起决定性作用，真正起决定性作用的是该技术的建制化，计算机网络技术发展正是经由不断地技术建制化和技术制式化发展而来的。计算机网络现在能够如此快速地发展，是因为建立起了能够适应于现阶段生产技术的组织制度结构，而不仅仅是依赖技术上的创新。进一步地，计算机网络技术的创新与建制的相互影响与作用，也对其技术发展起到了重要作用。计算机网络技术建制是其技术创新的基础，而技术创新只有在一定的技术建制中才能出现，它也是技术建制能够继续发展的动力和力量。技术创新的成果通过建制化所建立起的新建制有机地融合于旧建制，发挥其效用。

所以计算机网络技术不可思议地发展速度，不是靠单纯的技术上的巨大创新，而是在现有的生产技术条件下，建立起一套与之相适应的组织制度结构。

（三）计算机网络技术的发展呼唤建立与之相适应的技术建制

计算机网络技术发展到今天，组织和技术的结合更为密切，组织的功能比过去变得更为重要，技术需要更为复杂和灵活的组织支持才能发挥作用。"复杂的技术当然要有复杂的组织来为之服务，这也是一般常识。"当社会进入信息技术时代后，我们必须要积极适应计算机网络技术发展的需要，对原有的技术建制进行重新的构建。

计算机网络技术的发展要求"建立灵活而快速变化的组织"。日益成熟的计算机网络技术在不断改变着传统的产业模式，要求重新组织技术和产业，它以高速度和知识量增长的方式改变着现代经济的格局。高速度意味着快速变化，这就要求从大到小的经济组织必须是灵活的，特别要求大型的变化缓慢的经济组织也要增加灵活性，现代企业必须要有敏锐的洞察力，要有先人一步利用技术、组织技术的能力，要能够随时准备适应市场变化的方向。

计算机网络技术正在改变着传统的经济资源基础，知识信息已成为实实在在的第一资源。知识信息以文本信息的方式存在于各种数据库中，通过网络流向各种桌面管理系统。知识信息特别是某一组织的专门知识已成为组织成功的主要资本。知识资本在信息网络经济中比物质资本更重要，它是网络经济中市场价值的主要推动力量。对于各类组织来说，知识信息的价值是无法估量的，它可以是一种技术专利，可以是一种成功的产品，也可以是决策背后的智能。以知识信息为第一资源的信息网络经济要求现代企业具有更高的组织技术的能力，这样的企业才能有更高的效率。

（四）构建计算机网络技术创新发展模型

技术建制是一种围绕生产而建立连接人和物的秩序化、组织化、制度化的系统结构，这种结构是通过物、人和知识三种要素来建构的。这三种要素连接为一种具有生产功能的空间存在结构，它是一种技术的制度化结构，这种制度化的结构是一种社会的技术习惯，是各种层次和规模的具有人的创造特征的结构的储存和集成。计算机网络技术创新是在一定的技术建制基础上发生的，这里的技术建制包括秩序意义上的技术建制和组织制度上的技术建制。计算机网络技术的创新成果需要不断的建制化为新的计算机网络技术建制与已有的技术建制有机融合在一起，为新的计算机网络技术创新打下基础。

我们将计算机网络技术建制与技术发展的动态演化设计为一种锥状辐射动态结构模型图，倒圆锥体中的横向圆环状指计算机网络技术建制的空间存在结构，以下顶点为中心不断向外延伸，下顶点即是深渊代表着灭亡，其构造类似蚁狮的巢穴。

二、互联网定义

网络互联是指将各种不同的物理网络（如不同的局域网或广域网）连接在一起构成统一的网络，它是计算机网络中一个非常重要的概念和技术。TCP/IP 技术是实现网络互联的重要手段。利用 TCP/IP 技术能够隐藏所有底层网络的技术，为用户提供一个统一、通用的服务界面，这就是网络互联技术，而 TCP/IP 协议就是这一技术的体现。

三、利用连接器互连

网间连接器就是网络互连所需的中间设备，它们分别在不同层次上实现网络互连。

（一）物理层互联设备

中继器：由于信号在网络传输介质中有衰减和噪音，中继器用于把所接收到的弱信号分离，并再生放大以保持与原数据相同。

集线器：可以说是一种特殊的中继器，作为网络传输介质间的中央节点，它克服了介质单一通道的缺陷。以集线器为中心的优点是当网络系统中某条线路或某节点出现故障时，不会影响网上其他节点的正常工作。集线器负责把多段介质连接在一起，可以对信号作一些处理，如对传输信号进行再生和放大从而扩展介质长度的功能等。

（二）数据链路层互联设备

网桥是一个局域网与另一个局域网之间建立连接的桥梁。网桥是属于数据链路层的一种设备，它的作用是扩展网络和通信手段，在各种传输介质中转发数据信号，扩展网络的距离，同时又有选择地将有地址的信号从一个传输介质发送到另一个传输介质，并能有效地限制两个介质系统中无关紧要的通信。

交换器：网络交换技术是近几年来发展起来的一种结构化的网络解决方案。利用交换器可以实现高速与低速网络间的转换和不同网络的协作，还能够同时提供多个通道，提供更多的带宽。

（三）网络层互联设备

路由器：用于连接多个逻辑上分开的网络。逻辑网络是指一个单独的网络或一个子网。当数据从一个子网传输到另一个子网时，可通过路由器来完成。因此，路由器具有判断网络地址和选择路径的功能，它能在多网络互联环境中建立灵活的连接，可用完全不同的数据分组和介质访问方法连接各种子网，路由器是属于网络应用层的一种互联设备，只接收源站或其他路由器的信息，它不关心各子网使用的硬件设备，但要求运行与网络层协议相一致的软件。

（四）传输层及以上层次的互联设备

网关：在一个计算机网络中，当连接不同类型而协议差别又较大的网络时，则要选用网关设备。网关的功能体现在模型的高层，它将协议进行转换，将数据重新分组，以便在两个不同类型的网络系统之间进行通信。由于协议转换是一件复杂的事，一般来说，网关只进行一对一转换，或是少数几种特定应用协议的转换，网关很难实现通用的协议转换。

四、利用互联网互连

利用互联网互连就是用多个网关构成一个互联网，并为互联网制定一个标准的分组格式，然后将要互连的不同网络连接到互联网的网关上通过互联网连接。利用互联网互连提供一种机制，实时地把用户数据分组，从源端发送到目的端，此时用户应用程序直接感受到的是互联网所提供的分组交换服务，而不是网络连接。也就是说，通过分组交换机制将底层物理网络硬件细节隐藏起来，利用互联网互连必须在系统中增加某些中间层次（主要是网络层），使应用程序不直接处理物理网络连接，这样物理网络技术的特性及其变化就不会影响到应用程序，并且不同的应用程序还可以共享网络级互联所提供的分组交换服务。利用互联网互连的优点：

第一，这种反联技术直接映射到底层网络硬件，因此十分高效。

第二，互联网把数据包传递功能从应用程序中分离出来，允许网络中的每台机器只需要处理与数据包传递有关的操作即可。

第三，互联网使得整个互联网络的系统更加灵活。

第四，互联网模式允许网络管理人员通过修改或增加某些网络软件就能在互联网中加入新的网络技术，而对应用程序而言并不需要做任何改变。

互联网的目标是建立一个统一、协作、提供统一服务的通信系统。具体方法就是在底层网络技术与应用程序之间增加一个中间层软件，以便抽象和屏蔽底层物理网络的硬件细节，向用户提供通用的网络服务。

利用互联网互连的关键思想归纳起来就形成了网络的基本概念。它是对各种不同的物理网络的一种高度抽象，它将通信问题从网络细节中解放出来，通过提供通用网络服务，使底层网络技术对用户或应用程序透明。

第二节　计算机网络结构

一、网络体系的基本结构

（一）OSI 参考模型

在网络发展的初期，许多研究机构、计算机厂商和公司都大力发展计算机网络，相应地推出了各自的网络系统。这种自行发展的网络，由于在体系结构上差异很大，以至于它们之间互不相容，彼此之间很难相互连接以构成更大的网络系统。

为了解决这个问题，国际标准化组织提出了网络体系结构标准化的开放系统互连参考模型（OSI）。OSI 参考模型是研究如何把开放式系统即为了与其他系统通信而相互开放的系统连接起来的标准。

OSI 参考模型将计算机网络分为 7 层，其各层所要完成的功能如下：

1. 物理层

主要功能是完成相邻节点之间原始比特流的透明传输。物理层协议关心的典型问题是使用什么样的物理信号来表示数据"1"和"0"？一位持续的时间多长？数据传输是否可同时在两个方向上进行最初的连接？如何建立和完成通信后连接？如何终止物理接口插头和插座？有多少针以及各针的用处？物理层的设计主要涉及物理层接口的机械、电气、功能和过程特性，以及物理层接口连接的传输介质等问题。

2. 数据链路层

主要功能是如何在不可靠的物理线路上进行数据的可靠传输。数据链路层完成的是网络中相邻节点之间可靠的数据通信。为了保证数据的可靠传输，发送方把用户数据封装成帧，并按顺序传送各帧。由于物理线路的不可靠，为了保证能让接收方对接收到的数据进行正确性判断，数据链路层通常采用信息流量控制和排错处理的方法实现。数据链路层必须解决数据的损坏、丢失和重复所带来的问题。

3. 网络层

主要功能是完成网络中主机间的报文传输，其关键问题之一是使用数据链路层的服务将每个分组从源端传输到目的端。如果在子网中同时出现过多的报文，子网可能形成拥塞，必须加以避免，此类控制也属于网络层的内容。网络层还必须解决使异构网络能够互连的问题。

4. 传输层

主要功能是完成网络中不同主机上的用户进程之间可靠的数据通信，利用无差错的、按顺序传送数据的通道，向高层屏蔽低层的数据通信细节，透明的传输报文即传输层向用户提供真正端到端的连接，在传输层下面的各层中，协议是每台服务器与它的直接相邻机器之间的协议，而不是最终的源端机和目标机之间的协议。即一到三层的协议是点到点的协议，而四到七层的协议是端到端的协议。此外，传输层还必须管理跨网连接的建立和拆除。

5. 会话层

会话层允许不同机器上的用户之间建立会话关系。会话层允许进行类似传输层的普通数据的传送，在某些场合不仅提供一些有用的增强性服务，会话层提供的服务之一是管理对话控制，另一种会话层服务是同步。为了解决网络出现故障的问题，会话层提供了一种方法，即在数据中插入同步点。每次网络出现故障后，仅仅重传最后一个同步点以后的数据。

6. 表示层

表示层完成某些特定的功能。表示层以下各层只关心从源端机到目标机可靠地传送比特，而表示层关心的是所传送的信息的语法和语义。表示层需要在数据传输时进行数据格式的转换。另外，表示层还涉及数据压缩和解压、数据加密和解密等工作。

7. 应用层

连网的目的在于支持运行于不同计算机的进程进行通信，而这些进程则是为用户完成不同任务而设计的。应用层为用户访问 OSI 环境提供服务，应用层向用户提供的服务是 OSI 模型中所有各层服务的总和。可能的应用是多方面的，不受网络结构的限制。应用层包含大量人们普遍需要的协议。虽然，对于需要通信的不同应用来说，应用层的协议都是必需的。由于每个应用有不同的要求，应用层的协议集在 OSI/ISO 模型中并没有定义，但是，有些确定的应用层协议，包括虚拟终端、文件传输和电子邮件等都可作为标准化的候选。

（二）服务

在网络体系结构中，服务就是层间交换信息时必须遵守的规则，是网络中各层向其相邻上层提供的一组操作，是相邻两层之间的界面。由于网络分层结构中的单向依赖关系，使得网络中相邻层之间的界面也是单向性的，下层是服务提供者，上层是服务用户。

在 OSI 参考模型中，每一层中至少有一个实体，它代表了该层在完成某个功能的过程中的分布处理能力，实体可以看成是该层的某种能力的抽象。实体既可以是软件实体，如一个进程，也可以是硬件实体，如一块网卡，在不同机器上同一层内相互交互的实体称为对等实体。

在 OSI 参考模型中，信息的传送是通过各层实体的活动完成某种功能实现的。而每一层中的每个实体之间是在协议的协调下合作来完成工作。协议是计算机网络同等层次中，通信双方进行信息交换时必须遵守的规则。对于第 N 层协议来说，它有如下特性：

①不知道上、下层的内部结构

②独立完成某种功能

③为上层提供服务

④使用下层提供的服务

在协议的控制下实体通过相邻层之间的接口向一层提供服务，接定义了下层向上层提供的原语操作和服务。通常将相邻层实体相互交互处称为服务访问点，它有如下特性：

①任何层间服务是在接口的 SAP 上进行的。

②每个有唯一的识别地址。

③每个层间接口可以有多个 SAP。

第 N 层实体实现的服务为第 N+1 层所利用，而第 N 层则要利用第 N-1 层所提供的服务。第 N 层实体可能向第 N 层提供几类服务，如快速而昂贵的通信或慢速而便宜的通信。第 N+1 层实体是通过第 N 层的服务访问点来使用第 N 层所提供的服务。第 N 层 SAP 就是第 N+1 层可以访问第 N 层服务的地方。每一个 SAP 都有一个唯一地址。每一层的实体通过协议数据单元和它的对等层的实体进行通信。当第 N+1 层发送消息给第 N 层时，这个消息称为服务数据单元，即实体为完成向上一层提供服务所需要的数据单元。一般来说，第 N-1 层提供给第 N 层的服务是通过数据传送来实现的。第 N 层提供数据以及一些附加信息，如目的地址给第一层。第 N 层也能通过第一层给它的一个通告信息，从对等的第 N 层接收数据。相邻层通过接口要交换信息时所传送的数据单元称为接口数据单元"IDU"。邻层间通过接口要交换信息，第 N+1 层实体通过把一个接口数据单元传递给第 N 层实体。

IDU 和 PDU 的构成如下：

接口数据单元（IDU）：是通过 SAP 进行传送的层间信息单元，由上层的服务数据单元 SDU 和接口控制信息 ici 组成。

协议数据单元（PDU）：是第 N 层实体通过网络传送给它的对等实体的信息单元。由上层的服务器数据单元 SDU 或其分段和协议控制信息 PCI 组成。

面向连接服务要求每一次完整的数据传输都必须经过建立连接、数据传输和终止连接三个过程。连接本质上类似于一个管道，发送者在管道的一端放入数据，接收者在另一端取出数据。其特点是接收到的数据与发送方发出的数据在内容和顺序上是一致的。

无连接服务要求其中每个报文带有完整的目的地址，每个报文在系统中独立传送。无连接服务不能保证报文到达的先后顺序，因为不同的报文可能经不同的路径去往目的地，所以先发送的报文不一定先到。无连接服务一般也不对出错报文进行恢复和重传，也即不保证报文传输的可靠性。

在计算机网络中，可靠性一般通过确认和重传机制实现。大多数面向连接服务都支持确认重传机制，有些对可靠性要求不高的面向连接服务，如数字电话网不支持重传，大多数无连接服务不支持确认重传机制，所以无连接传输服务往往可靠性不高。

（三）服务原语

服务在形式上是用一组原语来描述的，这些原语供用户实体访问该服务或向用户实体报告某事件的发生，可以说服务原语是引用服务的工具。服务原语的分类，原语是"请求"原语，服务用户用它促成某项工作，如请求建立连接和发送数据，服务提供者执行这一请求后，将用"指示"原语通知接收方的用户实体。例如，发出"连接请求"原语之后，该原语地址段内所指向的接收方的对等实体会得到一个"连接指示"原语，通知它有人想要与它建立连接。接收到"连接指示"原语的实体使用"连接响应"，原语表示它是否愿意接受建立连接的建议。但无论接收方是否接受该请求，请求建立连接的一方都可以通过接收"连接确认"，原语而获知接收方的态度。

原语可以带参数，而且大多数原语都带有参数。"连接请求"原语的参数可能指明它要与哪台机器连接、需要的服务类别和拟在该连接上使用的最大报文长度。"连接指示"原语的参数可能包含呼叫者的标志、需要的服务类别和建议的最大报文长度。

服务有"有确认"和"无确认"之分。有确认服务，包括"请求""指示""响应"和"确认"四个原语。无确认服务只有"请求"和"指示"两个原语。建立连接的服务总是有确认服务。数据传送既可以是有确认的也可以是无确认的，这取决于发送方是否需要确认。

二、计算机网络的拓扑结构

计算机网络的通信线路在其布线上有不同的结构形式，一般用拓扑方法来研究计算机网络的布线结构。拓扑（topology）是拓扑学中研究由点、线组成几何图形的一种方法，用此方法可以把计算机网络看作是由一组节点和链路组成，这些节点和链路所组成的几何图形就是网络的拓扑结构。虽然用拓扑方法可以使复杂的问题简单化，但网络拓扑结构设计仍是十分复杂的问题。

（一）总线型结构（BUS）

总线型拓扑结构网络采用一般分布式控制方式，各节点都挂在一条共享的总线上，采用广播方式进行通信（网上所有节点都可以接收同一信息），无须路由选择功能。

总线型拓扑结构主要用于局域网络，它的特点是安装简单，所需通信器材、线缆的成本低，扩展方便（不能动态即在网络工作时增减站点）；由于采用竞争方式传送信息，故在重负荷下效率明显降低；另外总线的某一接头接触不良时，会影响到网络的通信，使整个网络瘫痪。

小型局域网或中大型局域网的主干网常采用总线型拓扑结构。但现在用总线型构建局域网日渐减少。

（二）星形结构（Star）

星形拓扑结构的网络采用集中控制方式，每个节点都有一条唯一的链路和中心节点相连接，节点之间的通信都要经过中心节点并由其进行控制。星形拓扑的特点是结构形式和控制方法比较简单，便于管理和服务；线路总长度较长，中节点需要网络设备（集线器或交换机），成本较高；每个连接只接一个节点，所以连接点发生故障，只影响一个节点，不会影响整个网络；但对中心节点的要求较高，当中心节点出现故障时会造成全网瘫痪。所以中心节点的可靠性和冗余度（可扩展端口）要求很高。星形结构是小型局域网常采用的一种拓扑结构。

（三）环形结构（Ring）

环形拓扑为一封闭的环状。这种拓扑网络结构采用非集中控制方式，各节点之间无主从关系。环中的信息单方向地绕环传送，途经环中的所有节点并回到始发节点。仅当信息中所含的接收方地址与途经节点的地址相同时，该信息才被接收，否则不予理睬。环形拓扑的网络上任一节点发出的信息，其他节点都可以收到，因此它采用的传输信道也叫广播式信道。环形拓扑网络的优点在于结构比较简单、安装方便，传输率较高。但单环结构的可靠性较差，当某一节点出现故障时，会引起通信中断。环形结构是组建大型、高速局域网的主干网常采用的拓扑结构，如光纤主干环网。

（四）树形结构（Tree）

树形结构实际上是星型结构的发展和扩充，是一种倒树形的分级结构，具有根节点和各分支节点。现在一些局域网络利用集线器（HUB）或交换机（Switch）将网络配置成级连的树形拓扑结构。树形网络的特点是结构比较灵活，易于进行网络的扩展。与星型拓扑相似，当根节点出现故障时，会影响到全局。树形结构是中大型局域网常采用的一种拓扑结构。

（五）网形结构（Mesh）

网形拓扑实际上是不规则形式，它主要用于广域网。网形拓扑中两任意节点之间的通信线路不是唯一的，若某条通路出现故障或拥挤阻塞时，可绕道其他通路传输信息，因此它的可靠性较高，但它的成本也较高。此种结构常用于广域网的主干网中。

另外一种网形拓扑是全互联型的。这种拓扑的特点是每一个节点都有一条链路与其他节点相连，所以它的可靠性非常高，但成本太高，除了特殊场合，一般较少使用。

三、网络协议模型

（一）协议分层

协议分层是由国际标准化组织 ISO 创立的一个网络通信模型。

OSI 模型是国际标准化组织 ISO 创立的。这是一个理论模型，并无实际产品完全符合 OSI 模型。制定 OSI 模型只是为了分析网络通信方便而引进的一套理论，也为以后制定实用协议或产品打下基础。

OSI 模型共分七层，从上至下依次是：

应用层：指网络操作系统和具体的应用程序，对应 WWW 服务器、FTP 服务器等应用软件。

表示层：数据语法的转换、数据的传送等。

会话层：建立起两端之间的会话关系，并负责数据的传送。

传输层：负责错误的检查与修复，以确保传送的质量，是 TCP 工作的地方（报文）。

网络层：提供了编址方案，IP 协议工作的地方（数据包）。

数据链路层：将由物理层传来的未经处理的位数据包装成数据帧。

物理层：对应网线、网卡、接口等物理设备（位）。

1. 运作方式编辑

数据由传送端的最上层（通常是指应用程序）产生，由上层往下层传送。每经过一层，都会在前端增加一些该层专用的信息，这些信息称为"报头"，然后才传给下一层，我们不妨将"加上报头"想象为"套上一层信封"。因此到了最底层时，原本的数据已经套上了 7 层信封，而后通过网络线、电话线、光缆等媒介，传送到接收端。

接收端收到数据后，会从最底层向上层传送，每经过一层就拆掉一层信封（亦即去除该层所识别的报头），直到最上层，数据便恢复成当初从传送端最上层产生时的原貌。

用于记忆层（应用层、表示层、会话层、传输层、网络层、数据链路层、物理层）正确顺序的普通方法是无数网络通过传输语音信号来表示它的应用之一。

2. 第七层编辑

第七层属于应用层

功能：指网络操作系统和具体的应用程序，对应 WWW 服务器、FTP 服务器等应用软件。

①术语"应用层"并不是指运行在网络上的某个特别应用程序，而是提供了一组方便程序，开发者在自己的应用程序中使用网络功能的服务。

②应用层提供的服务包括文件传输（FTP）、文件管理以及电子邮件的信息处理（SMTP）等。

3. 第六层编辑

—表示层

功能：内码转换、压缩与解压缩、加密与解密，充当应用程序和网络之间的"翻译官"角色。

①在表示层，数据将按照网络能理解的方案进行格式化；这种格式化也因所使用网络的类型不同而不同。例如，IBM主机使用EBCDIC编码，而大部分PC机使用的是ASCII编码。在这种情况下，便需要表示层来完成这种转换。

②表示层协议还对图片和文件格式信息进行解码和编码。

③表示层管理数据的解密与加密，如系统口令的处理。如果在Internet上查询你银行账户，使用的即是一种安全连接。

第五层编辑

—会话层

功能：负责在网络中的两节点之间建立和维持通信。

①会话层的功能包括：建立通信链接，保持会话过程通信链接的畅通，同步两个节点之间的对话，决定通信是否被中断以及通信中断时决定从何处重新发送。

例：使用全双工模式或半双工模式，如何发起传输，如何结束传输，如何设定传输参数。

②会话层通过决定节点通信的优先级和通信时间的长短来设置通信期限。

第四层编辑

—传输层

功能：编定序号、控制数据流量、查错与错误处理，确保数据可靠、顺序、无错地从A点到传输到B点。

①因为如果没有传输层，数据将不能被接收方验证或解释，所以传输层常被认为是OSI模型中最重要的一层。

②传输协议同时进行流量控制或是基于接收方可接收数据的快慢程度规定适当的发送速率。

③传输层按照网络能处理的最大尺寸将较长的数据包进行强制分割并编号。如以太网无法接收大于1500字节的数据包。发送方节点的传输层将数据分割成较小的数据片，同时对每一数据片安排一序列号，以便数据到达接收方节点的传输层时，能以正确的顺序重组。该过程即被称为排序。

④在网络中，传输层发送一个ACK（应答）信号以通知发送方数据已被正确接收。如果数据有错或者数据在一给定时间段未被应答，那么传输层将请求发送方重新发送数据。

NOTE：工作在传输层的一种服务是TCP/IP协议套中的传输控制协议（Transfer

Control Protocol，TCP），另一项传输层服务是 IPX/SPX 协议集的序列包交换（Serial package Exchange，SPX）。

第三层编辑

—网络层

功能：定址、选择传送路径。

①网络层通过综合考虑发送优先权、网络拥塞程度、服务质量以及可选路由的花费来决定从一个网络中节点 A 到另一个网络中节点 B 的最佳路径。

②在网络中，"路由"是基于编址方案、使用模式以及可达性来指引数据的发送。

③网络层协议还能补偿数据发送、传输以及接收的设备能力的不平衡性。为完成这一任务，网络层对数据包进行分段和重组。

④分段和重组是指当数据从一个能处理较大数据单元的网络段传送到仅能处理较小数据单元的网络段时，网络层减小数据单元的大小的过程。重组是重构被分段的数据单元。

Note1.网络层的分段是指数据帧大小的减小，而网络分段是指一个网络分割成更小的逻辑片段或物理片段。

Note2.路由器：由于网络层处理路由，而路由器因为连接网络各段，并智能指导数据传送，所以属于网络层。

Note3.TCP/IP 协议中 IP 属于网络层；IPX/SPX 协议中 IPX 也属于网络层。

第二层编辑

—数据链路层

功能：同步、查错、制定 MAC 方法。

①它的主要功能是将从网络层接收到的数据分割成特定的可被物理层传输的帧。

②帧（Frame）是用来移动数据的结构包，它不仅包括原始（未加工）数据，或称"有效荷载"，还包括发送方和接收方的网络地址以及纠错和控制信息。其中的地址确定了帧将发送到何处，而纠错和控制信息则确保帧无差错到达。

③通常发送方的数据链路层将等待来自接收方对数据已正确接收的应答信号。

④数据链路层控制信息流量，以允许网络接口卡正确处理数据。

⑤数据链路层的功能独立于网络和它的节点所采用的物理层类型。

Note：有一些连接设备，如网桥或交换机，由于它们要对帧解码并使用帧信息将数据发送到正确的接收方，所以它们是工作在数据链路层的。

第一层编辑

—物理层

功能：传输信息的介质规格、将数据以实体呈现并确定传输的规格、接头规格。

①该层包括物理连网媒介，如电缆连线、连接器、网卡等。

②物理层的协议产生并检测电压以便发送和接收携带数据的信号。

③尽管物理层不提供纠错服务，但它能够设定数据传输速率并监测数据。

例：在你的桌面 PC 上插入网络接口卡，你就建立了计算机连网的基础。换言之，你提供了一个物理层。

（二）TCP/IP 协议模型

TCP/IP 是一组用于实现网络互连的通信协议。Internet 网络体系结构以 TCP/IP 为核心。基于 TCP/IP 的参考模型将协议分成四个层次，它们分别是：网络接入层、网际互联层、传输层（主机到主机）和应用层。

1. 应用层

应用层对应于 OSI 参考模型的高层，为用户提供所需要的各种服务，如 FTP、Telnet、DNS、SMTP 等。

2. 传输层

传输层对应于 OSI 参考模型的传输层，为应用层实体提供端到端的通信功能，保证了数据包的顺序传送及数据的完整性。该层定义了两个主要的协议：传输控制协议（TCP）和用户数据报协议（UDP）。

TCP 协议提供的是一种可靠的、通过"三次握手"来连接的数据传输服务；而 UDP 协议提供的则是不保证可靠的（并不是不可靠）、无连接的数据传输服务。

3. 网际互联层

网际互联层对应于 OSI 参考模型的网络层，主要解决主机到主机的通信问题。它所包含的协议设计数据包在整个网络上的逻辑传输。注重重新赋予主机一个 IP 地址来完成对主机的寻址，它还负责数据包在多种网络中的路由。该层有三个主要协议：网际协议（IP）、互联网组管理协议（IGMP）和互联网控制报文协议（ICMP）。

IP 协议是网际互联层最重要的协议，它提供的是一个可靠、无连接的数据报传递服务。

4. 网络接入层（即主机－网络层）

网络接入层与 OSI 参考模型中的物理层和数据链路层相对应。它负责监视数据在主机和网络之间的交换。事实上，TCP/IP 本身并未定义该层的协议，而由参与互连的各网络使用自己的物理层和数据链路层协议，然后与 TCP/IP 的网络接入层进行连接。地址解析协议（ARP）工作在此层，即 POSI 参考模型的数据链路层。

（三）TCP/IP 与 OSI 的关系

共同点：

① OSI 参考模型和 TCP/IP 参考模型都采用了层次结构的概念。

②都能够提供面向连接和无连接两种通信服务机制。

不同点

① OSI 采用的七层模型，而 TCP/IP 是四层结构。

② TCP/IP 参考模型的网络接口层实际上并没有真正的定义，只是一些概念性的描述。而 OSI 参考模型不仅分了两层，而且每一层的功能都很详尽，甚至在数据链路层又分出一个介质访问子层，专门解决局域网的共享介质问题。

③ OSI 模型是在协议开发前设计的，具有通用性。TCP/IP 是先有协议集，然后建立模型，不适用于非 TCP/IP 网络。

④ OSI 参考模型与 TCP/IP 参考模型的传输层功能基本相似，都是负责为用户提供真正的端对端的通信服务，也对高层屏蔽了底层网络的实现细节。所不同的是 TCP/IP 参考模型的传输层是建立在网络互联层基础之上的，而网络互联层只提供无连接的网络服务，所以面向连接的功能完全在 TCP 协议中实现，当然 TCP/IP 的传输层还提供无连接的服务，如 UDP；相反 OSI 参考模型的传输层是建立在网络层基础之上的，网络层既提供面向连接的服务，又提供无连接的服务，但传输层只提供面向连接的服务。

⑤ OSI 参考模型的抽象能力高，适合于描述各种网络；而 TCP/IP 是先有了协议，才制定 TCP/IP 模型的。

⑥ OSI 参考模型的概念划分清晰，但过于复杂；而 TCP/IP 参考模型在服务、接口和协议的区别上不清楚，功能描述和实现细节混在一起。

⑦ TCP/IP 参考模型的网络接口层并不是真正的一层；OSI 参考模型的缺点是层次过多，划分意义不大但增加了复杂性。

⑧ OSI 参考模型虽然被看好，由于没把握好时机，技术不成熟，实现困难；相反，TCP/IP 参考模型虽然有许多不尽人意的地方，但还是比较成功的。

第三章 网络接入技术与无线网络技术

第一节 网络接入技术

随着我国信息技术产业的快速发展，互联网技术逐渐走进了人们的日常生活中，并在人类的工作、学习、娱乐、文化等多个领域都产生了极其深远的影响。与此同时，与之相伴的网络接入技术也有了长足的发展与进步。我国是全球最大的单一互联网市场，网民数量位居世界第一，同时对于各种网络接入技术的要求也越来越高，无论是从市场规模还是技术需求来看，网络接入技术在我国都有着广阔的市场发展前景。

一、宽带接入技术

（一）混合光纤同轴接入网 HFC

1. HFC 的概念

HFC 是对 CATV 的一种改造。在干线部分用光纤代替同轴电缆传输信号，配线网部分仍然保留原来的同轴电缆网，但是这部分同轴电缆网还负责收集用户的上传数据，并通过放大器和干线光纤送到前端。HFC 和 CATV 的一个根本区别就是：HFC 提供双向通信业务，而 CATV 只提供单向通信业务。

2. HFC 接入网的特点

HFC 接入网可传输多种业务，具有较为广阔的应用领域，尤其是目前绝大多数用户终端均为模拟设备（如电视机），与 HFC 的传输方式能够较好地兼容。

（1）传输频带较宽

HFC 具有双绞铜线无法比拟的传输带宽，它的分配网络的主干部分采用光纤，其间可以用光分路器将光信号分配到各个服务区，在光节点处完成光/电变换，再用同轴电缆将信号分送到各用户家中，这种方式兼顾到提供宽带业务所需带宽及节省建立网络开支两个方面的因素。

（2）与目前的用户设备兼容

HFC 网的最后一段是同轴网，它本身就是一个 CATV 网，因而视频信号可以直接进入用户的电视机，以保证现在大量的模拟终端可以使用。

（3）支持宽带业务

HFC 网支持全部现有的和发展的窄带及宽带业务，可以很方便地将语音、高速数据及视频信号经调制后送出，从而提供了简单的、能直接过渡到 FTTH 的演变方式。

（4）成本较低

HFC 网的建设可以在原有网络基础上，改造，根据各类业务的需求逐渐将网络升级。例如，若想在原有 CATV 业务基础上增设电话业务，只需安装一个设备前端，以分离 CATV 和电话信号，而且何时需要何时安装，十分方便与简洁。

（5）全业务网

HFC 网的目标是能够提供各种类型的模拟和数字通信业务，包括有线和无线、数据和语音、多媒体业务等，即全业务网。

3.HFC 的系统结构

HFC 接入网是一种以模拟频分复用技术为基础，综合应用模拟和数字传输技术、光纤和同轴电缆技术、射频技术以及高度分布式智能技术的宽带接入网络，是 CATV 网和电信网结合的产物，也是将光纤逐渐推向用户的一种新的经济的演进策略。

HFC 的系统由馈线网、配线网和用户引入线三部分组成。

与传统 CATV 网相比，HFC 网络结构无论从物理上还是逻辑拓扑上都有重要变化，现代 HFC 网大多采用星型/总线结构。

馈线网是指前端机至服务区光纤节点之间的部分，大致相当于 CATV 的干线段，由光缆线路组成，多采用星型结构。

配线网是指服务区光纤节点与分支点之间的部分，类似于 CATV 网中的树型同轴电缆网。在一般光纤网络中服务区越小，各个用户可用的双向通信带宽越宽，通信质量也越好。但是，服务区小意味着光纤靠近用户，即成本上升。HFC 采用的是光纤和同轴电缆的混合接入，因此要选择一个最佳点。

引入线是指分支点至用户之间的部分，因而与传统的 CATV 网相同。

较为适宜的是在配线部分和引入线部分采用同轴电缆，光纤主要用于干线段。

HFC 采用副载波调制进行传输，以频分复用方式实现语音、数据和视频图像的一体化传输，其最大的特点是技术上比较成熟、价格比较低廉，同时可实现宽带传输，能适应今后一段时间内的业务需求而逐步向 FTTH（光纤到用户）过渡。无论是数字信号还是模拟信号，只要：经过适当的调制和解调，都可以在该透明通道中传输，有很好的兼容性。

（二）数字用户线接入（xDSL）

1. 非对称数字用户线（ADSL）技术

随着基于 ip 的互联网在世界的普及应用，具有宽带特点的各种业务，如 Web 浏览、远程教学、视频点播和电视会议等业务越来越受欢迎，这些业务除了具有宽带的特点外，还有一个特点就是上下行数据流量不对称，在这种情况下，一种采用频分复用方式实现上下行速率不对称的传输技术 —— 非对称数字用户线（ADSL）。

（1）ADSL 的调制技术

ADSL 先后采用多种调制技术，如正交幅度调制（QAM）、无载波幅度相位调制（CAP）和离散多音频（DMT）调制技术，其中 DMT 是 ADSL 的标准线路编码，而 QAM 和 CAP 还处于标准化阶段，因此下面主要介绍 DMT 离散多音频调制技术。

DMT 技术是一种多载波调制技术，它利用数字信号处理技术，根据铜线回路的衰减特性，自适应地调整参数，使误码和串音达到最小，从而使同路的通信容量最大。具体应用中，它把 ADSL 分离器以外的可用带宽（10kHz ~ 1MHz 以上）划分为 255 个带宽为 4kHz 的子信道，每个子信道相互独立，通过增加子信道的数目和每个子信道中承载的比特数目可以提高传输速率，即把输入数据自适应地分配到每个子信道上。如果某个子信道无法承载数据，就简单地关闭；对于能够承载传送数据的子信道，根据其瞬时特性，在一个码元包络内传送数量不等的信息，这种动态分配数据的技术可有效提高频带平均传信率。

（2）ADSL 的系统结构

①系统构成，它是在一对普通铜线两端，各加装一台 ADSL 局端设备和远端设备而构成。它除了向用户提供一路普通电话业务外，还能向用户提供一个中速双工数据通信通道（速率可达 576kbit/s）和一个高速单工下行数据传送通道（速率可达 6 ~ 8Mbit/s）。

ADSL 系统的核心是 ADSL 收发信机（即局端机和远端机）。应当注意，局端的 ADSL 收发信机结构与用户端的不同，局端 ADSL 收发信机中的复用器（MULtiplcxcr，MUL）将下行高速数据与中速数据进行复接，经前向纠错（Forward Error Correction，FEC）编码后送发信单元进行调制处理，最后经线路耦合器送到铜线上；线路耦合器将来自铜线的上行数据信号分离出来，经接收单元解调和 FEC 解码处理，恢复上行中速数据；线路耦合器还完成普通电话业务（POTS）信号的收、发耦合。用户端 ADSL 收发信机中的线路耦合器将来自铜线的下行数据信号分离出来，经接收单元解调和 FEC 解码处理，送分路器（DMUL）进行分路处理，恢复出下行高速数据和中速数据，分别送给不同的终端设备。来自用户终端设备的上行数据经 FEC 编码和发信单元的调制处理，通过线路耦合器送到铜线上，普通电话业务经线路耦合器进、出铜线。

②传输带宽。ADSL 基本上是运用频分复用（FDM）或是回波抵消（EC）技术，将

ADSL 信号分割为多重信道。简单地说，一条 ADSL 线路（一条 ADSL 物理信道）可以分割为多条逻辑信道。

频分复用法将带宽分为两部分，分别分配给上行方向的数据以及下行方向的数据使用。然后，再运用时分复用（Time Division Multiplexing，TDM）技术将下载部分的带宽分为一个以上的高速次信道（ASO，AS1，AS2，AS3）和一个以上的低速次信道（LS0.LSLLS2），上传部分的带宽分割为一个以上的低速信道（LS0,LSLLS2,对应于下行方向），这些次信道的数目最多为 7 个。FDM 方式的缺点是下行信号占据的频带较宽，而铜线的衰减随频率的升高迅速增大，因此，其传输距离有较大局限性。为了延长传输距离，需要压缩信号带宽。一种常用的方法是将高速下行数字信道与上行数字信道的频段重叠使用，两者之间的干扰用非对称回波抵消器予以消除。

ADSL 系统用于图像传输可以有多种选择，如 1 ～ 4 个 1.536Mbit/s 通路或 1 ～ 2 个 3.072Mbit/s 通路或 1 个 6.144Mbit/s 通路以及混合方式。其下行速率是传统 T1 速率的 4 倍，成本也低于 T1 接入。通常，一个 1.5/2Mbit/s 速率的通路除了可以传送 MPEG—1（Motion Picture Experts（iroupl）数字图像外，还可外加立体声信号，其图像质量可达录像机水平，传输距离可达 5 km 左右。如果利用 6.144Mbit/s 速率的通路，则可以传送一路 MPEG-2 数字编码图像信号，其质量可达演播室水准，在 0.5mm 线径的铜线上传输距离可达 3.6km。有的厂家生产的 ADSL 系统，还能提供 8.192Mbit/s 下行速率通路和 640 kbit/s 双向速率通路。从而可支持 2 个 4Mbit/s 广播级质量的图像信号传送。当然，传输距离要比 6.144Mbit/s 通路减少 15% 左右。

（3）影响 ADSL 性能的因素

影响 ADSL 系统性能的因素主要有以下几点：

①衰耗。衰耗是指在传输系统中，发射端发出的信号经过一定距离的传输后，其信号强度都会减弱。ADSL 传输信号的高频分量通过用户线时，衰减更为严重。如一个 2.5V 的发送信号到达 ADSL 接收机时，幅度仅能达到毫伏级。这种微弱信号很难保证可靠接收所需要的信噪比，因此，有必要进行附加编码。在 ADSL 系统中，信号的衰耗同样跟传输距离、传输线径以及信号所在的频率点有密切关系，传输距离越远，频率越高，其衰耗越大；线径越粗，传输距离越远，其衰耗越小，但所耗费的铜越多，投资也就越大。衰耗在所难免，但是又不能一味增加发射功率来保证收端信号的强度。随着功率的增加，串音等其他干扰对传输质量的影响也会加大，而且，还有可能干扰邻近无线电通信。对于各 ADSL 生产厂家，一般其 Modem 的衰耗适应范围在 0 ～ 55dB 之间。

②反射干扰。桥接抽头是一种伸向某处的短线，非终接的抽头发射能量，降低信号的强度，并成为一个噪声源。从局端设备到用户，至少有两个接头（桥节点），每个接头的线径也会相应改变，再加上电缆损失等造成阻抗的突变会引起功率反射或反射波损耗，在话音通信中其表现是回声，而在 ADSL 中复杂的调制方式很容易受到反射信号的干扰。目前，大多数都采用回波抵消技术，但当信号经过多处反射后，回波抵消就变得几乎无效了。

③串音干扰。由于电容和电感的耦合，处于同一主干电缆中的双绞线发送器的发送信号可能会串入其他发送端或接收器，造成串音。一般分为近端串音和远端串音。

串音干扰发生于缠绕在一个束群中的线对间干扰。对于 ADSL 线路来说，传输距离较长时，远端串音经过信道传输将产生较大的衰减，对线路影响较小，而近端串音一开始就干扰发送端，对线路影响较大。但传输距离较短时，远端串音造成的失真也很大，尤其是当一条电缆内的许多用户均传输这种高速信号时，干扰尤为显著，而且会限制这种系统的回波抵消设备的作用范围。此外，串音干扰作为频率的函数，随着频率升高增长很快。ADSL 使用的是高频，会产生严重后果。因此，在同一个主干上，最好不要有多条ADSL 线路或频率差不多的线路。

④噪声干扰。传输线路可能受到若干形式噪声干扰的影响，为达到有效数据传输，应确保接收信号的强度、动态范围、信噪比在可接受的范围之内。噪声产生的原因很多，可能是家用电器的开关、电话摘机和挂机以及其他电动设备的运动等，这些突发的电磁波将会耦合到 ADSL 线路中，引起突发错误。由于 ADSL 是在普通电话线的低频语音上叠加高频数字信号，因而从电话公司到 ADSL 分离器这段连接中，加入任何设备都将影响数据的正常传输，故在 ADSL 分离器之前不要并接电话和加装电话防盗器等设备。目前，从电话公司接线盒到用户电话这段线很多都是平行线，这对 ADSL 传输非常不利，大大降低了上网速率。例如，在同等情况下，使用双绞线下行速率可达到 852kbit/s，而使用平行线下行速率只有 633kbit/s。

2. 高速数字用户线（HDSL）技术

（1）DHDSL 关键技术

HDSL 采用 2 对或 3 对用户线以降低线路上的传输速率，系统在无中继传输情况下可实现传输 3.6 km。针对我国传输的信号采用 E1 信号，HDSL 在 2 对线传输情况下，每对线上的传输速率为 1168kb/s，采用 3 对线情况下，每对线上的传输速率为 784kb/s。

HDSL 利用 2B1Q 或 CAP 编码技术来提高调制效率，使线路上的码元速率降低。2B1Q 码是无冗余的 4 电平脉冲码，它是将两个比特分为一组，然后用一个四进制的码元来表示，编码规则如表 3-1 所示。由此可见，2B1Q 码属于基带传输码，由于基带中的低频分量较多，容易造成时延失真，因此需要性能较高的自适应均衡器和回波抵消器。CAP 码采用无载波幅度相位调制方式，属于带通型传输码，它的同相分量和相位正交分量分别为 8 个幅值，每个码元含 4bit 信息，实现时将输入码流经串并变换分为两路，分别通过两个幅频特性相同、相频特性差 90°的数字滤波器，输出相加就可得到。由此可以看出，CAP 码比 2B1Q 码带宽减少一半，传输速率提高一倍，但实现复杂、成本高。

表 3-1　2B1Q 码编码规则

第 1 位（符号位）	第 2 位（幅度位）	码元相对值
1	0	+3
1	1	+1
0	1	−1
0	0 0	−3

HDSL 采用回波抵消和自适应均衡技术等实现全双工的数字传输。回波抵消和自适应均衡技术可以消除传输线路中的近端串音、脉冲噪声和因线路不匹配而产生的回波对信号的干扰，均衡整个频段上的线路损耗，以便适用于多种线路混联或有桥接、抽头的场合。

（2）HDSL 的系统

HDSL 使用以下两种方法来实现长距离的无中继传输。

①在 HDSL 系统的收发器中设计有数字信号处理功能的自适应滤波器，数字信号处理器测知双绞线的特性参数，以调节滤波器的参数，使通过滤波器的信号能被重新识别。

②回波抵消技术。在 HDSL 系统中，一条双绞线上可以同时传送收发信号，结果使收发信号叠加在一起传送，为了从这叠加的信号波形中取出需接收的信号加以恢复，HDSL 系统在其收发器中增设消回波电路，以消除叠加中的发送信号。

下面对 HSDL 系统各部分的功能作一简单介绍。

第一，接口部分。接口部分的功能主要是码型变换，它将符合 ITU—TG.703 建议的速率为 2Mb/s、码型为 HDB3 的 PCM 码流和速率为 2Mb/s 的 NRZPCM（不归零码）码流进行相互转换。

第二，映射部分。映射部分的作用相当于复接 / 分接，发送时，将 2Mb/s 的 NRZPCM 码流分成两部分或三部分，对分开的每部分加入相关的比特，然后转换成 HDSL 码流。在接收端，将收到的两路或三路 HDSL 码流中的开销比特和数据比特等分开后，再将分开的两路或二路数据复接成 2Mb/s 的 NRZ 的 PCM 基群码流。

第三，收发器部分。在实际应用中，根据所采用的技术，有不同的实现方法。由于使用 HDSL 系统的环境不一样，线路特性不同，故在收发器的回波抵消器和均衡器中都使用门适应滤波器，一般采用 LMS 算法。经过系统的初始化过程，使系统自适应到线路特性，并不断跟踪线路的微小变化，以获得尽可能好的系统性能。

第四，混合电路。一般采用基于传统变压器的混合电路，也可采用有源 RC 型混合电路。

第五，回波抵消器。回波抵消器用于消除混合线圈泄露到接收线路的发送信号，消除拖尾影响及直流漂移，用来分开两个传输方向上传输的信号，以实现全双工工作模式。

第六，均衡判决器。在 HDSL 系统中，由于桥接和线径变化引起的阻抗不匹配与环路低通响应导致的脉冲展宽而大大降低传输信号的质量。因此，必须采用自适应滤波器来校正这些损伤，均衡线路衰减，缩短数据信道的有效响应的长度，降低内部符合干扰。均衡器一般也采用 LMS 算法的 FIR 滤波器。

（3）HDSL 技术的应用

HDSL 技术广泛应用于移动特性基站中继、无线寻呼中继、视频会议 JSDN 基群接入、远端用户线单元中继和计算机局域网互联等业务。利用 HDSL 技术可与视频压缩编码（MPEG）技术相结合，传输视频宽带业务（如传输录像机信号以及多媒体会议电视系统信号），可作为 2Mb/s 会议电视的传输接入系统。另外，也可用于传输可视电话、远程诊断、远程教育等多媒体业务。由于 HDSL 技术使用了 2 ~ 3 条双绞线，因此一般用户线路不使用该技术。

二、光纤接入技术

（一）光纤接入网

光纤接入技术实际就是在接入网中全部或部分采用光纤传输介质，构成光纤用户环路（Fiber In The Loop，FITL），实现用户高性能宽带接入的一种方案。

光纤接入网（Optical Access Network，OAN）是指在接入网中，用光纤作为主要传输媒介来实现信息传输的网络形式，它不是传统意义上的光纤传输系统，而是针对接入网环境所专门设计的光纤传输网络。

1. 光纤接入网的构成

光纤接入网的基本结构包括用户、交换局、光纤、电/光交换模块（E/O）和光/电交换模块（O/E），由于交换局交换的和用户接收的均为电信号，而在主要传输介质光纤中传输的是光信号，因此两端必须进行电/光和光/电转换。

光纤接入在用户端必须有一个光纤收发器（或带有光纤端口的网络设备）和一个路由器。光纤收发器用于实现光纤到双绞线的连接，进行光/电转换；路由器须有高速端口，以实现10Mb/s或更高速率的连接。在与Internet接入时，路由器的主要作用有两个，一是连接不同类型的网络，二是实现网络安全保护（防火墙）。直接将光纤收发器连接至局域网交换机端口时，可以不需要路由器。因此，光纤宽带接入网的硬件设备有光收发器、路由器和光缆网卡。

2. 光纤接入网的拓扑结构

光网络单元（ONU）的主要功能是为用户侧提供直接的或远端的接口。ONU设备可以灵活地放置在用户室内、路边、公寓内和办公大楼等地，在接入网中的位置既可以设置在用户端，也可以在分线盒或交接箱处。

按ONU放置位置的不同，可以将OAN划分为多种基本类型：FTTC.FTTB/FTTO.FTTH等。另外ONU还可以通过不同的物理硬件连接构成多种拓扑形式，如星型、链型、树型和环型等。

3. 光纤接入网的种类

根据不同的分类原则，OAN可划分为多个不同种类。

①按照接入网的网络拓扑结构划分，OAN可分为总线型、环型、树型和星型等，这几种结构组合派生出总线、星型、双星型、总型、总线型、双环型、树型和环型等多种应用形式。它们各有优势，互为补充，在实际应用中应根据具体情况综合考虑、灵活运用。

②按照接入网的室外传输设施中是否含有有源设备OAN可以划分为无源光网络（PON）和有源光网络（AON）两种。两者的主要区别是：PON采用无源光分路器分路，而AON采用有源电复用器分路。其中，PON因其成本低、对业务透明、易于升级和管

理等突出优势而备受欢迎，目前其标准化工作已经完成，商用系统已经投入网络运行。

③按照接入网能够承载的业务带宽情况，OAN 可划分为窄带 OAN 和宽带 OAN 两种，窄带和宽带的划分通常是以 2.048Mbit/s 速率为界限，速率低于 2.048Mbit/s 的业务称为窄带业务（如电话业务），速率高于 2.048Mbit/s 的业务称为宽带业务（如 VOD 业务）。

④按照 ONU 的位置不同，OAN 可以划分为光纤到路边（FTTC）、光纤到大楼（FTTB）、光纤到小区（FTTZ）、光纤到家（FTTH）或光纤到办公室（FTTO）等多种类型。

（二）有源光网络（AON）接入技术

有源光纤接入网是指从局部端到用户分配单元之间均采用有源光纤传输设备，如光/电转换设备、有源光/电器件以及光纤等。AON 由 OLT、ODT、ONU 和光纤传输线路构成。其局端和远端均采用有源设备，远端设备在用户侧可安装在用户家中、大楼或小区路边；ODT 可以是一个有源复用设备，远端集中器，也可以是一个环网；传输技术为骨干网中已大量采用的 SDH 技术。

有源光网络（AON）通常采用星型网络结构，属于一点到多点光通信系统。它将一些网络管理功能和高速复接功能放在远端中完成。端局和远端之间通过光纤通信系统传输，然后再从远端将信号分配给用户。

AON 按照其传输体制可以分为：准同步数字系列（Plesiochronous Digital Hierarchy，PDH）和同步数字系列（Synchronous Digital Hierarchy，SDH）两大类。在骨干网长距离传输系统中被广泛采用，并在逐步地取代准同步数字系列 PDH。在接入网中应用 SDH 技术，可以将 SDH 在核心网中的巨大带宽优势和技术优势应用于接入网领域，充分利用 SDH 同步复用、标准化的光接口、强大的网管能力、灵活的网络拓扑能力和高可靠性，使接入网的建设发展长期受益。

SDH 接入网主要有以下几个优势：

①兼容性强。SDH 的各种速率接口都有标准规范，在硬件上保证了各供应商设备的互联互通，为统一管理打下了基础。

②完善的自愈保护能力。灵活多变的组网方式为 SDH 网络提供了更加有效的业务保护能力，特别是自愈环网结构，能够在极短时间内（不超过 50ms）完成业务信号的保护倒换，不影响业务的正常通信。

③强大的 OAM 管理功能。SDH 帧结构中定义了丰富的管理维护开销字节，大大方便了维护和管理，系统可以很容易地实现自动故障定位，提前发现和解决问题，降低维护成本。

④发展升级能力。SDH 体系能够提供从 155Mb/s 到 622Mb/s、2448Mb/s、9553Mb/s 甚至更高的速率，不但能够满足用户目前的语音和数据通信需求，更可以根据今后的发展灵活扩展升级。

⑤有利于向宽带接入发展。SDH 利用虚容器（VC）的概念，可以映射各级速率的 PDH 信号，而且能直接接入 ATM 信号，为向宽带接入发展提供了一个理想的平台。

SDH 技术在接入网中的应用虽然已经很普遍，但是现阶段由于 SDH 设备复杂、成本很高，致使SDH技术在接入网中的应用仍处于FTTC（光纤到路边）、FTTB（光纤到楼）的程度，光纤的巨大带宽仍然没有到户。因此，要真正向用户提供宽带业务能力，仅采用SDH技术解决馈线、配线段的宽带化是不够的，在引入线部分仍需结合宽带接入技术。可以分别采用FTTB/C+xDSL、FTTB/C+Ca-ble Modem、FTTB/C+LAN等接入方式为居民用户、公司和企业用户提供业务。有关PDH与SDH传输体制的具体原理与区别可以参照传输技术部分。较有代表性的AON系统有：光纤用户环路载波、灵活接入系统，以及PDH/SDH的IDLC接入网。

第一，光纤用户环路载波。采用光纤作为传输媒介，应用脉冲编码调制（PCM）技术和光纤传输技术在一对光纤上复用数百至上千路电话，ISDN基本业务和数据等多种业务。光纤用户环路载波与V接口技术，特别是与V5接口相结合可以降低接入网的成本。

第二，灵活接入系统。在光纤用户环路载波基础上发展起来的一种光纤接入方式，可以采用星型拓扑或者点对点方式。灵活接入系统也可以传输多种业务，其与光纤用户环路系统的不同之处在于，它所复用的业务种类与路数可以由网络来设置，即实现所谓的"灵活"。

第三，基于SDH的有源光接入网。SDH传输体制因具有标准性、大容量、无中继长距离传输、技术成熟和在线升级等优点，在接入网中得到了普遍的应用，尤其适合于主干层的自愈环网建设。应用于接入网的SDH传输设备能够提供155Mb/s、622Mb/s甚至2.5Gb/s接口速率，未来只要有足够的业务量需求，传输带宽还可以增加。光纤的传输带宽潜力相对接入网的需求而言几乎是无限的，这就奠定了基于SDH有源光接入技术在未来接入网技术中的重要地位。

建立光纤接入系统有很多益处，它可以缓解和克服通信网之间的"瓶颈效应"，为信息高速公路的建设和宽带综合业务数字网（B-ISDN）的发展奠定基础。随着光纤制造工艺的进步和光器件的发展，将会产生很多光纤接入的新方案，使光纤接入网技术（特别是FTTH技术）成为用户接入网的最终发展目标。FTTH能够为每个用户提供足够宽的频带，用以传送高速数据甚至高清晰度电视节目。用户只要在家拥有一台"智能一体化"终端，就可以获得语音、数据、视像等各种宽带服务，实现"三网合一"的目标。

（三）无源光网络（PON）接入技术

无源光网络（Passive Optical Network，PON）主要采用无源光功率分配器（耦合器）将信息送至各用户。由于采用了光功率分配器使功率降低，因此较适合于短距离使用，是实现FTTH的关键技术之一。

PON是指ODN（光配线网）中不含有任何电子器件及电子电源，ODN全部由光分路器（Splitter）等无源器件组成，无需贵重的有源电子设备的网络。PON是点到多点的光网，在源到宿的信号通路上全是无源光器件，如光纤、接头和分光器等，可最大限度地减少光收发信机、中心局终端和光纤的数量。基于单纤PON的接入网只需要N+1收发信机和数千米光纤，一个无源光网络包括一个安装于中心控制站的光线路终端（OLT），以及配套的安装于用户场所的光网络单元（ONUs），在OLT与ONU之间的光配线网（ODN）包含了光纤以及无源分光器或者耦合器。

最简单的网络拓扑是点到点连接。为减少光纤数量，可在社区附近放置一个远端交换机（或集线器），同时需在中心局与远端交换机之间增加两对光收发信机，并需解决远端交换机供电和备用电源等维护问题，成本很高。因此，以低廉的无源光器件代替有源远端交换机的 PON 技术就应运而生。

PON 上的所有传输是在 OLT 和 ONU 之间进行的。OLT 设在中心局，把光接入网接至城域骨干网，ONU 位于路边或最终用户所在地，提供宽带语音、数据和视频服务，在下行方向（从 OLT 到 ONU），PON 是点到多点网，在上行方向则是多点到点网。

在用户接入网中使用 PON 的优点很多：传输距离长（可超过 20km）；中心局和用户环路中的光纤装置可减至最少；带宽可高达吉比特量级；下行方向工作如同一个宽带网，允许进行视频广播，利用波长复用既可传 IP 视频，又可传模拟视频；在光分路处不需要安装有源复用器，可使用小型无源分光器作为光缆设备的一部分，安装简便并避免了电力远程供应问题；具有端到端的光透明性，允许升级到更高速率或增加波长。

（四）APON 接入技术

在 PON 中采用 ATM 技术，就成为 ATM 无源光网络（ATM-PON，APON）。PON 是实现宽带接入的一种常用网络形式，电信骨干网绝大部分采用 ATM 技术进行传输和交换，显然，无源光网络的 AFM 化是一种自然的做法。ATM-PON 将 AI、M 的多业务、多比特速率能力和统计复用功能与无源光网络的透明宽带传送能力结合起来，从长远来看，这是解决电信接入"瓶颈"的较佳方案。APON 实现用户与 4 个主要类型业务节点之一的连接，即 PSTN/ISDN 窄带业务、B-ISDN 宽带业务、非 AFM 业务（数字视频付费业务）和 Internet 的 IP 业务。

PON 是一种双向交互式业务传输系统，它可以在业务节点（SNI）和用户网络节点（UNI）之间以透明方式灵活地传送用户的各种不同业务。基于 ATM 的 PON 接入网主要由光线路终端 OLT（局端设备）、光分路器（Splitter）、光网络单元 ONU（用户端设备），以及光纤传输介质组成。其中 ODN 内没有有源器件。局端到用户端的下行方向，由 OLT 通过分路器以广播方式发送 ATM 信元给各个 ONU。各个 ONU 则遵循一定的上行接入规则，将上行信息同样以信元方式发送给 OLT，其关键技术是突发模式的光收发机、快速比特同步和上行的接入协议（媒质访问控制）。

在宽带光纤接入技术中，电信运营者和设备供应商普遍认为 APON 是最有效的，它构成了既提供传统业务又提供先进多媒体业务的宽带平台。APON 主要特点有：采用点到多点式的无源网络结构，在光分配网络中没有有源器件，比有源的光网络和铜线网络简单，更加可靠，更加易于维护；如果大量使用 FTTH（光纤到家），有源器件和电源备份系统从室外转移到了室内，对器件和设备的环境要求降低，使维护周期加长；维护成本的降低使运营者和用户双方受益；由于它的标准化程度很高，可以大规模生产，从而降低了成本；另外，ATM 统计复用的特点使 ATM-PON 能比 TDM 方式的 PON 服务于更多用户，ATM 的 QoS 优势也得以继承。

根据 G.983.1 规范的 ATM 无源光网络，OLT 最多可寻址 64 个 ONU-PON 所支持的虚通路（VP）数为 4096，PON 寻址使用 ATM 信元头中的 12 位 VP 域。由于 OLT 具有 VP 交叉互连功能，所以局端 VB5 接口的 VPI 和 PON 上的 VPI（OLT 到 ONU）是不同的，限制 VP 数为 4096 使 ONU 的地址表不会很大，同时又保证了能高效地利用 PON 资源。

以 ATM 技术为基础的 APON，综合了 PON 系统的透明宽带传送能力和 ATM 技术的多业务多比特率支持能力的优点，代表了接入网发展的方向。APON 系统主要有下述优点：

1. 理想的光纤接入网

无源纯介质的 ODN 对传输技术体制的透明性，使 APON 成为未来光纤到家、光纤到办公室、光纤到大楼的最佳解决方案。

2. 低成本

树型分支结构，多个 ONU 共享光纤介质使系统总成本降低；纯介质网络，彻底避免了电磁和雷电的影响，维护运营成本大为降低。

3. 高可靠性

局端至远端用户之间没有有源器件，可靠性较有源 OAN 大大提高。

4. 综合接入能力

能适应传统电信业务 PSTN/ISDN；可进行 Internet Web 浏览；同时具有分配视频和交互视频业务（CATV 和 VOD）能力。

虽然 APON 具有一系列优势，但是由于 APON 树型结构和高速传输特性，还需要解决诸如测距、上行突发同步、上行突发光接收和带宽动态分配等一系列技术及理论问题，这给 APON 系统的研制带来了一定的困难。目前，这些问题已基本得到解决，我国的 APON 产品已经问世，APON 系统正逐步走向实用阶段。

第二节　无线网络技术

一、WAP 技术的特征

WAP 的特征如下：

①移动终端可运行一种微型浏览器，它的用户界面具有明显的局限性。例如，移动电话的显示屏小、移动的手持设备内存有限。因此，在使用时需要下载 WAP 应用程序，用完后或暂时不用时再把程序清除。

②提供 WAP 服务的网站上需要用 WAP 脚本语言编写的网页以实现手机冲浪，WAP 有效包容了大量不同的软件协议，允许应用产品能独立于传输格式而运行。

③通信带宽窄，由于使用 WAP 的移动设备具有带宽窄的特点，因此适用于该类设备上的网页不宜过于复杂，数据量不宜过大。

④WAP 服务链上各商家需要协作。例如，手持设备制造商、经营移动电话业务的公司、ISP、应用软件开发商以及主干电话网络的经营者。

无线互联技术要得以生存，就必须提供丰富的具有特点的应用，无线互联技术以基于个人移动应用为特点，其特定的使用环境和手持终端的局限性决定了其独特的经济模式。

二、WAP 体系结构

wap 协议实际上是一个标准，联合定义无线数据手持设备如何通过无线网络传输数据，又如何通过同样的设备进行内容、服务的传递和实现。通过这些标准，手持设备遵循 WAP 的无线数据基础结构建立连接，可以请求内容和服务，将获得的内容和服务传递给用户。

WAP 的体系结构，它是由围绕着网络协议、安全以及应用环境的一系列标准服务构成的，为移动终端设备提供了一个可伸缩、可扩展的应用开发环境，通过对整个协议栈的分层设计来实现，即将它们划分成若干功能层，协议规定每一层要完成特定的任务，从而简化网络设计，同时也将问题进行分解，以便更好地完成任务。这些协议一起提供一个完整的服务基础结构。

三、WAP 结构组件

（一）概述

wap 的各层相互合作，为移动用户提供内容、应用和服务，这些层按其互操作性，可以划分成 3 个组：

①承载网络隐蔽大量信号与在全世界，无线网络中使用的频道协议之间的差异。

②服务协议包括提供给上一层服务的协议，把应用数据移交给无线网络。这些服务包括安全性、可靠性和缓冲。

③应用环境包括强有力的基于浏览器的环境、支持内容和服务的可移植性、独立于不同生产厂家的不同设备型号。

下面论述每一个组件，定义每一层的基本功能，以及它们在 WAP 结构中的地位。

（二）承载网络

无线网络有许多协议支持与代理设备之间交换消息、分组和帧，这几十个网络协议，也被称为承载协议。每一个承载协议都与网络基础结构的某一种特别类型相联系，并且网络基础结构某一种特别类型又与供应商或世界的某一个特别区域相联系。

应用最普遍的无线网络基础结构包括以下几种：

①AMPS 至今仍是整个世界大部分地区，包括北美，使用的模拟通信基础结构。它

可以在地球的不同地方使用同一个频率讲话。

② CDPD 进行数据传输。它采用 FDM 理论，发送器可以在不同的频率上发送分组。CDPD 主要应用于美国和加拿大的一些地区。

③ IS—54/IS—136/ANSI—136 通常被认为是北美的 TDMA，其首先在美国和加拿大使用。它利用 TDM 理论，把无线频率划分成时间槽，并且将这些时间槽分配给多重呼叫。

④ IS-95 又称为码分多址（CDMA），CDMA 是一种扩频技术。

⑤ GSM 可以在 800MHz 带宽上运行，现应用于欧洲、澳洲和亚洲的大多数地区，它采用 TDM 和 FDM 技术，取得了与 CDMA 相似的效果。在美国，GSM 可以在不同的频率运行，通常知道的是 DCS1800（即 1800MHz）和 PCS1900（即 1900MHz）。

⑥ PDC 提供电话和数据服务，与 GSM 一样，它也采用了 TDM 和 FDM 技术。

⑦ PHS 代表了大地区的数字无绳电话技术的发展。

有这么多的承载网络协议要将内容传递给设备，将提供独立网络系统的任务复杂化，每个网络的可靠性、延迟、流量以及误码率水平不同。一些承载网络可将报文每一次都独立地传送到它所预想的目的地。另一些网络依靠固定的电路，它们的使用方法与电话相似，这些电路需要客户和目的地之间的点对点连接。

一些网络也可以提供短消息服务（SMS），与无线网络传呼服务非常相似。

最低层的 WAP 标准为无线数据报协议（WDP），它用来隐蔽承载网络之间的差别。在传统意义上，WDP 不是一个协议，而是一个抽象的服务，在协议栈的其他较高层已经建立了一套假设的功能，WDP 层保证通过所有支持的承载网络提供这种普通的抽象服务。

WDP 抽象服务实际上是一种数据报服务，它能在网络的一个端点向另一个端点进行简单的点对点发送消息。这种服务既不能保证传输的可靠性和安全性，也不能保证数据到达目的地时间和顺序是否正确，只是将这些服务推到协议栈的更高层。

每个承载网络提供不同水平的服务，因此，WDP 实际上是许多协议的集合，每一个 WDP 协议与每一个受支持的承载网络协议相联系。当应用程序通过 WAP 栈发送一条消息时，调用哪一个 WDP 协议，取决于使用的承载网络。一台能与多个承载网络通信的设备可以在不同的时候使用不同的 WDP 协议。

有时 WDP 只需简单地命令使用哪个承载协议，便可以获得抽象服务。如果下面网络支持用户数据报协议（UDP），与大多数基于 IP 的网络那样，WDP 只需简单地使用 UDP/IP，便可以完成抽象服务。

此外，一些承载网络可以提供比 WDP 提供的抽象服务更多的功能。这时，WDP 可以直接使用承载网络协议，忽略由承载协议提供的额外的功能。比如，这种状况可在电路交换连接时产生。这些连接保证了分组的顺序，尽管不能保证可靠性，而高层 WAP 协议也可以提供类似功能，从而浪费一些网络带宽以及设备上的代码存储，这些状况相对来说很少发生，由于带宽没有受到足够重视，这种状况也就日趋严重了，WDP 抽象服务的互操作性利益远远超过了这方面的费用。

（三）WAP 服务协议

由 WDP 保证的数据报抽象法是很受限制的。如果运行环境不能保证稳定性、安全性以及顺序和时间的准确性，应用程序很难得到实现。服务协议为应用环境提供了一些附加能力。不同于 WDP，这些服务层是一些协议，定义了一系列分组格式以及一个协议机制，用来决定什么时候应该传送哪一个类型的分组。因为这些协议在 WDP 的基础上采用，它们独立于下面的承载网络而进行设计和应用。一个网关可以通过简单地改变与传输有关的 WDP 的类型，来衔接两个承载网络之间的服务协议。

服务协议包括 3 层：无线传输层安全性、无线事务协议和无线会话层协议。

1. 无线传输层安全性

无线传输层安全性（WTLS）协议是基于工业标准传输层安全（TLS）协议上产生的，也称为安全套接字（SSL），TLS 已被广泛地运用在 Internet 上。WTLS 具有以下功能：

①身份认证（Authentication）。WTLS 包含在终端和应用服务器之间建立认证的机制，这比 Internet 上传统的 X.509 进行认证所需要的带宽要小。

②数据保密性。WTLS 可以保证移动终端和源服务器之间的数据传输的安全，协议包括数据加密装置，它可防止第三方截获后偷看或修改资料，协议还可以防卫各种各样的安全攻击。

③数据完整性。WTLS 可以使数据在终端和应用服务器间通信时不会改变和破坏。

④服务拒绝保护。WTLS 可以检测和拒绝多次重发的数据和没有成功校验的数据，可以防卫针对拒绝服务的攻击，由于它在协议栈底部的附近，可以保护高层协议层。

WTLS 的认证和加密功能都需要消耗计算能力和带宽，WTLS 协议是可选的，一台设备一定支持 WTLS，甚至当它具有这个性能时，它的使用也是可以选择的，从而使 WAP 仍然能只占用最少的资源和在最小带宽的网络上使用。

2. 无线事务协议

无线事务协议（WTP）可以在安全或不安全的无线数据报网络上运行，是为小型客户端的实现而设计的。WTP 通过传送承认收到信息、逾期没收到再传送信息以及查询用户承认接收数据的时间等方式，支持在设备和服务器之间可靠地交换信息，建立起发送者和接受者之间的端到端可靠性。协议可以通过允许每一次传送的资料获得承认的分级控制，减少它的带宽要求，通过推迟外传数据和承认数据，使得这些数据能更集中传输。当 WDP 传送的数据不多时，分级控制和集中传输起的作用不大。概括地说，WTP 通过丢失分组的重传、有选择的重传、流量控制等技术，提供下面三等级的服务：①可靠的单向请求；②不可靠的单向请求；③可靠的双向请求应答。

3. 无线会话层协议

无线会话层协议（WSP）是 WAP 应用层上的协议，为两个会话服务提供一致的接口。它支持两种会话服务，运行在 WTP 协议上的面向连接的服务和在 WDP 上的无连接服务，无连接的服务可能安全，也可能不安全。WSP 也支持在客户设备上运行的 WAP 微浏览器，并且可以与低带宽、高延迟的无线网络进行通信。

WSP 层与 WWW 上的 HTTP1.1 标准相似，一个 WAP 网关可以将接收到的 WSP 请示转换成 Internet 传送的 HTTP；同样，网关也可以将从 Internet 上接收到的 HTTP 应答转换为无线 WSP 应答。一个有 WAP 功能的网络服务器或一个 WAP 应用程序服务器也可以直接应用 WSP。WSP 同时还有许多与 HTTP 有关的限制特征，如会话、模块化以及二进制编码。

（1）会话

WSP 在客户和 WAP 网关之间建立一个长期的会话关系。这种会话提供了一个环境，请求和应答可以在此交换。一些 WAP 网关甚至包括前面一些 HTTP，允许一个拥有 WAP 功能的源服务器不使用编码 URLs 确认出这位客户的若干请求。在设备和网关之间的 WSP 会话可以接收到多个内容服务商的要求。这种会话甚至可以在客户的设备中经过几个周期之后继续。WSP 协议允许客户推迟并且在任何时间恢复会话，恢复会话只需要一个简单的客户网关握手装置。

（2）模块化

基本的 WSP 协议支持像 HTTP 一样的请求应答操作。当建立 WSP 会话时，一个客户机和网关可以忽视一些附加的特征或参数，因此，WSP 协议能支持非常多的应用类型，从浏览器请求应答模式到更复杂的基于消息和事务型的模式，这其中的一个限制便是 WSP 不易用 TCP/IP 支持的那种双向的"流"。

（3）二进制编码

HTTP 用 ASCII 描述协议操作，虽容易读和调试，但在低带宽网络上传送时消耗大。而 WSP 设计在无线环境操作，请求和应答头部名字，与其他头的普通值一样，被分配二进制值。因而，随着应用数据的交换，WSP 协议包含小的二进制序列的交换。

四、应用环境

WAP 应用环境由一系列标准组成，这些标准定义了一套可识别格式，用于下载内容和应用，这些标准在使用的设备上得到优化，其中有一个小显示屏，有限的输入控制（没有完整的键盘和鼠标）和受限制的存储能力。这些标准的建立都有一些相关基础，比如，内容是建立在 Internet 应用程序超文本标注语言（HTML）基础之上的，应用程序上则参考了 JavaScript（或 ECMAScript）语言，结构化数据则参考了可扩展的标记语言（XML），根据受限制的设备和网络环境，这些标准在使用时都进行了优化处理。

WAP 应用环境大部分仍然独立于 WAP 服务协议和层标准，实际上，基于 WAP 的内容能被下载到一个 WAP 应用环境中，这个环境可以在标准 Internet 协议中运行。这种方法对于连接高带宽 IP 网络的小屏幕电话是非常合适的。同样，标准 Internet 内容也能通过 WAP 协议下载到 Internet 应用程序中去。这种方法也可以解决与低带宽无线网络相联的全屏全键盘设备的使用问题。

第四章 局域网与广域网技术

第一节 局域网概述

一、无线局域网概述

（一）无线局域网的组成结构

无线局域网的组成结构由站（Station，STA），无线介质（Wireless Medium，WM）、基站（Base Station，BS）、接入点（Access Point，AP）和分布式系统（Distribution System，DS）等几部分组成。

1. 站

站（点，STA）也称主机或终端，是无线局域网的最基本组成单元。网络就是进行站间数据传输的，我们把连接在无线局域网中的设备称为站。站在无线局域网中通常用作客户端，它是具有无线网络接口的计算设备。它包括终端用户设备、无线网络接口及网络软件3部分。

2. 无线介质

无线介质是无线局域网中站与站之间、站与接入点之间通信的传输媒介。在这里指的是空气，它是无线电波和红外线传播的良好介质。无线局域网中的无线介质由无线局域网物理层标准定义。

3. 无线接入点

无线接入点（AP）类似于蜂窝结构中的基站，是无线局域网的重要组成单元。无线接入点是一种特殊的站，它通常处于 BSA 的中心，固定不动。

4. 分布式系统

一个 BSA 所能覆盖的区域受到环境和主机收发信机特性的限制。为了能覆盖更大的区域，就需要把多个 BSA 通过分布式系统（DS）连接起来，形成一个扩展业务区（Extended Service Area，ESA），而通过 DS 互相连接起来的属于同一个 ESA 的所有主机组成一个扩展业务组（Extended Service Set，ESS）。分布式系统就是用来连接不同 BSA 的通信通道，称为分布式系统信道（Distribution System Medium，DSM）。DSM 可以是有线信道，也可以是频段多变的无线信道。这样在组织无线局域网时就有了足够的灵活性。

（二）无线局域网的拓扑结构

WLAN 目前主要有 3 种拓扑结构，即自组织网络（也就是对等网络，即人们常称的 AdHoc 网络）、基础结构型网络和完全分布式网络。

1. 自组织网络

自组织网络是一种对等模型的网络，它的建立是为了满足用户暂时的需求服务，如应急机动、抢险救灾等场合。自组织网络是由一组带有无线接口卡的无线终端（例如移动计算机等）组成。这些无线终端以相同的工作组名、扩展服务集标识号和密码等对等的方式相互直连，在 WLAN 的覆盖范围之内，进行点对点或点对多点之间的通信。

组建自组织网络的优势在于不需要增添任何网络基础设施，只需要移动节点并配置一种普通的协议。在这种拓扑结构中，不需要中央控制器的协调。因此，自组织网络使用非集中式的 MAC 协议，如 CSMA/CA。但由于该协议所有节点具有相同的功能性，因此实施复杂并且造价昂贵。

自组织网络的不足之处在于，它不能采用全连接的拓扑结构。其原因是对于两个移动节点而言，某一个节点可能会暂时处于另一个节点传输范围以外，它接收不到另一个节点的传输信号，因此无法在这两个节点之间直接建立通信。

自组织网络常用于固定互联网的两个节点之间，是无线联网的常用方式，使用这种联网方式建成的网络，传输距离远，传输速率高，受外界环境影响较小。

2. 基础结构型网络

基础结构型网络利用了高速有线或无线骨干传输网络。在这种网络的拓扑结构中，移动节点在基站（Base Station，BS）的协调下接入无线信道。

基站的另一个作用是将移动节点与现有的有线网络连接起来。当基站执行这项任务时，它被称为接入点（AP）。基础结构网络虽然也会使用非集中式 MAC 协议，如基于竞争的 802.11 协议可以用于基础结构的拓扑结构中，但大多数基础结构网络都使用集中式 MAC 协议，如轮询机制。由于大多数的协议过程都由接入点执行，移动节点只需要执行一小部分的功能，所以其复杂性大大降低。接入点可以通过标准的以太网电缆与传统的有线网络相连，作为无线网络和有线网络的连接点，无线局域网的终端用户可通过无线网卡等设备访问网络。

此类型网络最大的优点是组建网络成本低、维护简单；其次，由于中心使用了全向天线，设备调试相对容易。该类型网络的缺点也是因为使用了全向天线，波束的全向扩散使得功率大大衰减，网络传输速率低，对于距离较远的节点，网络的可靠性得不到保证。

3. 完全分布式网络

除以上两种应用比较广泛的网络拓扑结构之外，还有一种正处于研究阶段的拓扑结构，即完全分布式网络拓扑结构。这种结构要求相关节点在数据传输过程中完成一定的功能，类似于分组无线网的概念。对每一节点而言，它可能只知道网络的部分拓扑结构，但它可与邻近节点按某种方式共享对拓扑结构的认识，来完成分布路由算法，即路由网络上的每一节点要互相协助，以便将数据传送至目的节点。

分布式网络拓扑结构抗损性能好，移动能力强，可形成多跳网，适合较低速率的中小型网络。对于用户节点而言，它的复杂性和成本较其他拓扑结构高，并存在多径干扰和远近效应。同时，随着网络规模的扩大，其性能指标下降较快。但完全分布式网络在军事领域中具有很好的应用前景。

二、无线局域网标准 IEEE802.11

（一）IEEE802.11 的结构

1. 1EEE802.11 标准的逻辑结构

拓扑结构提供了描述一个网络所需的物理构件的方法，而逻辑结构则定义了该网络的操作。IEEE802.11 标准的逻辑结构应用于所有每个包含单一 MAC 和一类 PHY 的工作站。

在 IEEE802.11 的体系结构中，MAC 层在 LLC 层的支持下为共享媒体 PHY 提供访问控制功能。这些功能包括寻址、访问协调、帧校验序列生成检查以及对 LLCPDU 的定界等。MAC 层在 LLC 层的支持下执行寻址和帧识别功能。在 IEEE802.11 标准中，MAC 层采用 CSMA/CAC 载波侦听多路访问，冲突避免）协议，而标准以太网则采用 CSMA/CD（载波侦听多路访问，冲突检测）协议。由于无线电波传输和接收功率的局限性，在同一个信道上同时传输和接收数据是不可能实现的。因此，WLAN 只能采取措施预防冲突而不是检测冲突。

2. IEEE802.11 系列标准的协议体系结构

IEEE802.11 标准是 IEEE 制定的无线局域网标准，主要是对网络的物理层（PHY）和媒体访问控制层（MAC）进行了规定，而其中对 MAC 层的规定是重点。各种局域网有不同的 MAC 层，而逻辑链路控制层（LLC）是一致的，即逻辑链路层以下对网络应用是透明的。这样就使得无线网的两种主要用途——"多点接入"和"多网段互联"，易于质优价廉地实现。

（二）IEEE802.11 的各层分析

1. IEEE802.11 物理层

物理层定义了数据传输的信号特征和调制方式。无线局域网可以使用两种介质进行传输：射频（RF）和红外线（Infrared）；而且有两种调制方式：直接序列扩频（DSSS）和跳频扩频（FHSS）。

DSSS 采用扩展的冗余编码方式进行数据传输，其利用比发送信息速率高许多的伪随机代码对信息数据的基带频谱进行扩展，形成宽带低功率谱密度的信号；在接收端用相同的伪随机代码对接收到的信号进行相关的处理，恢复原始信息。

FHSS 技术是在 2GHz 频道以 1MHz 的频宽将其划分为 75 ~ 81 个子频道，在一个频带上发送完一段较短的信息后，跳转到另一个频带上；接收方和发送方协商一个跳频模式，数据按照这个序列在各个子频道上进行传送。在一段时间内跳转完所有规定的频带后，再开始另一个跳转周期。物理层能够根据环境噪声情况自动地对传输速率进行调节。

2. IEE802.11 MAC 层

这 IEEE802.11 MAC 的基本存取方式被称为 CSMA/CA。冲突避免与冲突检测具有非常明确的差别，因为在无线通信方式中，对无线载波的感测和对冲突信息的感测都是不可靠的。同时，当无线电波经发送天线发送出去以后，自己便无法进行监控，因此对冲突的检测也就变得更加困难。在 IEEE802.11 协议中，对载波的检测主要采用实际测试和虚拟测试两种方式来实现。实际测试要侦听信道上是否有电波在传送，并要在传送中附加上优先级的观念；另一种方法是采用虚拟载波侦听，这种方式要告知其他工作站在哪个时间段的范围内要进行数据传输，以此来防止各工作站在发送数据过程中产生冲突。

3. IEEE802.11 应用层服务

由于 IEEE802.11 标准仅仅对 IEEE802.3 标准的物理层和媒体访问控制层进行了增补和替换，因此可以说 IEEE802.11 标准对网络层及其以上是透明的，对于支持 IEEE802.3 标准的服务和应用来讲 JEEE802.11 标准只要做稍许改动就能够轻松地应用。这就意味着在 IEEE802.11 标准成熟的过程中，支持 IEEE802.3 标准的大量应用层服务可以经过配置来直接为 IEEE802.11 标准所使用。同样，通过选择无线连接方式，又迅速提高了对诸如文件传输协议（FTP）和超文本传输协议（HTTP）的标准网络商业应用。

（三）IEEE802.11a

IEEE802.11a 工作在 GHz 频段，它以正交频分复用（OFDM）为基础。OFDM 的基本原理是把高速的数据流分成许多速度较低的数据流，然后它们将同时在多个副载波频率上进行传输。由于低速的平行副载波频率会增加波形的持续时间，因此多路延迟传播对时间扩散的影响将会减小。通过在每个 OFDM 波形上引入一个警戒时间几乎可以完全消除波形间的干涉。在警戒时间内，OFDM 波形会循环地扩展以避免载波差拍下扰。正交性在多路延迟传播中被维护，接收器得到每个 OFDM 波形的时移信号总和。在传播延迟时间小于警戒时间的时候，在一个 OFDM 波形的 FFT 时间间隔内不会出现波形内部干扰和载波内部干扰。多路只对随机相位和副载波频率的振幅保持影响。前向错误纠正在副载波频率上的应用可以解决弱副载波频率严重衰退的问题。

这些信道中的 8 个可用信道的信道带宽为 20MHz，频带边缘的警戒带宽为 30MHz。FCC 定义了更高的 UNII 频带，取值在 5.725 ~ 5.821GHz 之间，它被用来负载另外 4 个 OFDM 信道。对高频频带而言，由于对超过带宽范围的频谱需求不如低、中 UNII 频带那样强烈，因此其频带边缘的警戒带宽只有 20MHz。

（四）IEEE802.11b

IEEE802.11b 扩展了基本 IEEE802.11 所采用的 DSSS 处理方法。IEEE802.11b 以补码键控（Complementary Code Keying，CCK）技术为基础。在 IEEE802.11b 标准中，CCK 机制建立在基本 IEEE802.11 DSSS 信道机制所允许的码元速率的基础之上。因为相同的 PLCK 头部结构是基于 1Mbit/s 的传输速率，所以 IEEE802.llb 的设备与之前的 IEEE802.11 DSSS 设备兼容，重叠或邻近的 BSS 可以被调节为每个 BSS 中心频率之间至少要间隔 5MHz 的信道空间。因为 IEEE802.11b 具有更高的数据传输率，所以其要求更加严格，它指定 25MHz 的信道间隔。IEEE802.11b 有 3 个隔离良好的信道，它在完全重叠的 BSS 间允许 3 个独立信道进行传输。

IEEE802.11 标准最初的 DSSS 标准使用 11 位的巴克码（Barker）序列，用该序列来实现对数据的编码和发送，每一个 11 位的码片代表一位的数字信号 1 或者 0，此时该序列将被转化成信号，然后在空气中传播。这些信号要以 1Mbit/s 的速度进行传送，我们称这种调制方式为 BIT/SK，当以 2Mbit/s 的传送速率进行数据传送时，要使用一种被称为 QPSK 的更加复杂的传送方式，QPSK 中的数据传输率是 BIT/SK 的 2 倍，因此提高了无线传输的带宽。

在 IEEE802.11b 标准中采用了更为先进的 CCK 技术，该编码技术的核心是存在一个由 8 位编码所组成的集合，在这个集合中的数据有特殊的数学特性使得它们能够在经过干扰或者由于反射造成的多方接受问题后还能够被正确地互相区分。当以 5.5Mbit/s 的数据传输速率进行传送时，要使用 CCK 来携带 4 位的数字信息，而以 11Mbit/s 的数据传输速率进行传送时要让 CCK 携带 8 位的数字信息，两个速率的传送都利用 QPSK 作为调制手段。

（五）IEEE802.11g

IEEE802.llg 标准最重要的部分就是该标准在理论上能够达到 54Mbit/s 的数据传输速率，同时能够与目前应用比较多的 IEEE802.11b 标准保持向下的兼容性。IEEE802.11g 标准所提供的高速数据传输技术关键来自 OFDM 模块的设计，OFDM 模块的设计与 IEEE802.11g 标准中所使用的 OFDM 模块是完全相同的，IEEE802.llg 标准的向下兼容性主要原因是 IEEE802.llg 使用了 2.4GHz 的工作频段，在这个频段支持原有的 CCK 模块设计，而这个模块与在 IEEE802.11b 标准中所使用的相同。IEEE802.llg 是 IEEE 为了解决 IEEE802.lla 标准与 IEEE802.11b 标准之间的互联互通而提出的一个全新标准。从容量的角度来看，IEEE802.llg 标准的数据传输速率上限已经由原有的 11Mbit/s 提升到 54Mbit/s，但由于在 2.4GHz 频段的干扰源相对更多，因此其数据传输速率要低于 IEEE802.lla 标准。

IEEE802.11g 标准与已经得到广泛使用的 IEEE802.llb 标准是相互兼容的，这是 IEEE802.llg 标准相对于 IEEE802.lla 标准的优势所在。IEE802.llg 是对 IEEE02.11b 的一种高速物理层扩展，同 IEEE802.11b 一样，IEE802.11g 工作于 2.4GHz 的 ISM 频带，但采用了 OFDM 技术，可以实现最高 54Mbit/s 的数据速率。在 IEEE802.llg 的 MAC 层上，IEEE802.11 IEEE802.llb IEEE802.lla 和 IEEE802.llg 这 4 种标准均采用的是 CSMA/CA 技术，这有别于传统以太网上的 CSMA/CD 技术。

三、无线局域网关键技术

（一）无线局域网物理层技术

1. 微波技术

无线局域网采用电磁波作为载体来传送数据信息。对电磁波的使用可以分为窄带射频和扩频射频技术两种常见模式。WLAN 从本质上讲是对传统有线局域网的扩展，WLAN 组件将数据包转换为无线电波或者是红外脉冲，将它们发送到其他无线设备中或发送到作为有线局域网网关的接入点。大多数 WLAN 都是基于 IEEE802.11 和 IEEE802.llb 标准而制造的设备，通过这些设备来与局域网进行无线通信。这些标准可使数据传输分别达到 1 ～ 2Mbit/s 或 5 ～ 1Mbit/s，确定一个通用的体系、传输模式或其他无线数据传输来提高产品的互操作性。

WLAN 制造商在设计解决方案的时候，可以选择使用多种不同的技术。每种技术都有自己的优势和局限性。在常规的无线通信应用中，其载波频谱宽度主要集中在载频附近较窄的带宽内。而扩频通信则采用专用的调制技术，将调制后的信息扩展到很宽的频带上去。需要注意的是，即使采用同样的扩频技术，各种产品在实现方法上也不相同。

①窄带技术。窄带无线系统在一个特定的射频范围传输和接收用户信息。窄带无线技术只是传递信息，并占有尽可能窄的无线信号频率带宽。若通过合理的规划和分配，则不同的网络用户就可以使用不同的信道频率，并可以此来避免通信信道间的干扰。在使用窄带通信的时候，既能够通过使用无线射频分离技术来实现信号分离，也可以通过对无线接收器的配置来实现对指定频率之外的所有其他干扰无线信号的过滤。

②扩频技术。扩频的基本思想是通过使用比发送信息数据速率高出许多倍的伪随机码，将载有信息数据的基带信号频谱进行扩展，形成宽带的低功率频谱密度信号，增加

传输信号的带宽就可在较强的噪声环境下进行有效数据传输。扩频技术在发射端进行扩频调制，在接收端以相关解调技术接收信息，这一过程使其具有许多优良特性。

2. 红外技术

WLAN 使用电磁微波（无线或红外）进行点到点的信息通信，而不依赖任何的物理连接。无线电波常常指无线载波器，因为它们只是执行将能量传递到远程接收器的任务。传输的数据被加载到无线载波器中，这样就可以从接收终端中准确地提取。这通常被称作通过传递信息的载波器调制。一旦数据加载（调制）到无线载波器，无线信号将占用多于一个的频率，因为调制信息的频率或比特率被加入载波器中。

基于红外线方式的无线局域网方案具有价格低廉、工作频率高、干扰小、数据传输速率高、接入方式多样、使用不受约束等特点。但这种模式的无线局域网只能进行一定角度范围内的直线通信，在收信机和发信机之间要求不能存在障碍物。

在通常情况下，建立基于红外线方式无线局域网的方式有以下两种。

一种方式是采用固定方向的红外线传输，这种方式的覆盖范围非常远。在理论上可以达到数千米，并且能够应用于室外环境，同时因为该方式的无线局域网带宽很大，所以其数据传输速度也很高。

第二种方式是采用全方向的红外线传输。这种方式的无线局域网能够由发射源向任意方向的任何目的地址以全向方式发送信号，这种方式的无线局域网覆盖范围相对前者要小得多。

因此，从诸多因素综合考虑的时候，在现阶段就可以得到如下这个结论：红外技术仅仅可以当成无线局域网的一门技术来加以论述，它是组成无线局域网的一种形式，但是相对于射频技术而言，红外技术还不能达到射频无线网络所具有的性能。

（二）无线局域网 MAC 层技术

1. CSMA/CA

CSMA/CA 的基础是载波侦听，IEEE802.11 根据 WLAN 的介质特点提出了两种载波检测方式：一种是基于物理层的载波检测方式；另一种是虚拟载波检测方式。

①基于物理层的载波检测方式。基于物理层的载波检测方式是从接收到的射频或天线信号来检测信号能量，或者是根据接收信号的质量来估计信道的忙闲状态。

②虚拟载波检测方式。虚拟载波检测方式是通过 MAC 报头 RTS/CTS 中的 NAV 来实现。只要其中的一个 NAV 提示信号传输介质正在被其他用户所使用，那么传输介质就被认为已经处于忙状态。

虚拟载波侦听检测机制是由 MAC 层提供的，要参考 NAV 来实现。NAV 包含对介质上要进行通信内容的预测，它是从实际数据交换前的 RTS 和 CTS 以及 MAC 在竞争期间除节能轮询控制帧外的所有帧头中持续时间域来获取有用信息。

载波侦听机制包含 NAV 状态和由物理载波侦听信道提供给 SIA 的发送状态。NAV 可以被看成一个计数器，它以统一的速率逐渐递减，直至减少到 0。当该计数器为 0 时，表明传输介质处于空闲状态，否则介质就为忙状态。只要无线局域网中的任意一个站点发送数据，那么整个网络的传输介质就都会被确定为忙状态。

CSMA 作为随机竞争类 MAC 协议，其算法简单而且性能丰富，因此在实际局域网的使用中得到了广泛的应用。但是在无线局域网中，由于无线传输介质固有的特性受移动性的影响，无线局域网的 MAC 在差错控制、解决隐藏节点等方面有别于有线局域网。因此，WLAN 与有线局域网所采用的 CSMA 具备一定的差异。WLAN 采用 CSMA/CA 协议，它与 CSMA/CD 最大的不同点在于其采取避免冲突工作方式。

2. 媒体接入技术

无线局域网中 MAC 所对应的标准为 IEEE802.11。IEEE802.11 的 MAC 子层分为两种工作方式：一种是分布控制方式（DCF）；另一种是中心控制方式（PCF）。

①分布控制方式（DCF）。DCF 是基于具有冲突避免的载波侦听多路存取方法（CSMA/CA）。无线设备发送数据前，首先要探测一下线路的忙闲状态，如果空闲，则立即发送数据，并同时检测有无数据碰撞发生。这一方法能协调多个用户对共享链路的访问，避免出现因争抢线路而无法通信的情况。这种方式在共享通信介质时没有任何优先级的规定。DCF 包括载波检测（CS）机制、帧间间隔（IFS）和随机避让（Random Back—Off）规程。对 IEEE802.11 协议而言，网络中所有的终端要发送数据时，都要按照 CSMA/CA 的媒体访问方法接入共享介质，也就是说，需要发送数据的终端首先侦听介质，以便知道是否有其他终端正在发送。如果介质不忙，则可以进行发送处理，但不是马上发送数据帧，而是由 CSMA/CA 分布算法，强制性地控制各种数据帧相应的时间间隔（IFS）。只有在该类型帧所规定的 IFS 内介质一直是空闲的方可发送。如检测到介质正在传送数据，则该终端将推迟竞争介质，一直延迟到现行的传输结束为止。在延迟之后，该终端要经过一个随机避让时间重新竞争对介质的使用权。

②中心控制方式（PCF）。PCF 是一个在 DFC 之下实现的替代接入方式，并且仅支持竞争型非实时业务，适用于具备中央控制器的网络。该操作由中央轮询主机（点协调者）的轮询组成。点协调者在发布轮询时使用 P1FS，由于 PIFS 小于 DIFS，点协调者能获得媒体，并在发布轮询及接收响应期间，锁住所有的非同步通信。

四、常见的无线局域网设备

（一）无线网卡

一个无线网卡主要包括网卡单元、扩频通信机和天线 3 个功能块。网卡单元负责建立主机与物理层之间的连接。扩频通信机与物理层建立了对应关系，实现无线电信号的接收与发射。当计算机要接收信息时，扩频通信机通过网络天线接收信息，并对该信息进行处理，判断是否要发给网卡单元，如是则将信息上交给网卡单元，否则将其丢弃掉。如果扩频通信机发现接收到的信号有错，则通过天线反馈给发送端一个出错信息，通知发送端重新发送该信息。当计算机要发送信息时，主机先将待发送的信息传送给网卡单元，网卡单元监测信道是否空闲，若空闲便立即发送，否则暂不发送，并继续监测。

①接口类型。无线网卡的接口类型主要有 PCI、USB、PCMCIA3 种。其中，PCI 接口无线网卡主要用于 PC，PCMCIA 接口的无线网卡主要用于笔记本电脑，USB 接口无线网卡既可以用于 PC 也可以用于笔记本电脑。

②传输速率。数据传输速率是衡量无线网卡性能的重要指标之一。目前，无线网卡支持的最大传输速率可以达到 54Mbit/s，一般都支持 IEEE802.11g 标准，兼容 IEEE802.11b 标准。部分厂家的无线网卡通过各种无线传输技术，实现了高达 108Mbit/s 的数据传输速率，如 TP—LINK、NETGEAR 等。

比较常用的支持 IEEE802.llb 标准的无线网卡最大传输速率可达 11Mbit/s，其增强型产品可以达 22Mbit/s 甚至 44Mbit/s。对于普通家庭用户选择 11Mbit/s 的无线网卡即可；而对于办公或商业用户，则需要选择至少 54Mbit/s 的无线网卡。

③传输距离。传输距离也是衡量无线网卡性能的一个重要指标，传输距离越大说明其灵活性越强。目前，一般的无线网卡室内传输距离可以达到 30 ～ 100m，室外可达到 100 ～ 800m。无线网卡传输距离的远近会受到环境的影响，如墙壁、无线信号干扰等，因此，实际传输距离可能较之小一些。

④安全性。因为常见的 IEEE802.11b 和 IEEE802.11g 标准的无线产品使用了 2.4GHz 工作频率，所以，理论上任何安装了无线网卡的用户都可以访问网络。这样的网络环境，其安全性得不到保障。为此，一般采取两种加密技术，无线应用协议和有线等价加密，WAP 加密性能比 WEP 强，但兼容性不好。一般的无线网卡都支持 68/128 位的 WEP 加密，部分产品可以达到 256 位。

（二）无线访问接入点

如果将无线网卡比作传统网络中的以太网卡，那么无线访问接入点就是传统网络中的集线器。

一般情况下，无线客户端都是通过 AP 接入以太网或通过 AP 共享网络资源，这是 WLAN 最典型的工作模式，称为构架模式。当然，无线客户端还可以不通过 AP，直接实现对等互联，这种工作模式称为对等模式。

因为每个 AP 的覆盖范围都有一定的限制，正如手机可以在基站之间漫游一样，无线局域网客户端也可以在 AP 之间漫游。需要注意的是，网长的连接距离不光取决于网卡本身，还要看 AP 的覆盖范围，因此 AP 是组建无线局域网的一个关键设备。

在选购无线 AP 时，须注意以下事项。

①端口类型、速率。无线 AP 的 WAN 端口用于和有线网络进行连接，这样可以组建有线、无线混合网。在端口的传输速率方面，一般应该为 10/100Mbit/s 自适应 RJ—45 端口。

②网络标准。无线 AP 一般都支持 IEEE802.11b 和 IEEE802.11g 标准，分别可以实现 11Mbit/s.22Mbit/s 的无线网络传输速率。IEEE802.11g 标准的产品比较普遍。除此之外，还可以支持 IEEE802.3 以及 IEEE802.3u 网络标准。

③网络接入。常见的 Internet 宽带接入方式有 ADSLCable Modem、小区宽带等。

无线 AP 应该支持常见的网络接入方式，例如，使用 ADSL 上网的用户选择的产品必须支持 ADSL 接入（即 PPPoE 拨号），对于单位办公用户或小区宽带用户，必须要选择支持以太网接入。

④防火墙。为了保证网络的安全，无线 AP 最好内置有防火墙功能。

（三）无线局域网的辅助设备

1. 天线

当计算机与无线 AP 或其他计算机相距较远时，随着信号的减弱，其传输速率会明显下降，或者根本无法实现与 AP 或其他计算机之间的通信，此时，就必须借助于无线天线对所接收或发送的信号进行增益放大。

无线设备本身的天线都有一定距离的限制，当超出这个限制的距离时，就要通过这些外接天线来增强无线信号，达到延伸传输距离的目的。这里涉及以下两个概念。

①频率范围。它是指天线工作的频段。这个参数决定了它适用于哪个无线标准的无线设备。比如 802.11a 标准的无线设备就需要频率范围在 5GHz 的天线来匹配，因此在购买天线时一定要认准这个参数对应的相应产品。

②增益值。此参数表示天线功率放大倍数，数值越大表示信号的放大倍数越大，也就是说增益数值越大，信号越强，传输质量就越好。

无线 AP 的天线有室内天线和室外天线两种类型。室外天线又可分为锅状的定向天线、棒状的全向天线等多种类型。

2. 无线宽带路由器

无线宽带路由器集成了有线宽带路由器和无线 AP 的功能，既能实现宽带接入共享，又拥有无线局域网的功能。

通过与各种无线网卡配合，无线宽带路由器就可以以无线方式连接成不同的拓扑结构的局域网，从而共享网络资源，形式灵活方便。

第二节　交换式局域网与虚拟局域网

一、交换式局域网

在传统的共享介质局域网中，所有节点共享一条公共通信传输介质，不可避免将会有冲突发生。随着局域网规模的扩大，网中节点数的不断增加，每个节点平均能分配到的带宽越来越少。因此，当网络通信负荷加重时，冲突与重发现象将大量发生，网络效率将会急剧下降。为了克服网络规模与网络性能之间的矛盾，人们提出将共享介质方式改为交换方式，从而促进了交换式局域网的发展。

交换式局域网是指以数据链路层的帧或更小的数据单元为数据交换单位，以交换设备为基础构成的网络。

提高网络效率、减少拥塞有多种方案，如利用网桥/路由器将现有网络分段，采用快速以太网等，而利用交换机的交换式网络技术则被广为使用。以太网交换机也称为以太网络交换机，具体到设备，就是交换式集线器或称交换机。它的功能与网桥相似，但速度更快。交换机提供多端口，通常拥有一个共享内存交换矩阵，用来将 LAN 分成多个独立冲突段并以全线速度提供这些段间互连。数据帧直接从一个物理端口送到另一个物理端口，在用户间提供并行通信，允许多对用户同时进行传送，例如，一个 24 端口交换机可支持 24 个网络节点的两对链路间的通信。这样实际上达到了增加网络带宽的目的。这种工作方式类似于电话交换机，其连接方式为星型方式。

交换式局域网的核心设备是局域网交换机，局域网交换机可以在它的多个端口之间建立多个并发连接。典型的交换式局域网是交换式以太网，它的核心部件是以太网交换机。以太网交换机可以有多个端口，每个端口可以单独与一个节点连接，也可以与一个共享介质式的以太网集线器（Hub）连接。如果一个端口只连接一个节点，那么这个节点就可以独占 10Mb/s 的带宽，这类端口通常被称作"专用 10Mb/s 端口"；如果一个端口连接一个以太网集线器，那么这个端口将被以太网中的多个节点所共享，这类端口被称为"共享 10Mb/s 端口"。

交换式局域网主要有如下几个特点：

①独占传输通道，独占带宽，允许多对站点同时通信。共享式局域网中，在介质上是串行传输，任何时候只允许一个帧在介质上传送。交换机是一个并行系统，它可以使接入的多个站点之间同时建立多条通信链路（虚连接），让多对站点同时通信，所以交换式网络大大地提高了网络的利用率。

②灵活的接口速度。在共享式网络中，不能在同一个局域网中连接不同速率的站点（如 1OBase-5 仅能连接 10Mb/s 的站点）。而在交换网络中，由于站点独享介质，独占带宽用户可以按需配置端口速率。在交换机上可以配置 10Mb/s/J00Mb/s 或者 10Mb/s/100Mb/s 自适应的端口，用于连接不同速率的站点，接口速度有很大的灵活性。

③高度的可扩充性和网络延展性，大容量交换机有很高的网络扩展能力，而独享带宽的特性使扩展网络没有带宽下降的后顾之忧。因此，交换式网络可以构建一个大规模的网络，如大的企业网、校园网或城域网。

④易于管理、便于调整网络负载的分布，有效地利用网络带宽，交换网可以构造"虚拟网络"，通过网络管理功能或其他软件可以按业务或其他规则把网络站点分为若干个逻辑工作组，每一个工作组就是一个虚拟网（VLAN）。虚拟网的构成与站点所在的物理位置无关。这样可以方便地调整网络负载的分布，提高带宽利用率。

⑤交换式局域网可以与现有网络兼容，如交换式以太网与以太网和快速以太网完全兼容，它们能够实现无缝连接。

⑥互联不同标准的局域网，局域网交换机具有自动转换帧格式的功能，因此，它能够互联不同标准的局域网，如在一台交换机上能集成以太网、FDDI 和 ATM。

二、虚拟局域网

（一）虚拟局域网概述

VLAN（Virtual local Area Network）即虚拟局域网，里然VLAN所连接的设备来自不同的网段，但是相互之间可以进行直接通信，如同处于一个网段当中。它是一种将局域网内的设备逻辑地而不是物理地划分为一个个网段从而实现虚拟工作组的新兴技术。

VLAN技术允许网络管理者将一个物理的LAN逻辑地划分成不同的广播域（或称虚拟LAN，即VLAN），每一个VLAN都包含一组有着相同需求的计算机工作站，与物理上形成的LAN有着相同的属性。但由于它是逻辑地而不是物理地划分，所以同一个VLAN内的各个工作站无需被放置在同一个物理空间里，即这些工作站不一定属于同一个物理LAN网段。

VLAN是为解决以太网的广播问题和安全性而提出的一种协议，它在以太网帧的基础上增加了VLAN头，用VLANID把用户划分为更小的工作组，限制不同工作组间的用户二层互访，每个工作组就是一个虚拟局域网。虚拟局域网的好处是可以限制广播范围，并能够形成虚拟工作组，动态管理网络。

（二）虚拟局域网的特点

在使用带宽、灵活性、性能等方面，虚拟局域网都显示出很大优势。虚拟局域网的使用能够方便地进行用户的增加、删除、移动等工作，提高网络管理的效率。它具有以下特点。

1. 减少了因网络成员变换带来的开销

使用虚拟局域网最大的特点就是能够减少网络中用户的增加、删除、移动等工作带来的隐含开销。

2. 提高网络访问的速度

虚拟局域网在同一个虚拟局域网成员之间提供低延迟、线速的通信，其能够在网络内划分网段或者微网段，提高网络分组的灵活性。VLAN技术通过把网络分成逻辑上的不同广播域，使网络上传送的包只在与位于同一个VLAN的端口之间交换。这样就限制了某个局域网只与同一个VLAN的其他局域网互相连，避免浪费带宽，从而消除了传统网络的固有缺陷，即数据帧经常被传送到并不需要它的局域网中。这也改善了网络配置规模的灵活性，尤其是在支持广播/多播协议和应用程序的局域网环境中，会遭遇到如潮水般涌来的包。而在VLAN结构中，可以轻松地拒绝其他VLAN的包，从而大大减少网络流量。

3. 减少了路由器的使用

在没有路由器的情况下，使用VLAN的可支持虚拟局域网的交换机可以很好地控制广播流量。在VLAN中，从服务器到客户端的广播信息只会在连接在虚拟局域网客户机的交换机端口上被复制，而不会广播到其他端口，只有那些需要跨越虚拟局域网的数据包才会穿过路由器，在这种情况下，交换机起到路由器的作用。因为在使用 VLAN 的网络中，路由器用于连接不同的 VLAN。

4. 虚拟工作组

虚拟工作组就是完成同一任务的不同成员不必集中到同一办公室中，工作组成员可以在网络中的任何物理位置通过 VLAN 联系起来，同一虚拟工作组产生的网络流量都在工作组建完毕，也可以减少网络负担。虚拟工作组也能够带来巨大的灵活性，当有实际需要时，一个虚拟工作组可以建立起来，当工作完成后，虚拟工作组又可以很简单地予以撤除，这样无论是网络用户还是管理员使用虚拟局域网都是最理想的选择。

5. 有效地控制网络广播风暴

控制网络广播风暴的最有效的方法是采用网络分段的方法，这样，当某一网段出现过量的广播风暴后，不会影响到其他网段的应用程序。网络分段可以保证有效地使用网络带宽，最小化过量的广播风暴，提高应用程序的吞吐量。使用交换式网络的优势是可以提供低延时和高吞吐量，但是增加了整个交换网络的广播风暴。使用 VLAN 技术可以防止交换网络的过量广播风暴，将某个交换端口或者用户定义给特定的 VLAN，在这个 VLAN 中的广播风暴就不会送到 VLAN 之处相邻的端口，这些端口不会受到其他 VLAN 产生的广播风暴的影响。

6. 有利于网络的集中管理

网络管理员可以对虚拟局域网的划分和管理进行远程配置，如设置用户、限制广播域的大小、安全等级、网络带宽分配、交通流量控制等工作都可以在工作室完成，还可以对网络使用情况进行监视的管理。

7. 安全性大大提高

不使用虚拟局域网时，网络中的所有成员都可以访问整个网络的其他所有计算机，资源安全性没有保证，同时加大了产生广播风暴的可能性。使用 VLAN 后，根据用户的应用类型和权限划分不同的虚拟工作组，可以对网络用户的访问范围以及广播流量进行控制，使网络安全性能大大提高。

（三）虚拟局域网的划分方法

有多种方式可以划分 VLAN，比较常见的方式是根据端口、MAC 地址、网络层和 IP 组播进行划分。

1. 按端口来划分 VLAN

许多 VLAN 厂商都利用交换机的端口来划分 VLAN 成员。被设定的端口都在同一个广播域中。例如，一个交换机的 1、2、3、4、5 端口被定义为虚拟网 A，同一交换机的 6、7、8 端口组成虚拟网 B，这样做允许各端口之间的通信，并允许共享型网络的升级。但是这种划分模式将虚拟网限制在了一台交换机上。

第 2 代端口 VLAN 技术允许跨越多个交换机的多个不同端口划分 VLAN，不同交换机上的若干个端口可以组成同一个虚拟网。

以交换机端口来划分网络成员，其配置过程简单明了。根据端口来划分 VLAN 的方式是最常用的一种方式。

2. 按 MAC 地址划分 VLAN

根据每个主机的 MAC 地址来划分，即对每个 MAC 地址的主机都配置它属于哪个组。这种划分方法的最大优点就是当用户物理位置移动时，即从一个交换机换到其他的交换机时，VLAN 不用重新配置，所以，可以认为这种根据 MAC 地址的划分方法是基于用户的 VLAN，这种方法的缺点是初始化时，所有的用户都必须进行配置，如果有几百个甚至上千个用户的话，配置是非常累的。而且这种划分的方法也导致了交换机执行效率的降低，因为在每一个交换机的端口都可能存在很多个 VLAN 组的成员，这样就无法限制广播包了。另外，对于使用笔记本电脑的用户来说，他们的网卡可能经常更换，这样，VLAN 就必须不停地配置。

3. 按网络层划分 VLAN

根据每个主机的网络层地址或协议类型（如果支持多协议）划分，虽然这种划分方法是根据网络地址，比如 IP 地址，但它不是路由，与网络层的路由毫无关系。

这种方法的优点是用户的物理位置改变了，不需要重新配置所属的 VLAN，而且可以根据协议类型来划分 VLAN，这对网络管理者来说很重要，还有，这种方法不需要附加的帧标签来识别 VLAN，这样可以减少网络的通信量。缺点是效率低，因为检查每一个数据包的网络层地址是需要消耗处理时间的（相对于前面两种方法），一般的交换机芯片都可以自动检查网络上数据包的以太网帧头，但要让芯片能检查 IP 帧头，需要更高的技术，同时也更费时。当然，这与厂商的实现方法有关。

4. 按 IP 组播划分 VLAN

IP 组播实际上也是一种 VLAN 的定义，即认为一个组播组就是一个 VLAN，这种划分的方法将 VLAN 扩大到了广域网，因此，这种方法具有更大的灵活性，而且也很容易通过路由器进行扩展，当然这种方法不适合局域网，主要是效率不高。

各种划分 VLAN 的方法所达到的效果也不尽相同。现在许多厂家已经着手在各自的网络产品中融合众多虚拟局域网的方法，以便使网络管理员能够根据实际情况选择一种最适合当前需要的途径。如一个使用 TCP/IP 和 NetBIOS 协议的网络可以在原有 IP 子网的基础上划分 VLAN，而 IP 网段内部又可以通过 MAC 地址进一步进行 VLAN 的划分，有时网络用户和网络共享资源可以同时属于多个虚拟局域网。

第三节　以太网与广域网技术

一、以太技术

（一）以太网的概念与原理

以太网是当今现有局域网采用的最通用的通信协议标准。该标准定义了在局域网（LAN）中采用的电缆类型和信号处理方法。以太网在互联设备之间以 10 ～ 100Mbps 的速率传送信息包，双绞线电缆 10BASE-T 以太网由于其低成本、高可靠性以及 10Mbps 的速率而成为应用最为广泛的技术。直扩的无线以太网可达 11Mbps，许多制造供应商提供的产品都能采用通用的软件协议进行通信，开放性最好。

以太网（Ethernet）是一种计算机局域网组技术。IEEE 制定的标准给出了以太网的技术标准。它规定了包括物理层的连线、电信号和介质访问层协议的内容。以太网是当前应用最普遍的局域网技术。它很大程度上取代了其他局域网标准，如令牌环网（tokenring）、FDDI 和 ARCNET。

以太网的标准拓扑为总线型拓扑结构，但目前的快速以太网（100BASET、1000BASE-T 标准）为了最大程度地减少冲突、提高网络速度和使用效率，使用交换机（Switch hub）来进行网络连接和组织，这样，以太网的拓扑结构就成了星型。但在逻辑上，以太网仍然使用总线型拓扑和 CSMA/CD（Carrier Sense Multiple Access/Collision Detect，带冲突检测的载波监听多路访问）的总线争用技术。

以太网基于网络上无线电系统多个节点发送信息的想法实现，每个节点必须取得电缆或者信道才能传送信息。每一个节点有全球唯一的 48 位地址也就是制造商分配给网卡的 MAC 地址，以保证以太网上所有系统能互相鉴别。由于以太网十分普遍，许多制造商把以太网卡直接集成进计算机主板。

已经发现以太网通信具有自相关性的特点，这对于电信通信工程是十分重要的。

（二）以太网地址和帧格式

1. 共享介质编辑

带冲突检测的载波监听多路访问（CSMA/CD）技术规定了多台电脑共享一个信道的方法。它使用无线电波为载体。这个方法要比令牌环网或者主控制网要简单。当某台电脑要发送信息时，必须遵守以下规则：

开始一旦线路空闲，则启动传输，否则转到第 4 步。发送一如果检测到冲突，继续发送数据直到达到最小报文时间（保证所有其他转发器和终端检测到冲突），再转到第

4 步。成功传输应向更高层的网络协议报告发送成功，退出传输模式。线路忙—等待，直到线路空闲。线路进入空闲状态—等待一个随机的时间，转到第 1 步，除非超过最大尝试次数。超过最大尝试传输次数—向更高层的网络协议报告发送失败，退出传输模式。就像在没有主持人的座谈会中，所有的参加者都通过一个共同的媒介（空气）来相互交谈。每个参加者在讲话前，都礼貌地等待别人把话讲完。如果两个客人同时开始讲话，那么他们都停下来，分别随机等待一段时间再开始讲话。这时，如果两个参加者等待的时间不同，冲突就不会出现。如果传输失败超过一次，将采用退避指数增长时间的方法［退避的时间通过截断二进制指数退避算法（truncated binary exponential backoff）来实现］。

最初的以太网是采用同轴电缆来连接各个设备的。电脑通过一个叫作附加单元接口（Attachment Unit Interface，AUI）的收发器连接到电缆上。一根简单网线对于一个小型网络来说还是很可靠的，对于大型网络来说，某处线路的故障或某个连接器的故障，都会造成以太网某个或多个网段的不稳定。

因为所有的通信信号都在共用线路上传输，即使信息只是发给其中的一个终端（destination），某台电脑发送的消息都将被所有其他电脑接收。在正常情况下，网络接口卡会滤掉不是发送给自己的信息，接收目标地址是自己的信息时才会向 CPU 发出中断请求，除非网卡处于混杂模式（Promiscuous mode）。这种"一个说，大家听"的特质是共享介质以太网在安全上的弱点，因为以太网上的一个节点可以选择是否监听线路上传输的所有信息，共享电缆也意味着共享带宽，所以在某些情况下以太网的速度可能会非常慢，比如电源故障之后，当所有的网络终端都重新启动时。

2. 集线器编辑

在以太网技术的发展中，以太网集线器（Ethernet Hub）的出现使得网络更加可靠，接线更加方便。

因为信号的衰减和延时，根据不同的介质以太网段有距离限制。例如，10BASE-5 同轴电缆最长距离 500 米。最大距离可以通过以太网中继器实现，中继器可以把电缆中的信号放大再传送到下一段。中继器最多连接 5 个网段，但是只能有 4 个设备（即一个网段最多可以接 4 个中继器）。这可以减轻因为电缆断裂造成的问题：当一段同轴电缆断开，所有这个段上的设备就无法通信，中继器可以保证其他网段正常工作。

类似于其他的高速总线，以太网网段必须在两头以电阻器作为终端。对于同轴电缆，电缆两头的终端必须接上被称作"终端器"的 50 欧姆的电阻和散热器，如果不这么做，就会发生类似电缆断掉的情况：总线上的 AC 信号当到达终端时将被反射，而不能消散。被反射的信号将被认为是冲突，从而使通信无法继续。中继器可以将连在其上的两个网段进行电气隔离，增强和同步信号。大多数中继器都有被称作"自动隔离"的功能，可以把有太多冲突或是冲突持续时间太长的网段隔离开来，这样其他的网段不会受到损坏部分的影响。中继器在检测到冲突消失后可以恢复网段的连接。

随着应用的拓展，人们逐渐发现星型的网络拓扑结构最为有效，于是设备厂商们开始研制有多个端口的中继器。多端口中继器就是众所周知的集线器（Hub）o 集线器可以连接到其他的集线器或者同轴网络。

第一个集线器被认为是"多端口收发器"或者叫作"fanouts"。最著名的例子是DEC 的 DELNI，它可以使许多台具有 AUI 连接器的主机共用一个收发器。集线器也导致了不使用同轴电缆的小型独立以太网网段的出现。

像 DEC 和 SynOptics 这样的网络设备制造商曾经出售过用于连接许多 10BASE-2 细同轴线网段的集线器。

非屏蔽双绞线最先应用在星型局域网中，之后在 10BASE-T 中也得到应用，并最终代替了同轴电缆成为以太网的标准。这项改进之后，RJ45 电话接口代替了 AUI 成为电脑和集线器的标准接口，非屏蔽 3 类双绞线 /5 类双绞线成为标准载体。集线器的应用使某条电缆或某个设备的故障不会影响到整个网络，提高了以太网的可靠性。双绞线以太网把每一个网段点对点地连起来，这样终端就可以做成一个标准的硬件，解决了以太网的终端问题。

采用集线器组网的以太网尽管在物理上是星型结构，但在逻辑上仍然是总线型结构，半双工的通信方式采用 CSMA/CD 的冲突检测方法，集线器对于减少包冲突的作用很小。每一个数据包都被发送到集线器的每一个端口，所以带宽和安全问题仍没有解决。集线器的总吞吐量受到单个连接速度的限制（10Mbit/s 或 100Mbit/s），这还是考虑在前同步码、帧间隔、头部、尾部和打包上花费最少的情况。当网络负载过重时，冲突也常常会降低总吞吐量。最坏的情况是，当许多用长电缆组网的主机传送很多非常短的帧时，网络的负载仅达到 50% 就会因为冲突而降低集线器的吞吐量。为了在冲突严重降低吞吐量之前尽量提高网络的负载，通常会进行一些设置工作。

3. 桥接交换编辑

尽管中继器在某些方面隔离了以太网网段，电缆断线的故障不会影响到整个网络，但它向所有的以太网设备转发所有的数据，这严重限制了同一个以太网网络上可以相互通信的机器数量。为了减轻这个问题，桥接方法被采用，在工作在物理层的中继器基础上，桥接工作在数据链路层。通过网桥时，只有格式完整的数据包才能从一个网段进入另一个网段；冲突和数据包错误则都被隔离。通过记录分析网络上设备的 MAC 地址，网桥可以判断它都在什么位置，这样它就不会向非目标设备所在的网段传递数据包。像生成树协议这样的控制机制可以协调多个交换机共同工作。

早期的网桥要检测每一个数据包，这样，特别是同时处理多个端口的时候，数据转发相对 Hub（中继器）来说要慢。

大多数现代以太网用以太网交换机代替 Hub。尽管布线同 Hub 以太网是一样的，但是交换式以太网比共享介质式以太网有很多明显的优势，例如更大的带宽和更好的结局隔离异常设备。交换网络典型的是使用星形拓扑，尽管设备工作在半双工模式仍然共享介质的多节点网。10BASE-T 和以后的标准是全双工以太网，不再是共享介质系统。

交换机加电后，首先也像 Hub 那样工作，转发所有数据到所有端口。接下来，当它学习到每个端口的地址以后，它就只把非广播数据发送给特定的目的端口。这样，线速以太网交换就可以在任何端口对之间实现，所有端口对之间的通信互不干扰。

因为数据包一般只是发送到它的目的端口，所以交换式以太网上的流量要略微小于共享介质式以太网。尽管如此，交换式以太网依然是不安全的网络技术，因为它还很容易因为 ARP 欺骗或者 MAC 满溢而瘫痪，同时网络管理员也可以利用监控功能抓取网络数据包。

当只有简单设备（除 Hub 之外的设备）接入交换机端口，那么整个网络可能工作在全双工方式。如果一个网段只有两个设备，那么冲突探测也不需要了，两个设备可以随时收发数据。总的带宽就是链路的 2 倍（尽管带宽每个方向上是一样的），但是没有冲突发生就意味着允许几乎 100% 的使用链路带宽。

交换机端口和所连接的设备必须使用相同的双工设置。多数 100BASE- 和 1000BASE-T 设备支持自动协商特性，即这些设备通过信号来协调要使用的速率和双工设置。然而，如果自动协商被禁用或者设备不支持，那么双工设置必须通过自动检测进行设置或在交换机端口和设备上都进行手工设置以避免双工错配——这是以太网问题的一种常见原因（设备被设置为半双工会报告迟发冲突，而设备被设为全双工则会报告 runt）。许多低端交换机没有手工进行速率和双工设置的能力，因此端口总是会尝试进行自动协商。当启用了自动协商但不成功时（例如其他设备不支持），自动协商会将端口设置为半双工。速率是可以自动感测的，因此将一个 10BASE-T 设备连接到一个启用了自动协商的 10/100 交换端口上时将可以成功地建立一个半双工的 10BASE-T 连接。但是将一个配置为全双工 100Mb 工作的设备连接到一个配置为自动协商的交换端口时（反之亦然），则会导致双工错配。

即使电缆两端都设置成自动速率和双工模式协商，错误猜测还是经常发生而退到 10Mbps 模式。因此，如果性能差于预期，应该查看一下是否有计算机设置成 10Mbps 模式，如果已知另一端配置为 100Mbit，那么可以手动强制设置成正确模式。

当两个节点试图用超过电缆最高支持数据速率（例如在 3 类线上使用 100Mbps 或者 3/5 类线使用 1000Mbps）通信时就会发生问题，不像 ADSL 或者传统的拨号 Modem 通过详细的方法检测链路的最高支持数据速率，以太网节点只是简单的选择两端支持的最高速率而不管中间线路。因此如果过高的速率造成电缆不可靠就会导致链路失效。解决方案只有强制通信端降低到电缆支持的速率。

（三）嗅探器

嗅探器是一种监视网络数据运行的软件设备，协议分析器既能用于合法网络管理，也能用于窃取网络信息。网络运作和维护都可以采用协议分析器，如，监视网络流量、分析数据包、监视网络资源利用、执行网络安全操作规则、鉴定分析网络数据以及诊断并修复网络问题等。非法嗅探器严重威胁网络安全性，这是因为它实质上不能进行探测行为且容易随处插入，所以网络黑客常将它作为攻击武器。

嗅探器最初由 Network General 推出，由 Network Associates 所有。最近，Network

Associates 决定另开辟一个嗅探器产品单元，该单元组成一家私有企业并重新命名为 Network General，如今嗅探器已成为 Network General 公司的一种特征产品商标。由于专业人士的普遍使用，嗅探器广泛应用于所有能够捕获和分析网络流量的产品。

在讲述 Sniffer 概念之前，首先需要讲述局域网设备的一些基本概念。

数据在网络上是以很小的称为帧（Frame）的单位传输的，帧由几部分组成，不同的部分执行不同的功能。帧通过特定的称为网络驱动程序的软件进行成型，然后通过网卡发送到网线上，通过网线到达它们的目的机器，在目的机器的一端执行相反的过程。接收端机器的以太网卡捕获到这些帧，并告诉操作系统帧已到达，然后对其进行存储。就是在这个传输和接收的过程中，嗅控器存在安全方面的问题。

每一个在局域网（LAN）上的工作站都有其硬件地址，这些地址唯一地表示了网络上的机器（这一点与 Internet 地址系统比较相似）。当用户发送一个数据包时，这些数据包就会发送到 LAN 上所有可用的机器。

在一般情况下，网络上所有的机器都可以"听"到通过的流量，但对不属于自己的数据包则不予响应（换句话说，工作站 A 不会捕获属于工作站 B 的数据，而是简单地忽略这些数据）。如果某个工作站的网络接口处于混杂模式（关于混杂模式的概念会在后面解释），那么它就可以捕获网络上所有的数据包和帧。

Sniffer 程序是一种利用以太网的特性把网络适配卡（NIC，一般为以太网卡）设置为杂乱（promiscuous）模式状态的工具，一旦网卡设置为这种模式，它就能接收传输在网络上的每一个信息包。

通常情况下，网卡只接收和自己的地址有关的信息包，即传输到本地主机的信息包。要使 Sniffer 能接收并处理这种方式的信息，系统需要支持 BPF，Linux 下需要支持 SOCKET-PACKETo。但一般情况下，网络硬件和 TCP/IP 堆栈不支持接收或者发送与本地计算机无关的数据包，所以为了绕过标准的 TCP/IP 堆栈，网卡就必须设置为混杂模式。一般情况下，要激活这种方式，内核必须支持这种伪设备 BPFilter，而且需要 root 权限来运行这种程序，所以 Sniffer 需要 root 身份安装，如果只是以本地用户的身份进入了系统，那么不可能嗅探到 root 的密码，因为不能运行 Sniffer。

基于 Sniffer 这样的模式，可以分析各种信息包并描述出网络的结构和使用的机器，由于它接收任何一个在同一网段上传输的数据包，所以也就存在着捕获密码、各种信息、秘密文档等一些没有加密的信息的可能性。这成为黑客们常用的扩大战果的方法，用来夺取其他主机的控制权。

Sniffer 分为软件和硬件两种，软件的 Sniffer 有 NetXray、Packetboy、Net Monitor、Sniffer Pro、Wire Shark、WinNetCap 等，其优点是物美价廉，易于学习使用，同时也易于交流；缺点是无法抓取网络上所有的传输，某些情况下也就无法真正了解网络的故障和运行情况。硬件的 Sniffer 通常称为协议分析仪，一般都是商业性的，价格也比较贵。

实际上所讲的 Sniffer 指的是软件。它把包抓取下来，然后打开并查看其中的内容，可以得到密码等。Sniffer 只能抓取一个物理网段内的包，就是说，你和监听的目标中间不能有路由或其他屏蔽广播包的设备，这一点很重要。所以对一般拨号上网的用户来说，是不可能利用 Sniffer 来窃听到其他人的通信内容的。

当一个黑客成功地攻陷了一台主机，并拿到了 root 权限，而且还想利用这台主机去攻击同一网段上的其他主机时，他就会在这台主机上安装 Sniffer 软件，对以太网设备上传送的数据包进行监听，从而发现感兴趣的包。如果发现符合条件的包，就把它存到一个 LOG 文件中去。通常设置的这些条件是包含字"username"或"password"的包，这样的包里面通常有黑客感兴趣的密码之类的东西。一旦黑客截获了某台主机的密码，他就会立刻进入这台主机。

如果 Sniffer 运行在路由器上或有路由功能的主机上，就能对大量的数据进行监控，因为所有进出网络的数据包都要经过路由器。

Sniffer 属于第 M 层次的攻击。就是说，只有在攻击者已经进入了目标系统的情况下，才能使用 Sniffer 这种攻击手段，以便得到更多的信息。

Sniffer 除了能得到口令或用户名外，还能得到更多的其他信息，如一个重要的信息、在网上传送的金融信息等。Sniffer 几乎能得到任何在以太网上传送的数据包。

Sniffer 是一种比较复杂的攻击手段，一般只有黑客老手才有能力使用它，而对于一个网络新手来说，即使在一台主机上成功地编译并运行了 Sniffer，一般也不会得到什么有用的信息，因为通常网络上的信息流量是相当大的，如果不加选择地接收所有的包，那么从中找到所需要的信息非常困难；而且，如果长时间进行监听，还有可能把放置 Sniffer 的机器硬盘撑爆。

二、广域网技术

（一）广域网的概念与组成

1. 广域网的概念

广域网并没有严格的定义，通常是指覆盖范围可达一个地区、国家甚至全球的长距离网络。它将不同城市、省区甚至国家之间的 LAN、MAN 利用远程数据通信网连接起来的网络，可以提供计算机软、硬件和数据信息资源共享。因特网就是最典型的广域网，VPN 技术也可以属于广域网。

在广域网内，节点交换机和它们之间的链路一般由电信部门提供，网络由多个部门或多个国家联合组建而成，规模很大，能实现整个网络范围内的资源共享和服务。广域网一般向社会公众开放服务，因而通常被称为公用数据网（Public Data Network，PDN）。

传统的广域网采用存储转发的分组交换技术构成，目前帧中继和 ATM 快速分组技术也开始大量使用。

随着计算机网络技术的不断发展和广泛应用，一个实际的网络系统常常是 LAN、MAN 和 WAN 的集成。三者之间在技术上也不断融合。

广域网的线路一般分为传输主干线路和末端用户线路，根据末端用户线路和广域网类型的不同，有多种接入广域网的技术。使用公共数据网的一个重要问题就是与它们的接口，拥有主机资源的用户只要遵循通信子网所要求的接口标准，提出申请并付出一定的费用，都可接入该通信子网，利用其提供的服务来实现特定资源子网的通信任务。

与覆盖范围较小的局域网相比，广域网具有以下特点。

覆盖范围广，可达数千甚至数万公里。

广域网没有固定的拓扑结构。

广域网通常使用高速光纤作为传输介质。

局域网可以作为广域网的终端用户与广域网相连。

广域网主干带宽大，但提供给终端用户的带宽小。

数据传输距离远，往往要经过多个广域网设备转发，延时较长。

广域网管理、维护困难。

对照 OSI 参考模型，广域网技术主要位于底层的 3 个层次，分别是物理层、数据链路层和网络层。

2. 广域网的组成

广域网是由一些节点交换机以及连接这些交换机的链路组成的。节点交换机执行数据分组的存储和转发功能，节点交换机之间都是点到点的连接，并且一个节点交换机通常与多个节点交换机相连，而局域网则通过路由器与广域网相连。

（二）广域网提供的服务

广域网提供的服务主要有面向无连接的网络服务和面向连接的网络服务。

1. 面向无连接的网络服务

面向无连接的网络服务的具体实现就是数据报服务，其特点如下。

①在数据发送前，通信的双方不建立连接。

②每个分组独立进行路由选择，具有高度的灵活性。但也需要每个分组都携带地址信息，而且，先发出的分组不一定先到达，没有服务质量保证。

③网络也不保证数据不丢失，用户自己来负责差错处理和流量控制，网络只是尽最大努力将数据分组或包传送到目的主机，称为尽最大努力交付。

2. 面向连接的网络服务

面向连接的网络服务的具体实现是虚电路服务，其特点如下。

①在数据发送前要建立虚拟连接，每个虚拟连接对应一个虚拟连接标识，网络中的节点交换机看到这个虚拟连接标识，就知道该将这个分组转发到那个端口。

②建立虚拟连接要消耗网络资源。但是，虚拟连接的建立相当于一次就为所有分组进行了路由选择，分组只需要携带较短的虚拟连接标识，而不用携带较长的地址信息。不过，如果虚电路中有一段故障，则所有分组都无法到达。

③虚电路服务可以保证按发送的顺序收到分组，有服务质量保证。而且差错处理和流量控制可以选择是由用户负责还是由网络负责。

3. 两种服务的比较

计算机网络上传送的报文长度，一般较短。如果采用 128 个字节为分组长度，则往往一次传送一个分组就够了。在这种情况下，用数据报既迅速，又经济。如果用虚电路服务，为了传送一个分组而建立和释放虚拟连接就显得太浪费网络资源了。

两种服务的根本区别在于由谁来保证通信的可靠性。虚电路服务认为，网络作为通信的提供者，有责任保证通信的可靠性，网络来负责保证可靠通信的一切措施，这样，用户端就可以做得很简单。数据报服务认为，网络应在任何恶劣条件下都可以生存。同时，多年实践证明，不管网络提供的服务多么可靠，用户仍需要负责端到端的可靠性。不如干脆由用户负责通信的可靠性，以简化网络结构。虽然网络出了差错由主机来处理要耗费一定时间，但由于技术的进步使网络出错的机率越来越小，所以让主机负责端到端的可靠性不会给主机增加很大的负担，反而利于更多的应用在简单网络上运行。

采用数据报服务的广域网的典型代表是 Internet，而采用虚电路服务的广域网主要有 X.25 网络、帧中继网络和 ATM 网络。

（三）广域网中的数据交换技术

在早期的广域网中，数据通过通信子网的交换方式分为两类，即线路交换方式和存储转发交换方式。分组交换技术在实际应用中，又可分为两类，即数据报方式和虚电路方式。

1. 线路交换方式

线路交换方式与电话交换方式的工作过程很类似。两台计算机通过通信子网进行数据交换之前，首先要在通信子网中建立一个实际的物理线路连接。

线路交换方式的通信过程分为以下三个阶段。

（1）线路建立阶段

如果主机 A 要向主机 B 传输数据，首先要通过通信子网在主机 A 与主机 B 之间建立线路连接。主机 A 首先向通信子网中节点 A 发送"呼叫请求包"，其中含有需要建立线路连接的源主机地址与目的主机地址，节点 A 根据目的主机地址，根据路选算法，如选择下一个节点为 B，则向节点 B 发送"呼叫请求包"。节点 B 接到呼叫请求后，同样根据路选算法，如选择下一个节点为节点 C，则向节点 C 发送"呼叫请求包"。节点 C 接到呼叫请求后，也要根据路选算法，如选择下一个节点为节点 D，则向节点 D 发送"呼叫请求包"。节点 D 接到呼叫请求后，向与其直接连接的主机 B 发送"呼叫请求包"。主机 B 如接受主机 A 的呼叫连接请求，则通过已经建立的物理线路连接"节点 D- 节点 C- 节点 B- 节点 A"，向主机 A 发送"呼叫应答包"o 至此，从"主机 A- 节点 A- 节点 B- 节点 C- 节点 D- 主机 B"的专用物理线路连接建立完成。该物理连接为此次主机 A 与主机 B 的数据交换服务。

（2）数据传输阶段

在主机 A 与主机 B 通过通信子网的物理线路连接建立以后，主机 A 与主机 B 就可以通过该连接实时、双向交换数据。

（3）线路释放阶段

在数据传输完成后，就要进入路线释放阶段。一般可以由主机 A 向主机 B 发出"释放请求包"，主机 B 同意结束传输并释放线路后，将向节点 D 发送"释放应答包"，然后按照节点 C- 节点 B- 节点 A- 主机 A 次序，依次将建立的物理连接释放。这时，此次通信结束。

2. 存储转发方式

在进行线路交换方式研究的基础上，人们提出了存储转发交换方式。

存储转发交换方式与线路交换方式的主要区别表现在以下两个方面：发送的数据与目的地址、源地址、控制信息按照一定格式组成一个数据单元（报文或报文分组）进入通信子网；通信子网中的节点是通信控制处理机，它负责完成数据单元的接收、差错校验、存储、路选和转发功能。

存储转发交换方式可以分为两类：报文交换与报文分组交换。因此，在利用存储转发交换原理传送数据时，被传送的数据单元相应可以分为两类：报文与报文分组。

如果在发送数据时，不管发送数据的长度是多少，都把它当作一个逻辑单元，那么就可以在发送的数据上加上目的地址、源地址与控制信息，按一定的格式打包后组成一个报文。另一种方法是限制数据的最大长度，典型的最大长度是 1000 或几千比特。发送站将一个长报文分成多个报文分组，接收站再将多个报文分组按顺序重新组织成一个长报文。

报文分组通常也被称为分组。由于分组长度较短，在传输出错时，检错容易并且重发花费的时间较少，这就有利于提高存储转发节点的存储空间利用率与传输效率，因此，成为当今公用数据交换网中主要的交换技术。

3. 数据报方式

数据报是报文分组存储转发的一种形式。与线路交换方式相比，在数据报方式中，分组传送之间不需要预先在源主机与目的主机之间建立"线路连接"。源主机所发送的每一个分组都可以独立地选择一条传输路径。每个分组在通信子网中可能是通过不同的传输路径，从源主机到达目的主机。

数据报方式的工作过程可以分为以下三个步骤：

①源主机 A 将报文 M 分成多个分组 P1，P2，…，Pn，依次发送到与其直接连接的通信子网的通信控制处理机 A（即节点 A）。

②节点 A 每接收一个分组均要进行差错检测，以保证主机 A 与节点 A 的数据传输的正确性；节点 A 接收到分组 P1，P2，…，Pn，要为每个分组进入通信子网的下一节点启动路选算法。由于网络通信状态是不断变化的，分组 P1 的下一个节点可能选择为节点 C，而分组 P2 的下一个节点可能选择为节点 D，因此，同一报文的不同分组通过子网的路径可能是不同的。

③节点 A 向节点 C 发送分组 P，时，节点 C 要对 P1 传输的正确性进行检测。如果传输正确，节点 C 向节点 A 发送正确传输的确认信息 ACK；节点 A 接收到节点 C 的 ACK 信息后，确认且已正确传输，则废弃巴的副本。其他节点的工作过程与节点 C 的工作过程相同。这样，报文分组 P1 通过通信子网中多个节点存储转发，最终正确地到达目的主机 B。

4. 虚电路方式

虚电路方式试图将数据报方式与线路交换方式结合起来，发挥两种方法的优点，达到最佳的数据交换效果。虚电路方式在分组发送之前，需要在发送方和接收方建立一条逻辑连接的虚电路。

虚电路方式的工作过程可以分为以下三个阶段：

（1）虚电路建立阶段

在虚电路建立阶段，节点 A 启动路选算法选择下一个节点（如节点 B），向节点 B 发送呼叫请求分组；同样，节点 B 也要启动路选算法选择下一个节点。依此类推，呼叫请求分组经过节点 A-节点 B-节点 C-节点 D，发送到目的节点 Do 目的节点 D 向源节点 A 发送呼叫接收分组，至此虚电路建立。

（2）数据传输阶段

在数据传输阶段，虚电路方式利用已建立的虚电路，逐站以存储转发方式顺序传送分组。

（3）虚电路拆除阶段

在虚电路拆除阶段，将按照节点 D-节点 C-节点 B-节点 A 的顺序依次拆除虚电路。

第五章 物联网网络层技术与物联网应用层技术

第一节 物联网网络层技术

一、网络层概述

网络层位于物联网三层结构中的第二层，其功能为"传送"，即通过通信网络进行信息传输。网络层作为纽带连接着感知层和应用层，它由各种私有网络、互联网、有线和无线通信网等组成，相当于人的神经中枢系统，负责将感知层获取的信息，安全可靠地传输到应用层，然后根据不同的应用需求进行信息处理。主要实现感知层数据和控制信息的双向传递、路由和控制。

（一）物联网网络层的基本功能

物联网的网络层包含接入网和传输网，分别实现接入功能和传输功能。其中，传输网由公网与专网组成，典型传输网络包括电信网（固网、移动通信网）、广电网、互联网、电力通信网、专用网（数字集群）。接入网包括光纤接入、无线接入、以太网接入、卫星接入等各类接入方式，实现底层的传感器网络、RFID网络"最后一公里"的接入。网络层可依托公众电信网和互联网，也可以依托行业或企业的专网。

物联网的网络层基本上综合了已有的全部网络形式来构建更加广泛的"互联"。每种网络都有自己的特点和应用场景，互相组合才能发挥出最大的作用，因此在实际应用中，信息经由任何一种网络或几种网络组合的形式进行传输。

移动运营商均利用已有的网络为物联网用户提供服务，物联网终端与手机终端使用相同的 MSISDN 和 IMSI，其签约信息与手机用户混存在现网 HLR 中。物联网终端通过无线网、核心网、短消息中心、行业网关与物联网应用平台互通、使用业务。一些运营商为提高物联网业务质量、解决纯通道模式面临的部分问题，在网中部署了 M2M 平台，该平台处于 GGSN，行业网关与物联网应用平台之间，通过该平台实现对终端的管理等职能。

由于物联网的网络层承担着巨大的数据量，并且面临更高的服务质量要求，物联网需要对现有网络进行融合和扩展，利用新技术以实现更加广泛和高效的互联功能

（二）物联网网络层的特点

物联网是传感器网加互联网的网络结构构成的。传感器网作为末端的信息拾取或者信息馈送网络，是一种可以快速建立、不需要预先存在固定的网络底层构造的网络体系结构。物联网中节点的高速移动性使得节点群快速变化，节点间链路通断变化频繁。

技术下的物联网具有如下几个特点：

1. 网络拓扑变化快

这是因为传感器网络密布在需要收集信息的环境之中，独立工作。部署的传感器数量较大，设计寿命的期望值长，结构简单。但是实际上传感器的寿命受环境的影响较大，失效是常事，而传感器的失效，往往会造成传感器网络拓扑的变化。这一点在复杂和多级的物联网系统中表现尤为突出。

2. 传感器网络难以形成网络的节点中心

传感器网的设计和操作与其他传统的无线网络不同，它基本没有一个固定的中心实体。在标准的蜂窝无线网中，正是靠这些中心实体来实现协调功能，而传感器网络则必须靠分布算法来实现。因此，传统的基于集中的 HLR（home location register，归属位置寄存器）和 VLR（visiting location register，访问位置寄存器）的移动管理算法，以及基于基站和 MSC（mobile switch center，移动交换中心）的媒体接入控制算法，在这里都不再适用。

3. 通信能力有限

传感器网络的通信带宽窄而且经常变化，通信范围覆盖小，一般在几米、几十米的范围内，并且传感器之间通信中断频繁，经常导致通信失败，由于传感器网络更多受到高山、障碍物等地势和自然环境的影响，里面的节点可能长时间脱离网络。

4. 节点的处理能力有限

通常，传感器都配备了嵌入式处理器和存储器，这些传感器都具有计算能力，可以完成一些信息处理工作。但是嵌入式处理器的处理能力和存储器的存储量是有限的，传感器的计算能力十分有限。

5. 物联网网络对数据的安全性有一定的要求

这是因为物联网工作时一般少有人介入，完全依赖网络自动采集数据和传输、存储数据，分析数据并且报告结果和实施应该采取的措施。如果发生数据的错误，必然引起系统的错误决策和行动。这一点与互联网并不一样。互联网由于使用者具有相当的智能和判断能力，所以在网络和数据的安全性受到攻击时，可以主动采取防御和修复措施。

6. 网络终端之间的关联性较低

节点之间的信息传输很少，终端之间的独立性较大。通常物联网中的传感和控制终端工作时，是通过网络设备或者上一级节点传输信息，所以传感器之间信息相关性不大，相对比较独立。

7. 网络地址的短缺性导致网络管理的复杂性

众所周知，物联网的各个传感器都应该获得唯一的地址，才能正常的工作。但是，IPv4 的地址数量即将用完，连互联网上的地址也已经非常紧张，即将分配完毕。而物联网这样大量使用传感器节点的网络，对于地址的寻求就更加迫切。从这一点出发来考虑，IPv6 的部署应运而生。但是由于 IPv6 的部署需要考虑到与 IPv4 的兼容，并且投资巨大，所以运营商至今对于 IPv6 的部署仍然小心谨慎。目前还是倾向于采取内部的浮动地址加以解决。这样更增加了物联网管理技术的复杂性。

随着物联网技术手段的不断发展，网络层的这些短板将被逐一克服，使未来的物联网功能更为全面。具体表现在：

①接入对象比较复杂，获取的信息更丰富。在车联网、智慧医疗、智能物流等物联网应用场景的驱使下，轮胎、手表、传感器、摄像头和一些工业原材料、工业中间产品等物体也因嵌入微型感知设备而被纳入未来的物联网，数据采集方式众多，实现数据采集多点化、多维化、网络化。不仅表现在对单一的现象或目标进行多方面的观察获得综合的感知数据，也表现在对现实世界各种物理现象的普遍感知。

②网络可获得性更高，互联互通更广泛。当前的信息化，虽然网络基础设施已日益完善，但离"任何人、任何时候、任何地点"都能接入网络的目标还有一定的距离，即使是已接入网络的信息系统很多也并未达到互通。未来的物联网，通过各种承载网络，网络的随时随地可获得性大为增强，建立起物联网内实体间的广泛互联，具体表现在各种物体经由多种接入模式实现异构互联，信息共享和相互操作性也达到了更高。

③信息处理能力更强大，人类与外界相处更智能。目前由于数据、计算能力、存储、模型等的限制，大部分信息处理工具和系统还停留在提高效率的数字化阶段，能够为人类决策提供有效支持的系统很少。未来的物联网，利用云计算、模糊识别和数据融合等各种智能计算技术，对海量数据和信息进行处理、分析和对物体实施智能化的控制，广泛采用数据挖掘等知识发现技术整合和深入分析收集到的海量数据，以获取更加新颖、系统且全面的观点和方法来看待和解决特定问题。物体互动经过从物理空间到信息空间，再到物理空间的过程，形成感知、传输、决策、控制的开放式的循环。

二、移动互联网

所谓移动互联网，就是将移动通信和互联网二者结合起来，成为一体。移动互联网是移动通信和互联网融合的产物，继承了移动通信随时随地随身和互联网分享、开放、互动的优势，是整合二者优势的"升级版本"，即运营商提供无线接入，互联网企业提供各种成熟的应用。

（一）从计算机网络、互联网、移动互联网到物联网

在互联网中，连接在网络上的设备主要还是计算机、手机等依赖人类操作的电子设备，本质仍然是"人在网上"。物联网的到来，特别是终端设备的多元化，将会为互联网带来延伸和拓展。物联网的时代，联网终端扩展到了所有可能的物品，包括曾经在网络连接范围之外的电视、电冰箱等家电和日常用品，都会成为网络中的一分子。物联网将过去的虚拟网络世界与现在的物理世界紧密连接在了一起。在互联网、移动互联网时代，获取信息的行为依赖于用户主动地在网上搜寻信息，而在物联网时代，得益于传感器技术和无线射频识别技术的迅速发展，物品结合传感器节点或 RFID 标签之后，人们不仅可以主动获取数据，还可以随时被告知自己感兴趣的物体或人的信息，便于进一步地处理和控制，以达到信息获取多样化和感知行为智能化。另外，物体之间在空间上的距离也因它们在网络上的互相连接而被缩短，人与物、物与物、人与人都能更加紧密地联系在一起，人类对于物质世界的控制能力将达到一个新的高度。

物联网是现有互联网和移动互联网的拓展，特别是在网络接入设备和方式上。大量的异构设备，通过有线或无线的方式，采用适当的标准通信协议，接入互联网。物联网的末梢是传感器和 RFID 等自动信息获取设备，也包括传统的互联网终端。物联网核心网络是互联网及作为互联网基础设施的电信网络。互联网及移动互联网的技术进步为物联网提供了应用平台技术支撑，反过来，物联网催生的新型应用也会促进互联网的发展。

（二）计算机网络的基本概念

计算机网络泛指一些互相连接的、自治的计算机的集合。"自治"的概念是指独立的计算机，有自己的硬件和软件，可以单独运行使用。"互相连接"是指计算机之间具备交换信息、数据通信的能力。计算机之间可以借助通信线路传递信息、共享软件、硬件和数据等资源。

在计算机网络中要做到有条不紊地交换数据，就必须遵守一些事先约定好的规矩，这些规矩明确规定了所交换的数据的格式以及有关的同步问题。这些为进行网络中的数据交换而建立的规则、标准或约定称为网络协议，可简称为协议。网络协议由以下三个要素组成：

①语法，即数据与控制信息的结构或格式；

②语义，即需要发出何种控制信息，完成何种动作以及做出何种响应；

③同步，即事件实现顺序的详细说明。

网络协议是计算机网络中不可缺少的组成部分。根据 ARPANET 的研究经验，对于

非常复杂的计算机网络协议，其结构应该是层次式的。分层可以带来很多好处：①各层之间是独立的，降低结构的复杂程度；②灵活性好，各层之间不相互影响；③结构上可分割开，各层可以选择最合适的技术来实现；④易于实现和维护；⑤能促进标准化工作。计算机网络的各层及其协议的集合，称为网络的体系结构。

（三）IP 网络：从 IPv4 到 IPv6

在进行数据通信的时候，人们假定互联网内部的任何部分都是互相连通的，并且能够将数据准确无误地从一端传向另一端。在这个过程中，路由器起到了枢纽的作用。路由器作为网络层通信设备，具有多个可连接的端口，这些端口通过传输介质与其他路由器或网络终端相连。在互联网中，网络设备之间不是必须通过通信介质直接相连的，因此具有良好的扩展性，可以随意扩展成大规模的网络。但是，在子网连接在一起形成的大规模网络中，数据在内部的传输将会具有多条路径，而并非每条路径都可以将数据从发送端传输到接收端，此时就需要 IP 协议以及路由的协助来找到一条合适的路径。

互联网的网络终端需要一个唯一的标识，因此为网络的每一个网络终端分配一个全网络唯一的身份号码，即 IP 地址，并假设这些号码的长度是一定的，为 32bit。在网络中传输数据时，网络层的包头中就包含着发送终端以及接收终端的 IP 地址。路由器中的路由表，规定了每个接口对应的目的地址的范围。当路由器从它的接口之一接收到数据包后，路由器会查看该数据包中网络层包头里接收终端的 IP 地址，然后根据路由表决定从哪一个接口转发出去。

IP 是网络层中的核心协议，主要包括 IPv4、IPv6 地址等概念和相关内容。

IPv4 地址长度为 32bit，由于二进制的地址，如 10101100 01011001 00101100 10011011，不方便人们记忆，因此 IP 地址通常也可以表示成十进制的形式，相邻字节之间用隔开，即：172.89.44.155。实际上，32 位的 IP 地址是由网络地址和主机地址这两部分组成的。在路由器进行数据转发的时候，首先通过网络地址找到接收终端所在的网络，然后根据主机地址定位到具体的接收终端。实际上 IP 地址代表的并不是一个主机，更确切地说应该是一个网络接口，当一台主机同时接入多个网络的时候，在不同网络中它的 IP 地址也会不同。

为了保障 IP 地址中网络地址的全网络唯一性，IP 地址中的网络地址由 ICANNdnternet Corporation for Assigned Names and Numbers）负责总体的分配，下属机构中由 InterNic 负责北美地区 –RIPENIC 负责欧洲地区，APNIC 负责亚太地区。主机地址由各个网络的系统管理员统一分配。如此一来，IP 地址的全网络唯一性就得到了保障。

A 类地址：主要保留给政府机构，左起 1 个字节为网络地址，3 个字节为主机地址，范围为 1.0.0.1 ~ 126.255.255.254。

B 类地址：主要分配给中等规模的企业，左起 2 个字节为网络地址，2 个字节为主机地址，范围为 128.0.0.1 ~ 191.255.255.254。

C 类地址：主要分配给小型的组织及个人使用，左起 3 个字节为网络地址，1 个字节为主机地址，范围为 192.0.0.1 ~ 233.255.255.254。

D 类地址和 E 类地址：用作特殊用途，没有分网络地址和主机地址。D 类地址第一个字节的前 4 位固定为 1110，范围为 224.0.0.1 ～ 239.255.255.254。E 类地址第一个字节的前 5 位固定为 11110，范围为 240.0.0.1-255.255.255.254。

随着接入的网络终端数量剧增，IPv4 的网络地址面临枯竭。32bit 的 IP 地址最多只能有 $232 ≈ 4.3 \times 109$ 个，而 A、B、C 类这种分类方式也使得可使用的 IP 地址骤减。

IPv6 是 IETF 组织设计的用于替代 IPv4 的下一代 IP。为了解决 IP 地址资源紧张的困境，IPv6 将地址长度延长到了 128bit，与 IPv4 相比，地址空间增大了 2 的，地址数量则达到了 $2128 ≈ 3.4 \times 1038$ 个。除此之外，IPv6 还对包头格式进行了改进，使其更加简洁，加快了路由器处理数据包的速度，降低了通信的延迟。与 IPv4 相比，IPv6 还更加可靠。但是，IPv4 仍然是当前的主流，而当今互联网的规模之大，使得 IPv6 的大范围推行遇到了重重阻碍。除此之外，网络中的许多设备也是针对 IPv4 设计的，这些网络设备的设计、更换也是一个开销巨大的工程，不可能在全球范围内实现。因此，IPv4 只能循序渐进地向 IPv6 过渡。

IPv6 在设计之初就考虑到了由 IPv4 过渡的问题，具有一些简化过渡过程的特性。目前用于过渡两种协议的技术中比较成熟的有双栈议栈技术和隧道技术两种。

双栈议栈技术：为了使网络设备通用于 IPv4 和 IPv6，采用一种直接的方式，即在 IPv6 的设备中添加 IPv4 的协议栈，使之并行工作，同时支持两种协议。这样的设备既可以收发 IPv4 的数据包又可以收发 IPv6 的数据包，还具备由 IPv6 的数据包制作 IPv4 数据包的能力。

隧道技术：在 IPv6 推行初期，针对一些单纯基于 IPv6 的子网无法使用 IPv4 进行通信的情况，可以采用隧道技术进行通信。当数据在 IPv6 与 IPv4 的网络之间传输时，将 IPv6 数据包分组封装到一个新的 IPv4 数据包中，它的源地址和目的地址分别是隧道出口和入口的路由器。出口处的路由器接收到 IPv4 的数据包后可以将其中的 IPv6 数据包提取出来，继续在 IPv6 网络中传输。在双栈的示例中，数据包的包头信息缺失导致无法恢复出原有的数据包，而使用隧道技术则避免了这种情况的发生。

三、蜂窝移动通信

（一）移动通信系统的结构与原理

移动通信是移动体之间或移动体与固定体之间的通信。移动体可以是人，也可以是汽车、火车、轮船、收音机等在移动状态中的物体。移动通信包括无线传输、有线传输，信息的收集、处理和存储等，使用的主要设备有无线收发信机、移动交换控制设备和移动终端设备。基础的移动通信无线服务区由许多正六边形小区覆盖而成，呈蜂窝状，通过接口与公众通信网（PSTN、ISDN、PDN）互联。移动通信系统包括移动交换子系统（SS）、操作维护管理子系统（OMS）、基站子系统（BSS）和移动台（MS），是一个完整的信息传输实体。

移动通信中建立一个呼叫是由 BSS 和 SS 共同完成的；BSS 提供并管理 MS 和 SS 之

间的无线传输通道，SS 负责呼叫控制功能，所有的呼叫都是经由 SS 建立连接的；OMS 负责管理控制整个移动网。MS 也是一个子系统。它实际上是由移动终端设备和用户数据两部分组成的，移动终端设备称为移动设备；用户数据存放在一个与移动设备可分离的数据模块中，此数据模块称为用户识别卡（S1M）。

早期的移动通信主要使用 VHF 和 UHF 频段。大容量移动通信系统均使用 800MHz 频段（CDMA），900MHz 频段（GSM），并开始使用 1800MHz 频段（GSM1800），该频段用于微蜂窝（Microcell）系统。第三代移动通信使用 2.4GHz 频段。从传输方式来看，移动通信分为单向传输（广播式）和双向传输（应答式）。单向传输只用于无线电寻呼系统。双向传输有单工、双工和半双工三种工作方式。单工通信是指通信双方电台交替地进行收信和发信，根据收、发频率的异同，又可分为同频单工和异频单工。双工通信是指通信双方电台同时进行收信和发信。半双工通信的组成与双工通信相似，移动台采用类似单工的"按讲"方式，即按下"按讲"开关，发射机才工作，而接收机总是工作的。

移动通信采用无线蜂窝式小区覆盖和小功率发射的模式。蜂窝式组网放弃了点对点传输和广播覆盖模式，把整个服务区域划分成若干个较小的区域（cell，在蜂窝系统中称为小区），各小区均用小功率的发射机（即基站发射机）进行覆盖，许多小区像蜂窝一样能布满（即覆盖）任意形状的服务地区。

（二）蜂窝移动通信的基本原理

早期的移动通信系统采用大区覆盖，使用大功率发射机，覆盖半径达几十千米，频谱利用率低，适用于小容量的通信网。例如，用户数在 1000 个以下。蜂窝系统将覆盖区域分成许多个小的区域，称为小区（cell），各小区均用小功率的发射机进行覆盖，且每个发射机只负责一个小区的覆盖，若干个像蜂窝一样的小区可以覆盖任意形状的服务区。蜂窝的核心思想是将服务范围分割，并用许多小功率的发射机来代替单个的大功率发射机，每一个小的覆盖区只提供服务范围内的一小部分覆盖。引入蜂窝概念是无线移动通信的重大突破，其主要目的是在有限的频谱资源上提供更多的移动电话用户服务。

蜂窝有两个主要的特点：频率再用和小区分裂。频率再用通过控制发射功率使得频谱资源在一个大区的不同小区间重复利用。小区分裂通过将小区划分成扇区或更小的小区的方法来增大系统的容量。

频率再用是蜂窝系统提高通信容量的关键。为避免发生同道干扰，相邻的小区不允许使用相同的频道，但由于各小区在通信时使用的功率较小，因而任意两个小区只要相互之间的空间距离大于某一数值，即使使用相同的频道，也不会产生显著的同道干扰。满足这些条件的若干相邻小区划分为一个区群。区群内各小区使用不同的频率，任一小区所使用的频率组，在其他区群相应的小区中还可以再用，这就是频率再用。

小区分裂是一种用于提高系统容量的独特方式。它将拥塞的小区分成更小的小区，分裂后的每个小区都有自己的基站并相应地降低天线高度和减小发射机功率，能够提高信道的复用次数，进而能提高系统容量。

由于移动台与基站之间的通信距离有限，传输损耗和电磁兼容限制都是难题，而大区制可容纳的用户数有限，无法满足大容量的要求。为了达到无缝覆盖，提高系统容量，采用多个基站覆盖给定的服务区的方法，每个基站的覆盖区称为一个小区，于是就需要解决小区的结构以及频率分配的问题。

小区结构有带状网和面状网两种。带状网主要用于覆盖公路、铁路、海岸等，基站天线若用全向辐射，覆盖区形状是圆形。基站天线若用有向天线，覆盖区形状呈扁圆形。

带状网小区呈线状排列，区群的组成和同频道小区距离的计算都比较方便。带状网可以进行频率再用，有双频制和三频制两种方法。双频制采用不同信道的两个小区组成一个区群，在一个区群内各小区使用不同的频率，不同的区群可使用相同的频率。三频制采用不同信道的三个小区组成一个区群。从造价和频率资源的利用而言，双频制较好；但从抗同频道干扰而言，多频制更好。面状网在平面区域内划为小区，组成蜂窝式网络，区群的组成和同频道小区距离的计算比较复杂。

在选择小区的形状时，首先考虑路径损耗与方向无关而仅取决于基站之间的距离的理想情况。全向天线辐射的覆盖区是个圆形，最自然的选择就是圆形小区，因为它提供了小区边界上处处相同的接受功率。然而圆形小区不能既无缝隙又无重叠地填满一个面，在考虑了交叠之后，实际上每个辐射区的有效覆盖区是一个多边形，根据交叠情况不同，有效覆盖区可为正三角形、正方形或正六边形，三种小区形状的选择，小区相间 $120°$，有效覆盖区为正三角形；小区相间 $90°$，有效覆盖区为正方形；小区相间 $60°$，有效覆盖区为正六边形。

可以证明，用正多边形无空隙、无重叠地覆盖一个平面的区域，可取的形状只有这三种。在服务区域一定的条件下，正六边形小区的形状最接近理想的圆形，因此正六边形常常作为基本的小区形状，尤其是在理论研究中。用正六边形覆盖整个服务区所需的基站数最少，最经济。正是因为正六边形构成的网络形同蜂窝，因此把小区形状为六边形的小区制移动通信网称为蜂窝网。

相邻小区显然不能用相同的信道。为了保证同信道小区之间有足够的距离，附近的若干小区都不能用相同的信道。这些不同信道的小区组成一个区群，只有不同区群的小区才能进行信道再用。区群的组成应满足两个条件：一是区群之间可以邻接，且无空隙无重叠地进行覆盖；二是邻接之后的区群应保证各个相邻同信道小区之间的距离相等。满足上述条件的区群形状和区群内的小区数不是任意的。

通常在建网初期，各小区大小相等，容量相同，随着城市建设和用户数的增加，用户密度不再相等。为了适应这种情况，在高用户密度地区，将小区的面积划小，单位面积上的频道数增多，满足话务量增大的需求，这种技术称为小区分裂。小区分裂的目的是提高蜂窝网容量。具体方法是将小区半径缩小，增加新的蜂窝小区，并在适当的地方增加新的基站。原基站的天线高度适当降低，发射功率减小。以 $120°$ 扇形辐射的顶点激励为例在原小区内分设三个发射功率更小一些的新基站，形成几个面积更小一些的正六边形小区。

（四）5G 及后 5G 技术及应用

为了应对未来爆炸性的移动数据流量增长、海量的设备连接、不断涌现的各类新业务和应用场景，同时与行业深度融合，满足垂直行业终端互 5G 及后 5G 典型联的多样化需求，实现真正的"万物互联"，5G 应运而生。

ITU-R 将 5G 的典型应用场景分为三类：① eMBB，包括高清视频、虚拟现实、增强现实等业务，该类应用场景需要支持极高峰值数据速率的稳定连接，以及小区边缘用户的适中速率；② uRLLC，包括工业控制、无人机控制、智能驾驶控制等业务，该类应用场景对网络传输时延和可靠性具有很高的要求；③ mMTC，包括智慧城市、智能家居等业务，该类应用场景下，存在对连接密度和能耗很高的要求，还需要使终端能够适应不同的工作环境。为支持各类用户业务的同时运行，需要在 5G 系统中同时部署多张多制式的网络，网络规模和运维复杂度随之提升，运维成本进而成为运营商亟待解决的问题；同时 5G 承载的业务种类繁多，业务特征各不相同，业务需求的多样性对网络架构的灵活性提出了要求。

四、空间信息网络

移动通信按照设备的使用环境可以分为陆地通信、海上通信和空间通信三类。空间信息网络是由在轨运行的多颗卫星及卫星星座组成的骨干通信网，可为各种空间任务（如气象、环境与灾害监测、资源勘察、地形测绘、侦察、通信广播和科学探测等）提供通信服务，也是未来物联网发展不可缺少的重要技术手段。

（一）卫星通信系统

建立卫星通信网则相对迅速、安全，而且在全球性扩展因特网接入范围之时，卫星通信显示出许多较其他传输媒体优越的特性：终端架设方便快捷；覆盖面十分广阔；链路的通信成本与传输距离无关；通信可以克服海洋、沙漠、高山等自然地理障碍；终端可以在边远地区或农村环境下完全独立地运行；技术成熟且即时可用。

相较于短波／超短波无线通信系统，卫星通信系统的组成要复杂得多。要实现卫星通信，首先要发射人造地球卫星，还需要保证卫星正常运行的地面测控设备，其次必须有发射与接收信号的各种通信地球站。一个卫星通信系统由空间分系统、通信地球站分系统、跟踪遥测及指令分系统和监控管理分系统四部分组成。

其中，空间分系统即通信卫星，包括能源装置、通信装置、遥测指令装置和控制装置。其主体是通信装置，任务是保障星体上的其余装置正常工作。

跟踪遥测指令分系统对卫星进行跟踪测量，控制其准确进入轨道指定位置；待卫星正常运行后，定期对卫星进行轨道修正和位置保持。该系统由一系列机械或电子可控调整装置组成，包括两种控制设备：一是姿态控制；二是位置控制。

监控管理分系统的任务是对定点的卫星在业务开通前后进行通信性能的监测和控制，主要是为了保证通信卫星正常运行，需要了解其内部各种设备的工作情况。例如，对卫星转发器功率、卫星天线增益以及地球站的发射功率、射频频率和带宽等基本通信参数进行监控，以保证正常通信。

地球站由天线馈线设备、发射设备、接收设备、信道终端设备、跟踪和伺服设备、电源设备等组成。地球站是卫星系统与地面公众网的接口，地面用户端可以通过地球站接入卫星系统形成链路。

卫星通信系统按其提供的业务可以分为宽带卫星通信系统、卫星固定通信系统和卫星移动通信系统。

1. 宽带卫星通信系统

宽带卫星通信也称多媒体卫星通信，指的是利用通信卫星作为中继站，在地面站之间转发高速率通信业务，通过卫星进行语音、数据、图像和视像的处理和传送，是宽带业务需求与现代卫星通信技术结合的产物。因为卫星通信系统的带宽远小于光纤线路，所以几十兆比特每秒就称为宽带通信了。提供更大带宽仅是卫星通信方案的一部分，基于卫星的通信也为许多新应用和新业务提供了机会。由于互联网和物联网的驱动，卫星通信也转向满足数据通信的全面需求。传统的同步通信卫星已发展成为非常强大的多种用途系统。

卫星通信的可用频谱资源很有限，建设宽带网必然要采用更高频率。宽带卫星业务基本是使用 Ku 频段和 C 频段，但 Ku 频段的应用已经非常拥挤，故计划中的宽带卫星通信网基本是采用 Ka 频段，通过同步轨道卫星、非静止轨道卫星或两者的混合卫星群系统提供多媒体交互式业务和广播业务。尽管 Ka 频段卫星通信技术已有基础，但要利用 Ka 频段进行卫星通信必须解决下列技术问题：克服信号雨衰；研制复杂的 Ka 频段星上处理器；保证高速传输的数据没有明显的时延；保持星座中有关卫星之间的有效通信；通过星上交换进行数据包的路由选择。

2. 卫星固定通信系统

固定通信是卫星通信的传统业务，主要应用有电信服务、广播电视、转发器出租、内部专网、数据采集等。根据组网方式和应用的不同，卫星固定通信又可分为四种类型：一是以话音为主的点对点通信系统，解决边远地区的通信问题和骨干节点间的备份和迂回。二是以数据为主的 VAST 系统，主要用于解决内部通信问题的专用网。三是基于 DVB（digital video broadcasting）的单向数据广播和分发系统，用于多媒体数据的分发。四是基于 DVB-RCS（return channel via satellite）或外交互式的双向卫星数据广播和分发系统，应用于因特网的高速接入、电视会议等。根据速率的不同，把卫星固定业务分为窄带和宽带两大类：窄带业务仍以话音和低速数据业务为主，发展缓慢；而各类卫星宽带业务在近几年得到较快发展，尤其是基于 IP 的业务。

3. 卫星移动通信系统

按轨道类型分类，卫星移动通信系统可分为静止轨道卫星移动通信系统和非静止轨道卫星移动通信系统。其中静止轨道通信系统有国际海事卫星系统（Inmarsat，北美移动卫星系统（MSAT）、瑟拉亚卫星系统（Thuraya）、亚洲蜂窝卫星（ACeS）系统；非静止轨道卫星移动通信系统有钛星系统、全球星系统、轨道通信系统、ICO 系统。

移动通信卫星的收发天线尺寸和发射功率一般都比较高，并采用雨致衰减小和信号传输损耗小的波段传输信号，目的是减小地面用户终端的尺寸，便于携带，保证通信质量。移动通信卫星一般要达到全球覆盖，只需要 3 颗卫星就行了，不过南北两极地区是覆盖不到的盲区。中轨道的移动通信卫星星座只需要 12 颗。低轨道的移动通信卫星星座则需要数十颗甚至数百颗。例如，钛星星座是由 66 颗卫星组成的。

卫星移动通信由于具有覆盖范围广、建站成本和通信成本与距离无关等优点，是实现全球移动通信必不可少的手段，而且特别适合难以铺设有线通信设施地区的移动通信需求。

（二）近地通信系统

近地轨道（low earth orbit，LEO），又称低地轨道，是指航天器距离地面高度较低的轨道。近地轨道没有公认的严格定义。一般高度在 2000 千米以下的近圆形轨道都可以称为近地轨道。由于近地轨道卫星离地面较近，绝大多数对地观测卫星、测地卫星、空间站以及一些新的通信卫星系统都采用近地轨道。

低轨道卫星系统一般是指多个卫星构成的可以进行实时信息处理的大型的卫星系统，其中卫星的分布称为卫星星座。低轨道卫星主要用于军事目标探测，利用低轨道卫星容易获得

目标物高分辨率图像。低轨道卫星也用于手机通信，卫星的轨道高度低使得传输延时短，路径损耗小。多个卫星组成的通信系统可以实现真正的全球覆盖，频率复用更有效。蜂窝通信、多址、点波束、频率复用等技术也为低轨道卫星移动通信提供了技术保障。低轨道卫星是最新最有前途的卫星移动通信系统。

低轨道卫星星座由多条轨道上的多个卫星组成。由于低轨卫星和地球不同步，所以星座在不断地变化，各卫星的相对位置也在不断变化中。为了便于管理和实现多星系统的实时通信，卫星不但要与地面终端和关口站相连，而且各卫星之间也要相连，当然，这种相连可以通过地面链路相连，也可以通过星间链路相连。一般的星座有多个卫星轨道，各个卫星之间为了协：调工作和实时通信，不同轨道的卫星之间还存在轨道间链路。目前提出的低轨道卫星方案中，比较有代表性的通信系统主要有铱星系统、全球星（Globalstar）系统、白羊（Aries）系统、低轨卫星（Leo-Set）系统、柯斯卡（Coscon）系统和卫星通信网络（Teledesic）系统等。

（三）轨通异构通信系统

为了保证轨道交通系统安全可靠、高效地运营，并且可以有效传输交通运营、维护、管理的数据信息，需要建立独立、可扩展的通信网络。轨道交通通信系统直接为轨道交通运营和管理服务，是保证轨道交通安全、快速高效运行的智能自动化综合业务通信系统。通信系统在正常情况下应保证列车安全高效运营、为乘客出行提供高质量的服务保证；在异常情况下能迅速转变为供防灾救援和事故处理的指挥通信系统。

在轨道交通运行期间，通信传输系统的主要作用，就是实时监控轨道交通的运行情况，并及时反馈给调度中心，为相关轨道交通运行、调度、管理等，提供可靠的数据信

息。通信系统的有效应用，需要满足几点基本要求，分别是维护性、稳定性、扩展性与防震。其中，维护性是要求通信系统的测试功能、故障诊断功能能够满足对系统运行的有效维护需求，从而最大程度降低通信系统及轨道交通系统的运行成本；稳定性是指通信系统要做到不间断运作；扩展性是指通信系统要能够满足远期的轨道交通发展要求，包括设备节点增加、站点增加等软件升级需求。

轨道交通通信网由光线数字传输系统、数字电话交换系统、广播系统、闭路电视监控系统、无线通信系统等组成，上述系统通过电缆、光缆等有线和无线传输方式，通过控制中心与各车站、列车之间构成多个互联关联的业务网络，为轨道交通提供综合通信能力。

现阶段的轨道交通通信系统传输网络的特征主要是覆盖多方面的信息内容，一方面包含低速的业务活动，另一方面也要考虑高速业务活动以及服务质量要求间的差异性。在现阶段的网络信息技术的支撑下，可以应用的轨道交通通信系统传输技术主要有开放型传输网络、分组型传输网络、多业务平台以及千兆以太网等。

其中，开放型传输网络主要是一种较为开放的光环路传输，主要使用 TDM 先进技术，利用网络信息对通信系统进行统一管理，并且被广泛运用在我国城市轨道交通通信建设过程中。然而这种传输技术也具有十分显著的劣势，技术本身成本较高、售后处理环节较为复杂、维护技术不完善、产品也缺少相应的标准等，无法满足人们对大带宽方面的要求。

分组型传输网络主要是数据技术以及传输技术之间的有效整合，主要是根据分组业务的实际要求而展开设计的，因此将分组传输业务作为重点，并且可以提供多种业务活动，分组型传输网络具有非常强的互联网拓展性，可以作为未来本地传输过程中最为典型的技术。RPR 是一种利用 IP 数据传输的一种弹性分组环技术，其环形组网方式在数据优化分组与打包环节中，具有较高的应用优势，能够显著提升数据传输效率。在处理数据过程中，RPR 会以用户的实际需求为依据进行相应的分配，分配操作的技术核心是空间复用，这使得宽带利用率得到显著提升。RPR 能够支持 IP 的突发性，一旦发生相关问题，能够及时对数据进行优化处理。利用 RPR 传输数据时，由于数据业务不同，RPR 可依据实际状况及需求，进行相应的数据处理，综合确保数据传输的完整性与实时性。

（四）空间信息物联网

空间信息技术是指采用现代探测与传感技术、摄影测量与遥感对地观测技术、卫星导航定位技术、卫星通信技术和地理信息系统等为主要手段，研究地球空间目标与环境参数信息的获取、分析、管理、存储、传输、显示、应用的一门综合和集成的信息科学和技术。近年来，随着物联网及应用迅速发展，空间信息技术迎来了发展的新机遇，在物联网时代下，空间信息在智能导航定位、卫星远程通信、地理环境与资源监测、数字化精准作战等各领域发挥重要的作用。

1．智能导航定位

物联网的实现中离不开对入网互联的"物"的智能跟踪与定位。卫星导航系统具有海、陆、空全方位实时三维导航与定位的能力，能够快速、高效、准确提供点、线、面要素的精准三维坐标及其他相关信息，为全球的军事、民用和商业用户提供 24 小时的全球精确目标导向和地理定位信息。卫星导航作为移动感知技术，是物联网延伸到移动物理采集移动物体信息的重要技术，随着物联网的日益成熟，物物相连对于高动态目标的导航需求将不断增多，智能导航定位技术必不可少。

2．卫星远程通信

卫星通信是在物联网中实现远距离实时数据传输的有效途径，是实现物联网可靠传输特征的保证之一。卫星通信具有覆盖面积大、频带宽、容量大、通信距离远的特点，且性能稳定可靠，不受地理条件限制，覆盖全球，在国际国内通信、宽带多媒体通信、移动通信和广播电视等领域应用广泛。

现代通信业务的多样化和多媒体化对通信业务类型、业务量和传输速率的要求不断增长和提高。卫星通信在不断满足日益增强的收发能力、通信容量和处理能力需求的同时，卫星固定通信、卫星移动通信、卫星直接广播将融为一体，卫星通信网将于地面电信网、计算机网络和有线电视网络实现互联互通，构成全球无缝隙、覆盖天地一体化的能够提供各种带宽和多种业务的综合信息网。

3．地理环境与资源监测

地球环境与资源监测也是物联网应用的一个重要领域。地球资源卫星搭载了 CCD 传感器、光学或微波成像仪、红外扫描仪及用于资源与环境监测的传感仪器，可以迅速、准确地获取环境和灾害信息，及时、全面掌握自然环境状况和进行灾害监视，为防灾、抗灾、遏制环境污染和生态破坏提供科学决策依据，在农业、水利、生态环境建设、环境保护、可持续发展、资源调查等方面具有重要而高效的应用。

4．数字化精准作战

物联网时代的未来战场是可视化的数字战场，空间信息是实现全面感知、精准作战、精细保障的关键力量。在物联网的战场上，以卫星及其星载传感器为主的空间信息系统将与大量部署在地面、飞机、舰艇上的各种传感器相连，构成完整、精确的战场网络，形成全方位、全频谱、全时域的所谓侦察检测预警和指挥控制体系。各种卫星所提供的战场信息几乎覆盖整个军事作战行动域，包括通信、全球广播业务、战场监视、图像侦察、信息情报侦察、天基雷达和红外探测、告警与跟踪、全球导航、气象监测与预报、战斗管理等。

空间信息物联网也面临着诸多的挑战。物联网的网络安全问题也是空间信息物联网必须面对的问题。空间信息系统通过专用的空间信息网络接入物联网，但存在着信号泄露与干扰、伪装节点入侵、网络攻击及传送安全等诸多问题。空间信息物联网中网络架构和网络兼容的

相关技术也是空间信息物联网要面临的技术难题。另外，空间信息物联网的网络通

信技术、网络管理技术、自治计算与海量信息融合技术也是要关注的重点。空间信息物联网实现信息的互联互通和全网共享，所有的接口、协议、标识、信息交互及运行机制等，都必须有统一的标准作指引。

第二节　物联网应用层技术

物联网应用层技术就物联网应用层的核心功能而言，应用层主要围绕两个方面进行展开，分别是数据和应用。一方面，随着物联网的飞速发展，系统中的日产数据量爆炸增长，应用层的任务是需要及时对这些数据进行管理和处理，避免数据的时效性丢失；另一方面，数据的意义不仅仅在于其处理，更为重要的是要将其与各行业的应用紧密相连，以对各行业的发展进行指导。例如，在智能物流系统中，需要对物流的运输、仓储、包装、装卸搬运和配送等各个环节进行系统感知，这样不仅有利于物流的自动化管控，同时也能够基于已有的物流数据，对市场上的客户需求和商品库存等进行数据分析，从而优化物流决策，进而提高服务质量。

从结构上，物联网应用层主要包括三个部分：物联网中间件、物联网应用以及云计算和雾计算。其中，物联网中间件是指一套独立的系统程序，其主要是负责用于连接两个独立的系统，以保证相连系统即使接口不同仍然能够完成互通的功能。物联网应用则是指面向用户的各种应用程序，包括智能医疗、智能农业和智慧城市等。

一、应用层原理

物联网应用层位于物联网三层结构中的最顶层。该层是终端设备与网络之间的接口，是物联网社会分工与行业需求的结合，也是物联网技术与行业专业技术的结合。应用层的主要任务是发现服务和承担服务，并根据行业的需求承担着多种功能。物联网应用层支持多种协议，不同协议中数据有着不同的格式，但总的来说，物联网数据有着海量性、多态性、关联性和时效性的特点。物联网数据处理主要分为五个过程，分别是数据获取、数据处理、数据传输、数据分析和数据存储，并在这些过程中对数据处理采用了多种关键技术。

（一）物联网应用层的特点

应用层对应于 OSI 模型的 5、6、7 层与 TCP-IP 模型的应用层，被视为传统物联网架构的顶层。该层能够根据用户相关需求，提供基于个性化的服务，并能结合行业，实现灾难监测、健康监测、金融、医疗和生态环境等高级智能应用型解决方案，处理与所有智能型应用相关的全球管理。

对于计算机的应用层来说，各类协议（如 HTTP、HTTPS、SMTP 和 FTP 等）都是通过浏览器实现的。物联网的应用层与此类似，该层是终端设备与网络之间的接口，通过设备端的专用应用程序实现。在因特网中，典型的应用层协议是 HTTP。然而，由于 HTTP 会产生很大的解析开销，并不适用于资源受限的环境，所以该协议并不适用于物联网。在物联网中，有许多专门为该环境开发的备用协议，如 CoAP、MQTT、AMQP 等。

应用层是物联网社会分工与行业需求的结合，也是物联网技术和行业专业技术的深度融合，该层通过提供各种解决方案实现广泛的智能应用，并对国民经济和社会发展产生广泛影响。

应用层的主要任务是发现服务和承担服务。发现服务面向各行业的需求，承担服务则是针对需求提供各种解决方案，实现广泛的智能化。应用层是物联网开发的最终目标，其关键问题是将信息共享给社区并确保信息安全。软件开发和智能控制技术将提供丰富多彩的物联网应用，各行业和家庭应用的发展将促进物联网的普及，并将有利于整个物联网的产业链。

（二）物联网数据的特点

为了促进和简化应用程序员与服务提供商的工作，W3C、IETF、EPCglobal、IEEE 与 ETSI 等小组提出了许多物联网协议与标准。其中，有一些典型的支持物联网应用层的协议，如 CoAP、MQTT、AMQP 等，不同协议的数据有着不同的消息格式。

CoAP 由 IETF 的 CoRE 工作组提出，这是一个用于物联网应用的应用层协议。CoAP 使用一种短小简单的格式来编码消息。典型的 CoAP 消息可以在 10～20B 之间。每条消息的第一个和固定部分是 4B 的标题。标题下一字段可能为一个令牌值，其长度范围为 0～8B，令牌值用于关联请求和响应。消息的最后字段为选项值和有效负载。

MQTT 旨在将嵌入式设备和网络与应用程序和中间件连接起来，它适用于需要“代码占用小”或网络带宽有限的远程位置的连接。MQTT 消息的前两个字节为固定标头，标头中的消息指示字段的值表示各种消息。

AMQP 是用于物联网的开放标准应用层协议，侧重于面向消息的环境。AMQP 定义了两种类型的消息：由发送者提供的消息和在接收者处看到的带注释的消息。在 AMQP 消息格式中，标题传达了交付参数，包括持久性、优先级、生存时间、第一个收单方和交货计数。

对于物联网而言，多播、低开销和简单性非常重要。与上述几个协议的消息格式类似，物联网的数据都使用尽量小的消息格式，消息中的各个字段都指示了较多的信息，以此节约了消息传输开销。

物联网数据可以分为静态数据和动态数据，两者的区别在于是否以时间为序列。

静态数据由 RFID 自动录入、人工录入或其他系统导入而产生，以标签类数据居多，通常由结构型、关系型数据库存储。静态数据会随传感器与控制设备的增多而增加。

动态数据以时间为序列，由物联网采集终端产生。动态数据的特点是数据与时间一一对应，这类数据多由时序数据库存储。动态数据不仅会随传感器与控制设备的增多而增加，还会随着时间的增加而增加。

物联网的数据有如下几个特点。

1. 海量性

节点的海量性是物联网的最主要特征之一，物联网的设备除人和服务器外，还包含物品、设备以及传感网等，且每一类节点的数量都可能极为庞大。此外，当传感网部署在更为敏感的场合时，其数据传输率要求相较于互联网可能会更高。同时，物联网中的传感节点多数处于全时工作状态，其数据传输的频率将远远大于互联网。由于物联网数据传输的节点多、速率快、频率高等特点，其每天产生的数据量将非常庞大。因此，物联网的数据具有海量性的特点。

2. 多态性

物联网所涉及的应用范围非常广泛，从智能家居、智能建筑、智慧交通到工业自动化和智慧医疗，各种行业将涉及到不同格式和类型的数据。这些数据包括能耗类数据、资产类数据、诊断类数据和信号类数据等。不同的数据可能有不同的单位和精度，同时，不同的测量时间和测量条件下同一类数据可能会呈现出不同的数值。物联网数据的多态性将带来数据处理的复杂性，因此需要更为先进的数据处理技术。

3. 关联性

物联网中的各类数据都不是独立存在，数据之间有着相互的关联性。物联网数据的关联性有时间关联性、空间关联性和维度关联性。时间关联性指同一物体在不同时间所产生数据之间所具有的关联性，它反映的是先后产生的数据之间的相互影响；空间关联性描述了不同实体的数据在空间上的关联性；维度关联性描述的是实体不同维度之间的关联性。

4. 时效性

数据的时效性指数据从产生开始到被清除的时间。物联网的数据同样具有时效性。相对来说，边缘处理的数据所具有的时效性较短，远程处理的数据时效性较长。因为边缘处理的存储空间较小，计算能力较弱，数据不能长期保存；远程数据传输距离较远，显示与计算的通常是以前的数据，且由于云端空间较大，计算伸缩性较强，因此远程数据具有较强的时效性。

（三）物联网数据处理的关键技术

将配备有传感器的大量物理对象（如人类、动物、植物、智能手机、PC 等）连接到因特网会产生所谓的"大数据"。大数据需要高效和智能的存储。显然，连接的设备需要存储、处理和检索数据的机制。但是大数据是如此巨大，以至于它超出了常用硬件环境和软件工具在可接受的时间段内捕获、管理和处理它们的能力。

物联网采用大量嵌入式设备，如传感器和执行器，可生成大数据，而这些数据又需要复杂的计算来提取知识。因此，对物联网数据进行合理系统的处理十分重要。

物联网数据处理分为 5 个过程，分别是数据获取、数据处理、数据传输、数据分析与数据存储。数据通过感知器获取后，需要对其进行有效处理；数据处理分为两个部分，一个是终端处的预处理，另一个是对数据进行挖掘以提取知识；数据传输是数据在各节点或网关之间传输的过程；数据分析可以提取出数据中有价值的信息，以便于对物联网进行决策和监控；数据存储可以将数据存储在云端或终端，以便于用户获取和访问。

1. 数据获取

物联网的数据从感知层收集并获取，感知层包括传感器和执行器，可以执行不同的数据获取功能，比如获取位置、温度、重量、运动、振动、加速度、湿度等信息，获取的数据类型包括图像、声音、数字等。

数据获取基本的关键技术为传感器设备的有效管理。RFID读取器是其中一项关键技术，它通过射频信号获取有关数据，因此识别不需要人工操作，它可以在各种恶劣环境下工作。除此之外，数据还可以通过传感器、GPS、摄像机等技术获取。

2. 数据处理

在传感器获取到数据后，需要在终端对数据进行预处理。预处理的关键技术包括数据压缩、特征提取、补充缺失值等。数据压缩是在不丢失有用信息的前提下减少数据存储空间的技术，对于海量的物联网数据，需要数据压缩来提高数据传输处理的效率。特征提取是计算机视觉和图像处理中的一项技术，通过影像分析和变换提取特征性的信息。数据中的缺失值使不完全观测数据与完全观测数据产生系统差异，影响后续数据挖掘的效果，所以需要对缺失值进行补充。

在预处理完成后，再通过云计算和边缘计算技术对数据进行分析挖掘。

云计算定义为共享可配置计算源（如网络、服务器、仓库、应用程序和业务）的按需网络的访问模型。云服务允许个人和公司使用远程第三方软件和硬件组件。云计算使研究人员和企业能够以低成本远程、可靠地使用和维护许多资源。云计算为大数据提供了一种新的管理机制，可以处理数据并从中提取有价值的知识。

因此，云的存储和计算资源是物联网存储和处理大数据的最佳选择。

然而，尽管云计算在所有领域的使用越来越多，但其固有的问题（如缺乏移动性支持、不可靠的延迟和位置感知）仍然存在，尚未解决。

云计算技术更多的是在核心网络中提供分布式资源。最近的计算技术，例如雾计算和边缘计算，可以通过向网络边缘的最终用户提供弹性资源和服务来解决这些问题。

雾计算可以充当智能设备与大规模云计算和存储服务之间的桥梁。通过雾计算，可以将云计算服务扩展到网络的边缘设备。

与云数据中心相比，雾计算更接近于最终用户，因此能够提供更好延迟性能的服务。这里应该强调的是，通常雾和云之间的比例存在显著差异，因此与雾相比，云具有大量的计算、存储和通信能力。

边缘通常由传感器、控制器、执行器、标签和标签读取器、通信组件、网关和物理设备组成。实际上，边缘计算是一种优化云计算系统的方法，通过在网络的末端 / 边缘执行数据处理，靠近数据源，集成网络、计算、存储和应用程序核心功能，并提供边缘智能服务。它主要通过在数据源处或附近执行分析和知识生成来减少传感器与中央数据中心之间所需的通信带宽。

3. 数据分析

大数据之所以成为各企业的重要资产，在于它能够提取出对数据的分析，并挖掘出有价值的知识，从而使企业获得竞争优势。物联网数据量通常太大，无法通过可用工具进行处理。为了支持物联网，这些平台应该实时工作以有效地为用户服务。例如，Facebook 使用改进版的 Hadoop 每天分析数十亿条消息，并提供用户操作的实时统计信息。在资源方面，除数据中心中功能强大的服务器外，周围的智能设备都提供可用于执行并行物联网数据分析任务的计算功能。

物联网不需要提供特定于应用程序的分析，而是需要一个通用的大数据分析平台，该平台可以作为服务提供给物联网应用程序。此类分析服务不应对整个物联网系统施加相当大的开销。

物联网大数据的一个可行解决方案是仅跟踪有趣的数据。现有方法可以在此领域提供帮助，如主成分分析（PCA）、模式约简、降维、特征选择和分布式计算方法。

4. 数据存储

因特网数据存储的关键技术有云计算集中式存储和边缘存储。云计算集中式存储将数据存储在云端，当用户需要数据时，通过因特网去云端取得数据。边缘存储节点部署在靠近终端用户的地方，节点中预先缓存了用户近期访问的部分数据，当用户需要数据时，无须从云端取得数据，减少了数据处理时间与移动设备因大量计算而消耗的能量。

二、海量数据存储与云计算技术

对大规模数据的快速读取以及增删改查一直是存储和计算技术需要解决的难题。然而随着物联网、大数据的快速应用与发展，数据量达到了空前的规模，此外，业务也向着多元化的方向进行发展。为了满足不同业务的不同需求，对于不同的业务必须采用不同的存储以及决策方法。这都对存储管理和计算技术提出了新的更高的挑战。

（一）物联网对海量数据存储的需求

物联网是以数据为中心的网络，需要利用数据进行分析、决策、管控等，其中关心的是物联网中收集或者产生的各种数据本身，而不是获得数据的方式或者数据产生源头。因此物联网的核心是海量的数据，对海量数据的存储与管理就成了物联网的核心目标。考虑到物联网不同场景的不同业务应用，物联网对海量数据的存储提出了不同需求。例如，在车联网中，为了达到高可靠和低时延的特性，需要对数据进行快速的访问和存储。档案系统需要对存储的数据进行较长时间的持久存储以实现档案的严谨与安全。而在一些以共享单车为代表的共享经济中，存储的能耗成为一个不得不考虑的目标。因此接下来分三个方面讲述物联网对海量存储数据的需求。

1. 快速持久化存储

随着物联网接入设备的快速增长，物联网的规模也越来越大，更大规模的数据伴随着接入设备而产生。例如，近些年兴起的共享经济，接入设备达到了上亿的级别，每天服务的用户量超过了千万个，进行的读写操作上亿次，物联网存储系统需要同时处理来自数以百万计的移动单元传感器的快速输入。当需要存储的文件数据量很小时，存储系统可能需要处理上亿个小文件，但由于存储的数据非常小，因此并不会对存储系统造成很大的挑战。但是，当存储的文件是诸如视频一类的大文件时，显然，传统的存储框架已经不能满足如此海量的存储需求。大文件带来的存储挑战是极为惊人的。只有将数据完整地记录和存储下来，对数据的分析、利用等才能成为可能。为了保证整个业务应用的连续性，如何提高系统的快速存储能力是首先要解决的问题。

持久化存储并不是指永久式地存储，而是一种存储周期比较长的存储方式。物联网中的数据通常都有一定的存储周期，并不是在利用一次之后就删除销毁的。对不同的需求的业务设定不同的存储周期是非常必要的。例如，对需要分析与季节相关的数据业务的，为了分析数据业务随着季节变化的表征，其存储周期至少为一年。还有一些关于城市安全的业务有着特殊的要求。例如，监视系统，为了保障监控数据的可靠与持久，必须设定较长的存储周期。周期的变长同样意味着存储内容的增多，因此快速持久化存储要求存储资源具有良好的弹性扩展能力以便应对指数增长的存储需求。

2. 高效在线读取

为了让用户能够在海量的数据中更加高效地读取数据，提高业务质量，需要实现数据的高效在线读取。在海量数据中查找和读取需要的数据内容是一项十分耗时的工作，为了提高数据查找和读取的速度，不同的优化方案应运而生。

（1）索引

为数据添加索引，使用户可以根据索引的关键字快速在海量数据中匹配到需要的数据。为了保证索引的高效和精准，要不断地提取关键字对索引进行更新。不过，虽然查询的效率大大提高了，但是在进行增删改的时候，由于引入了索引，相当了增加了数据的冗余，同样也造成了资源的浪费。因此要在索引带来的查询的便捷和引起的资源浪费二者之间进行折中。根据具体的业务需求选择合适的索引才能更好地提高业务质量。

（2）内容缓存

缓存就是将一些热门的经常读取的数据放入到内存中去。用户访问数据的特点大多数呈现为"二八定律"，即约 80% 的业务访问集中在约 20% 的数据上。由于内存具有读写速度快的特点，可以把经常被访问到的热门数据放到内存中去。此外，由于内存资源有限，如何设置热门资源是一个需要考虑的问题，为了维持热门数据的实时性，需要设置内容缓存失效时间，对热门数据进行更新。

（3）内容分发网络（content delivery net work，CDN）

CDN 的设计思想很简单—广泛采用缓存服务器，并且将服务器部署到用户密集的区域，用户在请求数据服务的时候，可以从距离用户最近的机房获取数据。中心平台通过进行控制、内容分发、负载均衡，使得用户就近获取所需内容，降低网络拥塞，提高用户访问响应速度和命中率。

3. 存储能耗

为了满足海量存储的需要，存储容量与日俱增。但是，伴随而来的存储能耗的增加不仅造成了能源的浪费，更造成存储器件使用周期的急剧下降。能源成本的日益高涨使得能耗在建设大规模存储设施时成为一个重要的考虑因素。因此，对于物联网海量数据时代的到来，降低存储能耗的开销是一个十分严峻的问题。引起能耗的原因主要是一些不合理的系统结构和数据中心的重复建设。因此为了节约宝贵的能源，建设实现环境友好型的存储设施需要进一步研究海量存储系统的组织构架，找出能耗问题的关键所在。

（二）互联网数据中心的基本概念

互联网数据中心（Internet data center，IDC）是指利用相应的机房设施，以外包出租的方式为用户的服务器等互联网或其他网络相关设备提供放置、代理维护、系统配置及管理服务，以及提供数据库系统或服务器等设备的出租及其存储空间的出租、通信线路和带宽的代理租用和其他应用服务的数据中心。它是一种提供网络资源与服务的企业模式，是伴随数据业务发展的必然产物。IDC 现已发展成为网络基础设施的重要组成，IDC 不仅是一个网络概念，更是一个服务概念。它构成了网络基础资源的一部分，提供了一种高端的数据传输服务和高速接入服务。这些数据中心大多承载企业内部自有业务，通过灵活、智能化的网络组织调度，满足业务质量要求。

在传统的数据中心网络架构中，网络通常分为接入层、汇聚层、核心层三层网络结构。三层网络结构采用层次化模型设计，将复杂的网络设计划分为多个不同层次，从而实现将复杂的问题简单化。接下来详细介绍上述的三层网络架构。

1. 接入层（access layer）

接入层通常直接面对的是用户或者接入端，为其提供接入接口、物理连接服务器，允许用户连接到网络。接入层为用户提供了在本地网段访问应用的能力，主要解决相邻用户之间的互访需求，并为这些访问提供足够带宽。此外，接入层还应负责一些用户的管理功能（如地址认证、计费管理等）以及用户信息的收集（如用户的 IP 地址、访问日志等）。为了满足大规模的接入需求，接入交换机必须具有低成本和高密度的特性，同时也要易于使用和维护。为了实现接入层的高可用、扩展性、反向代理和负载均衡，DNS 轮询、nginx、keepalived、lvx 等技术逐渐发展应用。

2. 汇聚层（aggregation layer）

汇聚层位于接入层和核心层之间，其作用是将接入层的数据进行汇聚管理后传输给核心层，大大减小了核心层设备的负荷。由于汇聚层需要处理来自接入层的所有数据，并提供到核心层的上行链路，因此汇聚层交换机必须比接入层交换机具有更加优良的性能。汇聚层具有实施策略、防火墙、工作组接入、源地址或目的地址过滤、入侵检测、网络分析等多种功能。为了使得每组汇聚交换机管理一个 POD（Point of Delivery），且每一个 POD 内都是独立的虚拟局域网络，即服务器在 POD 内迁移不需改变 IP 地址和默认网关，因此汇聚层采用支持三层交换技术和 VLAN 的交换机。

3. 核心层（core layer）

核心层是整个网络架构的中心，对整个网络的连通发挥着至关重要的作用。作为所有流量的最终承受和汇聚者，核心层的交换机带宽在千兆以上。核心层的设备采用双机冗余热备份是非常必要的，也可以通过负载均衡改善网络性能。

随着云计算的发展，IDC进入了云计算数据中心的时代。与传统互联网数据中心不同，云时代互联网中心在资源调度、服务优化、性能效率等方面均提出了更高的需求。推动着全新网络架构的出现。在云计算时代，计算资源被池化，为了能够对计算资源随意分配，大二层的网络架构应运而生。

（三）云计算在物联网中的应用

云计算是一种大规模分布式的并行运算，是基于互联网的超级运算。云计算是海量数据时代分布式计算和并行计算不断融合发展的产物。云计算改变了传统计算存储对物理节点的限制。通过对基础资源进行部署管理，将计算任务分配到大量的分布式计算机中，而不是依靠本地计算机进行处理，从而达到了按需服务、共享资源的目的。云计算具有超大规模、高可靠性、虚拟化、高扩展性、通用性、廉价性、按需服务定制的特点。这些特点使得云计算能够按需服务、共享资源、快速扩展。而且云端在进行数据信息存储时，还存在良好的自动容错能力和可操作性。

1. 云计算网络架构

具体地，云计算可分为显示层、中间层、基础设施层和管理层四层结构。

显示层：显示层直接面对的是用户，其主要功能是将数据内容以较美观舒适的方式展现给用户，提高用户的服务体验。显示层的服务是以软件即服务（software as a service，SaaS）为基础的，云计算厂商直接将所需软件部署到服务器上，用户可以根据自身需求直接订购产品。SaaS模式大大降低了软件的使用和管理维护成本，同时服务的可靠性也得到了提高。采用的技术是以网站前端为基础的渲染类技术，如HTML、JavaScript、CSS、Flash等。

中间层：中间层位于显示层和基础设施层之间，其为基础设施层提供服务的同时也将这些服务用于支撑显示层，起到了调节的作用。中间层的服务是以平台即服务（platform as a service）为基础的，即提供给用户一个应用的开发和部署平台。云计算厂商直接为用户配置好开发环境等底层需求，用户只需在搭建好的平台上进行完善即可，大大增加了用户的服务体验。中间层采用的技术主要包括REST、多租户、并行处理、应用服务器、分布式缓存等。

基础设施层：基础设施层作为云计算架构的基础，连接存储数据库，为中间层提供计算和存储等资源。基础设施层的服务是以基础架构即服务（infrastructure as a service）为基础的，将各种底层的计算和存储资源作为服务提供给用户。厂商利用服务器集群搭建云端的基础设施，用户可以通过互联网从基础设施获得所需的服务。基础设施服务的优势就是用户不用自己购买设备，只需要通过互联网租赁的方式搭建满足自己需求的服务系统。基础设施层采用的技术主要包括虚拟化、分布式存储、关系型数据库、

NoSQL 等。

　　管理层：管理层是为横向的上述三层服务的，并给三层提供多种管理和维护技术，协调处理三层的运行。管理层的功能涉及方方面面，下面详细介绍其中的六种功能。账号管理：是用户能够在安全条件下便捷地登录，并方便管理员对账号的管理。计费管理：统计每个用户所消耗占用的资源，作为收费多少的依据。安全管理：保护用户数据，防止犯罪分子的恶意入侵。负载均衡：将流量分发给一个应用或者服务的多个实例以应对突发情况。运维管理：使运维操作极大地实现自动化，降低云计算中心的运维成本。SLA（service level agreement）监控：对各个层次运行的虚拟机，服务和应用等进行性能方面的监控，以使它们都能在满足预先设定的 SLA 的情况下运行。

　　云计算的发展离不开技术的支撑，上述云计算架构中涉及的关键技术主要有：虚拟化技术、分布式存储技术和云资源管理技术。

　　虚拟化技术：随着业务数据的爆炸式增长，传统的技术设备无法满足需求。一种能够有效调配资源降低运营成本的虚拟化技术应运而生。虚拟技术的原理是将一台计算机虚拟化为多台不同的计算机，从而提高资源利用率、降低成本。它是一整套应用在系统多个层面的资源调配方法，实现了资源的虚拟化和动态分配资源的目的。虚拟化技术还可以跨资源池动态分配资源，实现动态负载均衡和连续智能优化，避免了资源的浪费。

　　分布式存储技术：分布式存储技术可以把分散在很多主机上的存储联合起来形成一个虚拟的大存储。所谓分布式计算就是在两个或多个软件互相共享信息，这些软件既可以在同一台计算机上运行，也可以在通过网络连接起来的多台计算机上运行。分布式计算技术能够将任务分配到最合适的计算资源上，实现了平衡负载。

　　云资源管理技术：云资源管理包括云资源的规划、部署、监控和故障管理等，用于保证系统的正常运行。

2. 物联网与云计算的结合

　　云计算技术和物联网迅速发展，颠覆了传统网络架构和业务模型。云计算与物联网相辅相成，云计算是物联网发展的技术支撑，而物联网业务为了实现规模化和智能化的管理应用，对数据信息的采集和智能化处理提出了较高的要求从而又推动着云计算技术的发展。

　　随着物联网时代的到来，传统的网络架构难以承载伴随而来的海量数据。云计算的本质其实就是一个强大的海量数据管理平台，承载了用户海量数据的存储与处理。由此可见，云计算在物联网中的应用主要表现在数据的存储和数据的管理两个方面。

　　数据的存储：对于物联网时代的海量业务数据，云计算采用分布式存储的方式，对数据和信息进行存储。为了保证存储信息的可靠性，分布式存储同时存储信息的多个冗余版本。

　　此外，云计算系统为满足大量客户的需要，同时为多个相关用户提供服务。所以，云计算对数据信息的存储技术要求较高。因此，云计算具有先进的存储技术，同时还具有较高的数据传输速度等优势。

数据的管理：云计算可以通过高效的处理技术为用户提供快捷的服务。云计算是一种读取优化的数据管理模式，能在海量的数据中快速查找到用户的需求数据。云计算规模大、信息调度便捷。云计算可以很好地解决物联网中服务器节点经常出现的不可靠问题，它可以最大程度地减少服务器的错误率，最大程度地实现了物联网的无间断式的安全服务，并能有效解决物联网中访问服务器资源等相关问题。云计算使物联网在更大的范围内做到了信息和资源的共享。云计算技术之所以被广泛应用于组织机构中，主要是由于云计算对计算机技术进行了综合性的运用，主要运用了虚拟化计算机技术、分布式的计算机计算方式、多副本信息数据中的容错的计算机技术等。从而使得云计算拥有较大的规模，由于综合运用了计算机各种技术，云计算对数据计算的能力大大增强，能够满足数据时代用户对数据的管理分析需求。

由此可见，云计算的大规模服务器，很好地解决了物联网服务器节点不可靠的问题。同时，云计算还增强了物联网总的数据信息处理能力，提高了物联网的智能化处理的程度。物联网应用用户的不断增加，使得其产生大量的数据信息，云计算通过计算机群，为物联网提供了强大的计算能力。物联网的产生是建立在互联网基础之上的，云计算是一种依据互联网的计算方式，这种新型的网络数据信息应用的模式可以预见在未来网络技术的发展中会形成一定规模。因此，云计算与物联网的有效结合会令云计算技术从理论走向实际应用，充分发挥云计算的功能特性，促进物联网时代的加速到来。

当然云计算与物联网的结合过程也面临着一些严峻的挑战，比如连接的规模、数据库的安全性、统一的协议标准等。这些都是今后研究工作的物联网与云计算重点。综合应用

三、大数据挖掘技术

物联网将人们身处的物理世界与数字世界融合在一起，帮助获得对物理世界的"透彻的感知能力、全面的认知能力和智慧的处理能力"。这种新的计算模式可以大幅度提高劳动力生产关系、生产效率，进一步改善人类社会与地球生态和谐、可持续发展的关系。

数据挖掘是数据库技术、人工智能、机器学习和统计学等学科相结合的产物。简单地说，数据挖掘是从大量数据中提取或"挖掘"知识。一种比较公认的定义是：数据挖掘是指从数据库的大量数据中揭示出隐含的、先前未知的、潜在有用的信息的非平凡过程。

物联网就像人类的感官系统一样，通过物联网可以感知到物理世界的变化，可以看到数以亿计的传感器采集来自医疗、交通、环境、农业、国防等各行各业的数据。而大数据就相当于人类的大脑，通过综合感知信息和存储的知识来做出判断，选择处理问题的最佳方案。在大数据时代，数据就是新能源，数据中蕴含着巨大的社会价值和经济价值。物联网产生大数据，然而如何从这海量的数据中分析挖掘出需要的信息和价值，这就需要用到大数据技术。可以说物联网离不开数据，所有物联网触及的领域都会有大数

据的运用。

（一）数据、信息与知识

人类对客观事物的认识组成了人类思想的内容。这个认识过程是一个从低级到高级不断发展的过程。人类思想的内容分为三类，即数据、信息和知识。

1. 数据

反映客观事物运动状态的信号通过感觉器官或观测仪器感知，形成了文本、数字、事实或图像等形式的数据。它是最原始的记录，未被加工解释，没有回答特定的问题；它反映了客观事物的某种运动状态，除此以外没有其他意义；它与其他数据之间没有建立相互联系，是分散和孤立的。数据是客观事物被大脑感知的最初的印象，是客观事物与大脑最浅层次相互作用的结果。

2. 信息

大脑对数据进行加工处理，使数据之间建立相互联系，形成回答了某个特定问题的文本，以及被解释具有某些意义的数字、事实、图像等形式的信息。它包含了某种类型可能的因果关系的理解，回答"why""what""where"和"when"等问题。

3. 知识

在特殊的背景下，人们在头脑中将已存在的数据与信息、信息与信息建立有效关联，这种关联我们称之为知识。它能够体现出信息的本质、原则和经验。它是人所拥有的真理和信念、视角和概念、判断和预期、方法论和技能等；回答"how""why"的问题，能够积极地指导任务的执行和管理，进行决策和解决问题；它是这样一种模式，当它再次被描述或被发现时，通常要为它提供一种可预测的更高的层次。也就是说，当人们将知识与其他知识、信息、数据在行动中的应用之间建立起有意义的联系，就创造出新的更高层次的知识。

数据与信息和知识的区别主要在于它是原始的、彼此分散孤立的、未被加工处理过的记录，它不能回答特定的问题。知识与信息的区别主要在于它们回答的是不同层次的问题，信息可以由计算机处理而获取，知识很难由计算机创造出来。

数据、信息和知识是人类认识客观事物过程中不同阶段的产物。从数据到信息再到知识，是一个从低级到高级的认识过程，层次越高，外延、深度、含义、概念化和价值越多。在数据、信息和知识中，一方面，低层次是高层次的基础和前提，没有低层次就不可能有高层次，数据是信息的源泉，信息是知识的基础。信息是数据与知识的桥梁。知识反映了信息的本质。例如，在产品质量分析中，有一批夏天加工的零件在冬天与另一种材质的零件装配时外径偏差较大，从中随机抽取100个零件进行测量，这100个零件外径的数值就是数据。将这100个数据描在坐标轴上，发现它们普遍偏小，这个规律就是一个信息。另一批冬天加工的零件在夏天装配时外径偏差也较大，从中随机抽出100个零件进行测量，将测量出的数据描在坐标轴上，发现外径普遍偏大，这个规律就是另一个信息。将这两个信息联系起来分析，可以得出外径偏差与气温有关，制造这种零件的材料具有热胀冷缩的性质这样一个知识。根据这个知识，规定该种零件的库存时间不能过长，或者用于不同季节装配的零件，加工时的要求应该相应调整。另一方面，高层次对于低层次的获取具有一定的影响。例如，对于同一棵大树，具有不同知识背景的人接收到的可能是不同的数据，在木匠的眼中是木材，在画家的眼中是色彩和色调，在植物学家的眼中是形态特征。

（二）数据挖掘与知识发现

随着业务数据量的飞速增长，人们迫切地感到需要新的技术和工具以支持从大量的数据中智能地、自动地抽取出有价值的知识或信息，为解决上述问题而产生了智能数据分析技术。目前，智能数据分析的热点是数据挖掘和知识发现，并且两者间有着密切的联系。

随着数据库技术的迅速发展以及数据库管理系统的广泛应用，人们积累的数据越来越多。激增的数据背后隐藏着许多重要信息，人们希望能够对其进行更高层次的分析，以便更好地利用这些数据。同时数据理解和数据产生之间出现了越来越大的距离，在堆积如山的数据中包含着许多待提取的有用知识，这些知识如同成熟的庄稼，不及时收割便会浪费，人们迫切需要新一代的计算机技术和工具来帮助开采数据山中蕴藏的矿藏，并加以提炼，使之成为有用的知识。缺乏挖掘数据背后隐藏知识的手段，导致了"数据爆炸但知识贫乏"的现象。于是，一个新的研究领域——知识发现应运而生。由于蕴藏知识的数据信息大多存储于数据库中，因此又称为数据库中的知识发现（knowledge discovery in database）。

数据挖掘是指从数据集合中自动抽取隐藏在数据中的那些有用信息的非平凡过程，具体来说，就是应用一系列技术从大量的、不完全的、有噪声的、模糊的、随机的数据中，提取隐含其中的、人们事先不知道的但是又潜在有用的、人们对其感兴趣的信息和知识的过程，提取的知识表现为概念、规则、规律、模式等形式。其处理对象是大量的日常业务数据，目的是从这些数据中抽取一些有价值的知识或信息，提高信息利用率，把人们对数据的应用从低层次的简单查询提升到从数据中挖掘知识，提供决策支持服务。

知识发现是从大量数据中提取出可信的、新颖的、有用的并能被人理解的模式的高级处理过程，数据挖掘是应用具体算法从数据中提取信息和知识的过程。严格来说，知识发现是从数据中发现有用知识的整个过程，而数据挖掘是知识发现的其中一个重要方法。

数据挖掘阶段首先要确定挖掘的任务或目的是什么，如分类、聚类等。确定了挖掘任务后，就要决定用什么样的挖掘算法。同样的任务可以用不同的算法来实现，一般要根据多方面的因素来确定具体的挖掘算法。例如，不同的数据有不同的特点，因此需要用与之相关的算法来挖掘；用户对数据挖掘有着不同的要求，有的用户可能希望获取描述性的、容易理解的知识，而有的用户或系统的目的是获取预测准确度尽可能高的预测性知识。需要指出的是，尽管数据挖掘算法是数据库知识发现的核心，也是目前研究人员主要的研究方向，但要获得好的挖掘效果，必须对各种挖掘算法的要求或前提假设有充分的理解。

在这个相对正式的"任务"一词的定义中，学习本身的过程不是任务。学习是获得执行任务能力的手段。例如，如果希望机器人能够行走，那么步行就是任务。可以对机器人进行编程以学习走路，或者可以尝试直接编写指定如何手动行走的程序。

机器学习任务通常根据机器学习系统应如何处理事件来描述。一个例子是从希望机器学习系统处理的某个对象或事件中定量测量的一系列特征。通常将一个示例表示为向量 $x \in R^n$，其中向量的每个记录 x_i 是另一个特征。例如，图像的特征通常是图像中像素的值。数据挖掘可以解决很多类型的任务，一些最常见的数据挖掘任务如下。

1. 分类

分类任务的示例是对象识别，其中输入是图像（通常被描述为一组像素亮度值），并且输出是识别图像中的对象的数字代码。

2. 缺少输入的分类

如果不能保证计算机程序始终提供其输入向量中的每个测量，则分类变得更具挑战性。为了解决分类任务，学习算法只需要定义从矢量输入到分类输出的单个函数映射。当某些输入可能丢失，而不是提供单个分类功能时，学习算法必须学习一组功能。每个函数对应于工的分类，缺少其输入的不同子集。这种情况在医学诊断中经常出现，因为许多种类的医学测试是昂贵的或侵入性的。有效地定义如此大的函数集的一种方法是学习所有相关变量的概率分布，然后通过边缘化丢失的变量来解决分类任务。使用 n 个输入变量，现在可以获得每个可能的缺失输入集所需的所有 2^n 个不同的分类函数，但是计算机程序只需要学习描述联合概率分布的单个函数。

3. 回归

在这种类型的任务中，要求计算机程序在给定一些输入的情况下预测数值。这种类型的任务类似于分类，仅输出的格式不同。回归任务的一个示例是预测被保险人将用于设定保险费（或用于设定保险费）或预测未来证券价格的预期索赔额。这些类型的预测也用于算法交易。

4. 转录

在这种类型的任务中，要求机器学习系统观察某种数据的相对非结构化的表示，并将信息转录成离散的文本形式。例如，在光学字符识别中，计算机程序被显示为包含文本图像的照片，并被要求以字符序列的形式（例如，以 ASCII 或 Unicode 格式）返回该文本。Google 街景使用深度学习方式处理地址编号。另一个例子是语音识别，其中为计算机程序提供音频波形并发出一系列字符或 ID 代码，用于描述在音频记录中说出的单词。深度学习是包括微软、IBM 和谷歌在内的主要公司使用的现代语音识别系统的重要组成部分。

5. 机器翻译

在机器翻译任务中，输入已经由某种语言的符号序列组成，并且计算机程序必须将其转换为另一种语言的符号序列。这通常适用于自然语言（例如，从英语翻译成法语）。近来深度学习开始对这类任务产生重要影响。

6. 结构化输出

结构化输出任务涉及任何任务，其中输出是向量（或包含多个值的其他数据结构），在不同元素之间具有重要关系。这是一个广泛的类别，包含上述转录和翻译任务，以及许多其他任务。一个示例是通过将树的节点标记为动词、名词、副词等来将自然语言句子解析为描述其语法结构的树。另一个例子是图像的逐像素分割，其中计算机程序将图像中的每个像素分配给特定类别。例如，深度学习可用于在航空照片中注释道路的位置。输出形式不需要像在这些注释样式的任务中那样镜像输入的结构。例如，在图像字幕中，计算机程序观察图像并输出描述图像的自然语言句子。这些任务称为结构化输出任务，因为程序必须输出几个紧密相关的值。例如，图像字幕程序产生的单词必须形成有效的句子。

7. 异常检测

在这种类型的任务中，计算机程序筛选一组事件或对象，并将其中一些事件或对象视为不寻常或非典型的。异常检测任务的示例是信用卡欺诈检测。通过模拟用户的购买习惯，信用卡公司可以检测到用户的卡被滥用。如果小偷窃取了用户的信用卡或信用卡信息，小偷的购买通常来自购买类型的不同概率分布而不是用户自己的。一旦该卡用于非特征性购买，信用卡公司可以通过暂停账户来防止欺诈。

8. 合成和抽样

在这种类型的任务中，要求机器学习算法生成与训练数据中的那些类似的新示例。通过机器学习进行合成和采样对于媒体应用非常有用，当手动生成大量内容时，这将是昂贵、无聊或需要太多时间的。例如，视频游戏可以自动生成大型物体或风景的纹理，而不是要求艺术家手动标记每个像素。在某些情况下，希望采样或合成程序在给定输入的情况下生成特定类型的输出。例如，在语音合成任务中，提供书面句子并要求程序发出包含该句子的口语版本的音频波形。这是一种结构化输出任务，但增加的限定条件是每个输入没有单一的正确输出，明确要求输出中存在大量变化，以使输出看起来更自然和逼真。

当然，许多其他任务和任务类型都是可能的。在此列出的任务类型仅用于提供机器学习可以执行的操作的示例，而不是用于定义严格的任务分类。

（三）物联网与智能决策、智能控制

研究物联网的目的就是实现信息世界与物理世界的融合。在物联网中，所有物理空间的对象，无论是智能物体或是非智能物体，都可以参与到物联网的感知、通信、计算的全过程中。计算机在获取海量数据的基础上，通过对物理空间的建模和数据挖掘，提取对人类处理物理世界有用的知识。根据这些知识产生正确的控制策略，将策略传递到物理世界的执行设备，实现对物理世界问题的智能处理。

物联网通过覆盖全球的传感器、RFID标签等智能设备实时获取海量的数据并不是目的，只有对数据进行汇聚、整合、分析和挖掘，获取有价值的知识，为社会和经济提供智能服务才是真正想要的结果。大数据技术的价值体现在对物联网海量数据的智能处理、数据挖掘与智能决策水平上。

广义的数据挖掘整个过程可以分为三个阶段：数据准备（data preparation），数据挖掘、（结果的）解释评估（interpretation and evaluation）。

数据准备阶段的工作包括4个方面的内容：数据的净化、数据的集成、数据的应用变换和数据的精简。数据净化是清除数据源中不正确、不完整或其他方面不能达到数据挖掘质量要求的数据。例如，推导计算缺值数据、消除重复记录等。进行数据净化可以提高数据的质量，从而得到更正确的数据挖掘结果。数据集成是在数据挖掘所应用的数据来自多个数据源的情况下，将数据进行统一的存储，并需要消除其中的不一致性。数据的应用变换就是为了使数据适用于计算的需求而进行的一种数据转换。这种变换可能是现有数据不满足分析需求而进行的，也可能是所应用的具体数据挖掘算法对数据提出的要求。数据的精简是采用一定的方法对数据的数量进行缩减，或从初始特征中找出真正有用的特征来削减数据的维数，从而提高数据挖掘算法的效率和质量。

将数据按照数据挖掘源数据的要求进行处理的工作可以通过数据清洗来解决。数据清洗是指发现并且纠正数据文件中可识别的错误的最后一道程序，包括检查数据一致性，处理数据录入后的无效值和缺失值等。数据清洗的目的是除去数据集中不符合要求和不相关的信息。数据清洗的领域有如下几个方面。

1. 数据一致性检查

数据一致性检查是根据每个变量的取值范围和相互关系，检查数据是否合乎要求，发现超出正常范围或者逻辑上不合理的数据。具有逻辑上不一致性的问题可能以多种方式存在。例如，在人员基本信息中，对象的出生日期与从身份证号码中的编号看出的出生日期不一样。当发现不一样时，要记录下来，便于进一步核实纠正。

2. 无效值与缺失值的处理

由于录入、理解上的误差，数据中可能存在一些无效值和缺失值，针对这一类型的值，需要有适当的处理方法。常用的处理方法有：估计、整列删除、变量删除。

估计，最容易的办法就是用其他变量的值代替无效值或缺失值。这种办法较简单，但误差可能较大。另一种办法就是根据该对象其他数据的填写，通过逻辑推论进行估计。

整列删除，是删除含有缺失值的数据。这种做法的缺点是导致数据样本量大大减少，无法利用这一部分数据。

变量删除，若某一变量的缺失值很多，而且该变量对于所研究的问题不是特别重要，则可以考虑将该变量删除。

数据清洗原理是利用有关技术，按照预先定义好的清理规则将原始未经清洗的数据，即脏数据，转化为满足数据质量要求的数据。

一般来说，数据清洗是将数据库中的数据去除重复的记录，并将余下的数据进行转换。通过一系列的清洗步骤，将数据以期望的格式输出。数据清洗从数据的准确性、完整性、一致性、有效性等几个方面来处理数据中的"脏数据"。

数据清洗一般针对具体的应用，因而很难将其归纳为统一的方法和步骤，但是可根据数据的不同而给出相应的数据清理方法。

数据的处理方法。如果有些缺失的数据可由其他数据源推导出来，可利用一定的推导方法将数据导入，否则能够用手工填入的数据就由手工填入。

错误值的检测及解决方法。可以用统计分析方法来识别错误值或异常值，亦可使用常识性规则来检测和清理数据。

重复记录的检测及消除方法。数据库中属性值完全相同的记录被认为是重复记录，通过判断记录间的属性值是否相等来检测记录是否重复，对于重复的记录可采取合并或清除。

不一致性的检测及解决方法。可以通过定义数据的完整性约束来检测数据的不一致性；也可以通过分析数据发现联系，从而使数据保持一致。

结果的解释与评估阶段的工作包括两个方面的内容：模式评价和知识表示。模式评估阶段的工作是根据某种评估标准，识别提供知识的真正有价值的模式。知识表示阶段的工作是使用可视化和知识表示的技术，将数据挖掘的结果呈现给用户。

从一般意义上讲，所谓知识表示是为描述世界所作的一组约定，是知识的符号化、形式化或模型化。各种不同的知识表示方法，是各种不同的形式化的知识模型。

从计算机科学的角度来看，知识表示是研究计算机表示知识的可行性、有效性的一般方法，是把人类知识表示成机器能处理的数据结构和系统控制结构的策略。知识表示的研究既要考虑知识的表示与存储，又要考虑知识的使用。

正如可以用不同的方式来描述同一事物，对于同一表示模式的知识，也可以采用不同的表示方法。但是在解决某一问题时，不同的表示方法可能产生完全不同的效果。因此，为了有效地解决问题，必须选择一种良好的表示方法。所以，知识表示问题向来就是人工智能和认识科学中最热门的研究课题之一。对于一个知识表示方法，通常有以下基本要求：

（1）具备足够的表示能力

针对特定领域，能否正确地、有效地表示出问题求解所需的各种知识就是知识表示的能力，这是一个关键的问题。选取的表示方法必须尽可能扩大表示范围并尽可能提高表示效率。同时，自然界的信息具有固有的模糊性和不确定性，因此对知识的模糊性和不确定性的支持程度也是选择时所要考虑的一个重要因素。

（2）与推理方法的匹配

人工智能只能处理适合推理的知识表示，因此所选用的知识表示必须适合推理才能完成问题的求解。

（3）知识和元知识的一致

知识和元知识是属于不同层次的知识，使用统一的表示方法可以简化知识处理。在已知前提的情况下，要最快地推导出所需的结论以及解决如何才能推导出最佳结论的问

题，就得在元知识中加入一些控制信息，也就是通常所说的启发信息。

（4）清晰自然的模块结构

由于知识库一般都需要不断地扩充和完善，具有模块性结构的表示模式有利于新知识的获取和知识库的维护、扩充与完善；表示模式是否简单、有效，便于领域问题求解策略的推理和对知识库的搜索实现，这涉及知识使用效率；表示方法还应该具备良好定义的语义并保证推理的正确性。

（5）说明性表示与过程性表示

一般认为说明性的知识表示涉及的细节少，抽象程度高，因此表达自然，可靠性好，修改方便，但是执行效率低；过程性知识表示的特点恰恰相反。

实际上选取知识表示方法的过程也就是在表达的清晰自然和使用高效之间进行折中。一般来说，根据领域知识的特点，选择一种恰当的知识表示方法就可以较好地解决问题。但是，现实世界的复杂性造成专家系统的领域知识很难用单一的知识表示方法进行准确的表达，因此许多专家系统的建造者采用了多种形式的混合知识表示方法，从而提高了知识表示的准确性以及推理效率。不但如此，有时为了开发具有较宽领域的知识系统，也需要选择多种知识表示或者采用多种表示方法相结合的办法来表示领域知识。

四、雾计算与物联网

（一）雾计算特征

与传统云计算模式的集中式架构相比，雾计算的节点由于分散在网络边缘，其架构呈现为分布式。在雾计算中，数据的收集、存储和处理等都依赖于网络边缘节点设备，符合互联网＋时代中提倡的节点高度自治的"去中心化"的要求。雾计算模式具有很多的优势，具体地，其主要特点可以总结如下。

1. 业务类特点

超低时延。在雾计算的早期提议中，要求其能够在网络边缘支持终端设备所需要的丰富的业务，包括各类具有低时延要求的应用（例如，在线网络游戏、高清视频下载和增强现实等）。例如，在用户终端发起高清视频业务下载请求时，如果请求的视频已经缓存在附近的雾节点中，用户终端能够实现直接从网络边缘获取所需内容，避免了从核心网中获取内容的繁杂过程中的多跳链路的时延。

位置感知。部分面向物联网的应用需要收集并统计节点的位置信息。例如，车联网的应用涉及车和车之间的互联，以及车与无线接入点等之间的互联，需要基于车辆的位置进行后续的业务部署，因此各节点需要能够支持全球定位系统（global positioning system，GPS）的运行。

支持高移动性。在传统模式中，移动设备之间互相通信需要通过基站转接，而许多面向物联网的应用程序要求直接在移动设备之间进行通信，因此需要能够支持移动技术。例如，定位编号分离协议（locator identity separation，LISP），其核心思想是将网络侧的主机标识的 ID 和位置标识的 ID 分离，通过核心网络和边缘网络节点两部分协作完成。

支持实时互动。在面向物联网的应用程序中至关重要的是节点间信息的实时交互，而不是将信息收集后再在中心节点集中批处理。例如，在智能交通灯指挥系统中，分布在路口的传感器需要对当前时刻的车流量的信息进行采集，并与交通灯进行交互，根据车流状态信息对交通灯的颜色和周期进行实时判决，从而实现交通指挥的智能化。如果将信息传输到云服务中心进行处理，在传输过程中延误的时延可能会造成交通阻塞。

联合协作性。由于雾计算中的边缘节点设备的处理性能和资源是有限的，为了支持某些服务的无缝支持，可能需要数量不等的边缘节点设备之间协作完成。例如，在渲染一视频时，单个节点的计算和存储等资源难以单独支持该业务的处理，可以通过将视频业务分割为多段子视频在多个节点间协同完成渲染工作。

2. 架构类特点

（1）超大规模网络

由于雾节点的地理位置分布广泛，并且区域内节点密集度高，所以一般的传感器网络，特别是智能电网中往往包含着大量的节点设备。

（2）辽阔的地理位置分布

与集中的云服务中心极为分散的分布不同，在雾计算中需要针对不同的服务和应用进行特定的雾节点部署。例如，在为高速公路上高速移动的车辆提供高清视频流业务时，可以沿着高速公路的轨道设置雾接入节点。此外，因为雾节点分布广泛，当某一区域内的雾节点发生异常时，终端用户能够通过转移到附近区域维持服务。

（3）分布式的资源管理

例如，在对周围环境进行监控时，需要使用大量的传感器，组成了一个大规模的传感器网络。为了实现对环境的实时监控，应用分布式的雾计算模式是有必要的，它能够在网络边缘实现对环境变化的即时感知，避免了传统云计算终端和云服务中心交互过程中因多跳链路时延造成的感知不同步现象的发生。

3. 设备类特点

（1）异构性

与云计算中集中式的性能强大的服务器不同，雾计算中的服务器主要是由性能参差不齐、分散各地的边缘节点设备组成，分布在多种类型的场景中，遍及人们生活中接触的各种电子设备，如汽车、街灯和吸尘器等。

（2）价格低廉

边缘节点设备并非以性能著称，而是通过大量节点之间的协作共同提供服务，造价较低。

（3）支持无线接入。

为了更加便于读者了解雾计算和边缘计算，这里将雾计算和传统的云计算的主要差异总结如下（见表 5-1）。

表 5-1　云计算和雾计算的比较

特点	传统云计算	雾计算
计算模型	完全集中式	分布式和集中式并存
部署开销	高	低
资源优化管理	全局优化	局部优化为主
尺寸	云中心庞大	雾节点多而小巧
移动性管理	容易	复杂
时延	高	低
运营	大企业负责	小公司协作
可靠性	高	低
维护	需求高	需求低
支持应用	非实时性	实时性和非实时性

（二）雾计算架构

1. 第一层：终端层

本层由支持物联网的各终端设备组成，包含传感器节点、终端用户的智能手持设备（如智能手机、平板电脑、智能一卡通、智能车和智能手表等）和其他支持的设备。这些终端设备也常常被统称为终端节点。

2. 第二层：雾计算层

本层由分布在各地的网络边缘节点设备组成，主要包含路由器、网关、交换机和无线接入节点等，这些设备被统称为雾节点，它们能够通过信息交互协作共享计算和存储等软硬件设施。

3. 第三层：云计算层

本层由传统的云服务器组成，包括云数据中心和云存储中心等。通常认为本层的计算和存储资源面向任何业务时都是充足的。

需要说明的是，雾无线接入网络是在云无线接入网络上的进一步演进。它继承了传统云无线接入网络的部分特征，包括将传统基站按照功能分离为更靠近终端节点的无线远端射频单元（remote radio head, RRH）和由多个基带处理单元（building baseband unit, BBU）构成的集中云资源池，并且将集中式控制云功能模块下沉到高功率节点（high power node, HPN）用于全网的控制信息分发，以实现业务和控制平面的二者分离。其中，所有的基带处理单元集中在 BBU 池中能够获得集中式的大规模协同信号处理和资源管理增益，在网络频谱效率、能量效率以及网络规划优化管理等方面都能取得明显的性能改善。特别是，为了应对未来移动互联网和物联网应用等网络负载的进一步增长，运营商仅需要通过升级 BBU 池就能维护用户的体验，同时能够显著降低额外的开销。将控

制平面从云端的 BBU 池分离到 HPN 中为所有的

雾节点的终端用户提供控制信令和小区特定参考信号，只要用户始终在 HPN 的覆盖范围内移动就无须跨区切换，从而为快速移动的用户提供基本比特速率服务的无缝覆盖，并且能够减少用户不必要的切换并且减轻同步控制。

在此基础上，雾无线接入网络将传统的 RRH 通过结合存储设备、实时 CRSP 和灵活 CRRM 等功能演进为雾无线接入节点（fog access point，F-AP），能够通过前传链路与云端 BBU 池相连。并且由于具备 CRSP 和 CRRM 功能，应用协同多点传输技术能够有效实现 FAP 之间的联合处理和调度，并抑制层内和层间的信号干扰。此外，邻近的 FAP 之间还可以通过 D2D（device to device）模式或者中继模式进行通信，进一步提升系统的频谱效率。

传统的云无线接入网络架构的初衷是为处理大量非实时数据业务而设计的，没有考虑到 RRH 和 BBU 池之间的非理想的前传链路连接的容量受限和 BBU 池大规模集中协同信号处理时延对于网络中实时业务的服务质量制约，这不仅严重影响了网络整体的频谱效率、等待时延和能量效率等网络性能，也缺乏对物联网发展的平滑过渡和兼容支撑。在雾无线接入网络架构中，用户终端的部分业务无须通过前传链路与 BBU 池连接通信，而只需要在本地处理或者在邻近的 FAP 中处理即可，通过将更多的功能下沉到边缘节点设备，降低了传统无线接入网络中非理想的前传链路的影响，从而获取了更多的网络性能增益。

下面主要对三层网络架构中的雾计算层进行介绍，根据实体和功能的不同主要分为三层，分别是移动边缘系统层（mobile edge system level），移动边缘主机层（mobile edge host level）和网络层（networks level）。其中，移动边缘主机层是边缘计算层中最基本的部分，它由两个主要部分组成，分别是移动边缘主机和移动边缘主机层管理。移动边缘主机能够为终端用户提供虚拟化的基础设施架构和移动边缘平台，以便于移动边缘应用程序的执行和处理。而移动边缘主机层管理主要负责对移动边缘主机的管理，包括针对不同业务搭建虚拟设施和移动边缘平台等。

移动边缘应用程序作为虚拟实例在虚拟化的设施上执行处理，并且可以通过 MP1 接口与移动边缘平台进行交互，以获取所需要的服务、可用性以及能够在高速移动的条件下对 App 进行重定位。此外，同一移动边缘平台还可以同时为多个应用程序提供高效的服务，这种方式能够有效地增强移动边缘平台的延展性。在具体操作实施环节，应用程序能够根据其业务对于计算、存储等资源需求以及时延要求，在众多的目标移动边缘主机中选择最合适的。

移动边缘平台管理器的主要功能可以概括如下：①通过与移动边缘协调器进行交互以实现应用程序的生命周期的管理，即业务的实例化和终止等；②移动边缘平台组成基本元素管理；③移动边缘应用策略管理，即授权、流量走向规则和 DNS 配置等。移动边缘平台管理器通过 Mm5 接口以实现与移动边缘平台的交互，支持包括配置策略、流量过滤规则、App 重定位和 App 生命周期管理等功能。此外，移动边缘平台管理器还可以通过 Mm2 接口与运营支持系统（operations support system，OSS）相关联，用于故障、配置和性能的管理，并且通过 Mm3 接口实现与移动边缘协调器相关联，用于生命周期管理和策略提供。

移动边缘协调器（mobile edge orchestrator）位于移动边缘系统层面，可以用于查看整个移动边缘网络的资源和功能，包括可用的 App 目录。它负责验证和管理 App，分析业务所需要的服务要求以选择适当的移动边缘主机，并执行 App 重定位和策略配置。此外，它还能够与虚拟设施管理器（virtualized infrastructure manager，VIM）进行交互，以实现 App 映像，并维护可用资源的状态信息。

运营支持系统是管理移动运营商网络内的各种服务和子系统的实体，可以从客户端服务（CFS）门户和终端用户接收 App 的相关请求指令，如实例化、终止等。随后，运营支持系统授予的 App 请求将被转发至移动边缘协调器。CFS 门户允许第三方访问，这不仅为 App 开发人员提供了管理的机会，同时为其他客户提供了选择 App、提供服务水平协议或计费相关信息的选项。用户 App 生命周期管理（LCM）代理是使得终端用户能够请求 App 相关服务的功能，包括边缘计算平台之间以及外部云系统的重定位。

虚拟设施管理器负责管控驻留 App 的虚拟化资源（即存储、计算等资源），还能够提供用于快速 App 实例化的软件映像。它的存在进一步简化了故障和性能波动的监控，可以通过 Mm4 接口向协调器报告虚拟化资源的信息，方便移动边缘协调器对这些 App 映像和虚拟化资源进行监视和管理编排。此外，它还能够通过 Mm7 接口与虚拟化基础架构进行交互从而实现虚拟化资源的管理，通过与移动边缘平台管理器交互实现 App 生命周期管理。

①运营支持系统向移动边缘协调器发送实例化应用程序的请求。

②移动边缘协调器检查应用程序实例配置数据，并授权该请求。移动边缘协调器选择合适的移动边缘主机以及相应的移动边缘平台管理器，并向移动边缘平台管理器发送实例化应用程序请求。

③移动边缘平台管理器向虚拟设施管理器发送资源分配请求，请求的资源包括计算、存储和网络资源。移动边缘平台将在请求中包含应用程序图像信息，如图像的链接或者应用程序图像的 ID。

④虚拟设施管理器根据移动边缘平台管理器的请求分配资源。如果应用程序的映像可以使用，则虚拟设施管理器将使用应用程序映像加载虚拟机，并运行 VM 和应用程序实例。然后，虚拟设施管理器将资源分配响应发送给移动边缘平台管理器。

⑤移动边缘平台管理器将配置请求发送到移动边缘平台。在此消息中，包括要配置的网络流量规则、要配置的 DNS 规则、必需和可选服务以及应用程序实例生成的服务等。

⑥移动边缘平台为应用程序实例配置流量和 DNS 规则，移动边缘平台需要等到应用程序实例正常运行，如应用程序由实例状态变为运行状态，以激活流量和 DNS 规则。为了达到该目的，如果应用程序支持移动边缘平台，需要通过 Mp1 接口与应用实例通信。在应用程序实例正常运行后，移动边缘平台会向应用程序提供可用的服务信息。

⑦移动边缘平台向移动边缘平台管理器发送配置响应。

⑧移动边缘平台管理器向移动边缘协调器发送实例化应用程序响应，其中包含了分配给协调器的应用程序实例的资源信息。

⑨移动边缘协调器向运营支持系统发送实例化应用程序响应，并返回实例化程序。同时，当流程成功时，协调器还会将应用程序实例 ID 发送回运营支持系统。

第六章 计算机控制技术

第一节 计算机控制系统中的过程通道技术

一、概述

在计算机控制系统中，为了实现计算机对生产过程的控制，必须在计算机和生产过程之间设置信息传递和变换的连接通道。这个通道称之为过程通道。

根据信号的类型和输入、输出关系，过程通道包括：

①数字（开关）量输入（Digital Input，DI）通道：来自键盘、接触开关和继电器等输入信息，一般是二进制或 ASCII 码表示的数或字符，将这些开关量所对应的输入值通过适当的变换，经数字接口读入微机。

②脉冲量输入（Pulse Input，PI）通道：利用微机的硬件与软件将数字传感器（例如测量水流量的涡轮传感器）的脉冲信号转换成被测量的数字量。

③模拟量输入（Analog Input，AI）通道：检测温度、压力、流量、液位、电流、转速等通过传感器或变换电路变换成二进制信号送入微机。

④数字（开关）量输出（Digital Output，DO）通道：计算机控制输出的数字信号（0或1）通过控制功率放大器，用于控制继电器的开与关、阀门的开合、电源的启动与停止等，实现对生产过程的控制。

⑤脉冲量输出（Pulse Output，PO）通道：将预输出的数字量转换为脉冲宽度信号输出，如 PWM。

⑥模拟量输出（Analog Output，AO）通道：将计算机输出的数字量转换成模拟的电流或电压信号，以便驱动相应的执行机构，达到控制的目的。

二、通道接口技术

过程通道与 CPU 连接，或通过总线与 CPU 连接，需要通道的接口技术。

（一）通道地址译码技术

不同编址方式，引脚的功能定义存在区别，在进行地址译码设计时，要对此进行考虑。同时，底层的指令也存在区别。

1. 编址方式

编址方式分为存储器统一编址方式和 I/O 接口编址方式两种。

存储器统一编址方式没有专用的 I/O 指令，存储器与 I/O 设备的读写操作都是通过 WR（写）和 RD（读）进行控制的，因此，I/O 设备会占用存储空间地址。

I/O 接口编址方式则有专用的 I/O 指令，功能引脚方面有两种形式：一种是 MREQ/IORQ 与 WR/RD 配合使用，MREQ/IORQ 分别表示存储器操作和 I/O 操作两种状态，而具体的读或写，则由 WR/RD 进行控制；另一种是存储器读和写操作由 RD 和 WR 控制，I/O 设备的读和写操作则由 10R 和 IOW 控制。

2. 地址译码

采用不同的器件可以构造不同的译码电路，形成不同的电路形式，但其目的相同，即用不同地址实现对不同的 I/O 设备的操作。

（1）组合逻辑器件译码

用组合逻辑器件（与、或、非门等）构造的译码电路最直观，在数字电子类课程中一般都会涉及这类电路。该方法构成的译码电路地址单一且固定。对于可扩展的工业计算机控制系统，灵活地改变接口电路的地址是非常必要的。

（2）比较器器件译码

为了扩大灵活译码的方位，在工业应用中，多采用 8 位比较器 74LS688 作为比较译码芯片进行地址译码。

（3）译码器器件译码

采用组合逻辑器件或比较器器件译码，往往一个输出地址就要对应一套译码电路；而采用译码器器件与其他逻辑器件相配合，特别适合连续多个地址的译码电路设计。

（4）GAL 器件译码

由译码器构成的译码电路虽然能很好地完成译码功能，但是都需要不止一个器件来构成译码电路。在实际应用中需要较大的安装空间和较多种类的产品备件，这将影响最终产品的成本、可靠性及可维护性新型器件—通用阵列逻辑器件（Generic Array

Logic，GAL）在功能上几乎可以取代整个74系列或4000系列的器件。GAL器件有如下特点：

①具有可编程的与门及或门阵列，可模拟任何组合逻辑器件的功能，并减少分立组合逻辑器件的使用数量。

②GAL的每个输出引脚上都有输出逻辑宏单元OLMC（Output Logic Macro Cell），使用者定义每个输出的结构和功能，使用户能完成任何所需的功能。

③GAL器件可在线电擦写、编程，数据保持时间在10年以上。

④GAL器件有较高的响应速度，与TTL兼容。

⑤GAL器件具有电信号标签，便于使用者在芯片预留可读的注释等条目。

⑥GAL器件具有可编程的保密位，可防止对GAL器件的内容非法读取和复制。

显然，GAL器件特别适合于译码电路的设计。常用的GAL器件有GAL16v8、GAL20v8等芯片，可依据应用条件不同而选取。GAL16v8器件具有20个引脚，最多可具有16个输入端（这时仅有2个输出端）或8个输出端（这时仅有10个输入端）。该特性与其名字的命名相对应。

（二）总线接口常用芯片

在应用系统中，几乎所有系统扩展的外围芯片都是通过总线与CPU连接的，但是，以下问题需要在总线接口设计中进行考虑：

①总线的数目是有限的。

②外围芯片工作时有一个输入电流，不工作时也有漏电流存在，因此总线只能带动一定数量的电路。

③对于多电压系统，不同电平标准芯片的连接也需要电平的匹配。

除了译码器件之外，锁存器和缓冲器也是通道接口的常用芯片。

1. 锁存器器件

最常用的锁存器器件是74LS574和74LS573。

2. 缓冲器器件

最常用的缓冲器器件是74LS244和74LS245。

三、数字量输入通道

（一）数字量输入通道的结构

数字量输入通道主要由输入缓冲器、输入调理电路、地址译码电路等组成。

（二）输入调理电路

数字量输入通道的基本功能是接收外部装置或生产过程的状态信号。这些状态信号的形式可能是电压、电流、开关的触点，因此容易引起瞬时的高压、过电压、接触抖动等现象。为了将外部开关量信号输入到计算机，必须将现场输入的状态信号经转换、保护、滤波、隔离等措施转换成计算机能够接收的逻辑信号，这些功能称为信号调理。

四、数字量输出通道

（一）数字量输出通道的结构

数字量输出通道主要由输出锁存器、输出驱动电路、输出口地址译码电路等组成。

（二）输出驱动电路

数字量输出的信号调理主要是进行功率放大，使控制信号具有足够的功率去驱动执行机构或其他负载。

1. 小功率直流驱动电路

对于低压小功率开关量输出，驱动电路可采用晶体管、OC 门或运算放大器等方式输出。

2. 继电器输出技术

继电器经常用于计算机控制系统中的开关量输出功率放大，即利用继电器作为计算机输出的第一级执行机构，通过继电器的触点控制大功率接触器的通断，从而完成从直流低压到交流高压、从小功率到大功率的转换。

五、模拟量输出通道

模拟量输出通道是计算机控制系统实现控制输出的关键，它的任务是把计算机输出的数字量转换成模拟电压或电流信号，以便驱动相应的执行机构，达到控制的目的。

（一）模拟量输出通道的结构

一个实际的计算机控制系统中，往往需要多路模拟量输出，采用的结构可分为数字保持式结构和模拟保持式结构。

1. 数字保持式结构

一个通路接一个 D/A 转换器，CPU 与 D/A 之间通过独立的接口缓冲器传送信息。

2. 模拟保持式结构

多个通路共用一个 D/A 转换器，CPU 分时将各路 D/A 转换的信号通过多路开关分送到各路保持电路中。

（二）多路转换器（多路开关）

多路转换器又称多路开关，是用来切换模拟电压信号的关键元件。利用多路开关可将各个输入信号依次地或随机地连接到公共端。

为了提高过程参数的测量精度，对多路开关提出了较高的要求。理想的多路开关其开路电阻为无穷大，接通时的导通电阻为零。此外，还希望切换速度快，噪声小，寿命长，工作可靠。

常用的多路开关有 CD4051（或 MC14051，AD7501，LF13508 等）。

（三）采样／保持器

采样／保持器(S/H)一般由模拟开关、储能元件(电容)、输入和输出缓冲放大器组成。采样保持电路有两个工作状态，即采样状态和保持状态。

采样／保持器的主要参数包括：

①采样／保持器的孔径时间上 t_{AP}：保持命令发出后 S 完全断开所需时间。

②采样／保持器的捕捉时间 t_{AC}：由保持到采样时输出 U，从原保持值过渡到跟踪信号的时间。

③保持电压变化率：$dU/dt = I_D/C$

式中，I_D 是流入 C 或流出 C 总的漏电流。由 C 的漏电流引起保持电压发生变化。实际应用中，应选择 t_{AP}、t_{AC} 小且保持电压变化率小的采样／保持器。

（四）D/A 转换技术

1. D/A 转换原理

D/A 转换器根据电阻网络不同,可分为权电阻 D/A 转换器、倒 T 形网络 D/A 转换器等。

权电阻 D/A 转换原理权电阻 D/A 转换器就是将某一数字量的二进制代码各位按它的"权"的数值转换成相应的电流，"权"越大（即位数越高），对应的电阻值越小；再将代表各位数值的电流加起来。

2. D/A 转换器技术指标

D/A 的常用技术指标主要包括：

（1）分辨率

指当输入数字量变化 1 时，输出模拟量变化的大小。分辨率通常用数字量的位数来表示，如 8 位、12 位、18 位。

（2）稳定时间

指 D/A 转换器所有输入二进制数变化是满刻度时，模拟量输出稳定到 $\pm\frac{1}{2}$LSB 范围内所需要的时间。一般完成一次转换所需要的时间为几十纳秒到几微秒。

（3）输入编码

可为二进制编码、BCD 码、符号 – 数值码等，一般采用二进制编码，可使计算机的运算结果直接输出，比较方便。

（4）线性度

一个理想的 D/A 转换器输出应是一条直线，但是，元件的非线性使之存在非线性误差。因此，可用非线性误差的大小表示 D/A 转换的线性度。非线性误差是实际转换性曲线与理想直线特性之间的最大偏差，常以相对于满量程的百分数表示，如 ±1% 是指实际输出值与理论值之差在满刻度的 ±1% 以内。

（5）温度范围

一般为 -40 ~ 85℃，较差的为 0 ~ 70℃。

（6）输出方式与极性

包括电流输出（一般为 0 ~ 10mA 或 4 ~ 20mA）和电压输出；输出极性包括单极性和双极性。

六、模拟量输入通道

模拟输入通道的任务是把被控对象的模拟量信号（如温度、压力、流量等）转换成计算机可以接收的数字量信号。

（一）模拟量输入通道的结构

模拟量输入通道因检测系统本身的特点、实际应用的要求等因素的不同，可以有不同的形式。

但通道越多，成本越高。而且会使系统体积庞大，给系统的校准带来困难。如对128 路信号巡检采集数据，采用这种结构很难实现。因此，通常采用的结构是多路通道共享采样 / 保持或模 / 数（A/D）转换电路。

（二）信号处理

根据传感器信号的类型、大小等特征，信号处理也具有不同的形式。通常具有以下几种：

①传感器输出的信号是大信号模拟电压。

②传感器输出的信号是小信号模拟电压。

③传感器输出的信号是大电流信号。

④传感器输出的信号是小信号的电流。

1. 常用的放大电路

在完成一个具体的设计任务后，需根据被测对象选择合适的传感器，从而完成非电物理量到电量的转换。由于经传感器转换后的量，如电流、电压等，往往信号幅度很小，很难直接进行模 / 数转换，因此，需对这些模拟电信号进行放大处理。在信号输出通道、电平变换等数字信号处理中，信号放大技术也是不可缺少的基本环节。

（1）运算放大器的基本电路

①反比例放大器，对应的公式为

$$V_o = -\frac{R_f}{R}V_i$$

②同比例放大器，对应的公式为

$$V_o = \left(1 + \frac{R_f}{R}\right)V_i$$

（2）仪表放大器

在许多检测技术应用场合，传感器输出的信号往往较弱，而且其中还包含工频、静电和电磁耦合等共模干扰。对这种信号的放大就需要放大电路具有很高的共模抑制比以及高增益、低噪声和高输入阻抗。习惯上将具有这种特点的放大器称为测量放大器或仪表放大器。

仪表放大器内部结构，对应的公式为

$$V_0 = \frac{R_f}{R}\left(1 + \frac{R_{f1} + R_{f2}}{R_w}\right)(V_2 - V_1)$$

（3）程控放大器

在模拟信号送到模/数转换系统时，为减少转换误差，一般希望送来的模拟信号尽可能大，如采用 A/D 转换器进行模/数转换时，在 A/D 输入的允许范围内，希望输入的模拟信号尽可能达到最大值。然而，当被测参量变化范围较大时，经传感器转换后的模拟小信号变化也较大，在这种情况下，如果单纯只使用一个放大倍数的放大器，就无法满足上述要求。在进行小信号转换时，可能会引入较大的误差。为解决这个问题，工程上常采用通过改变放大器放大增益的方法，来实现不同幅度信号的放大，如万用表、示波器等测量仪器的量程变换等。较容易想到的办法就是通过模拟开关改变反馈电阻阻值。

（4）隔离放大器

在有强电或强电磁干扰等的环境中，为了防止电网电压等对测量回路的损坏，其信号输入通道常采用隔离技术。在生物医疗仪器上，为防止漏电流、高电压等对人体的意外伤害，也常采用隔离放大技术，以确保患者安全；此外，在许多其他场合也常需要采用隔离放大技术。能完成隔离任务或具有隔离功能的放大器称为隔离放大器。

一般来讲，隔离放大器是对输入、输出和电源三者彼此相互隔离的测量放大器。

隔离放大器中采用的方式主要有两种：变压器耦合和光电耦合。常用的有 AD202，IS0100 等。

2. I/V 变换

在模拟输入通道中，A/D 转换器一般只能将电压信号转换成数字信号，故若传感器输出的是电流信号，就必须采用 I/V 变换电路进行变换。

无源 I/V 变换主要是利用无源器件电阻来实现，最简单的 I/V 变换电路是令电流通过一个精密电阻 R，则电阻上的电压（$V = IR$）就是所要转换的电压。

对于一些小电流信号，通常利用电流放大器实现 I/V 变换。

（三）采样/保持的应用

A/D 转换器将模拟信号转换为数字信号需要一定的时间，对于随时间变化的模拟信号来说，转换时间决定了每个采样时刻的最大转换误差。

（四）A/D 转换技术

1.A/D 转换原理

A/D 转换方法比较多，常用的转换方法包括：并行比较式、计数比较式、电压／频率转换、逐次逼近式、双斜率积分式和Σ-Δ型等。

（1）逐次逼近式 A/D 转换

A/D 转换芯片中包括逐次逼近寄存器（SAR）、D/A 转换器、比较器、时序及控制逻辑等。

转换过程如下：

①时序及控制逻辑使 SAR 最高位为"1"，其余为"0"，经 D/A 转换为模拟电压 V_f，然后与输入电压 V_x 比较，确定该位。

②当 $V_x \geq V_f$ 时，此位为"1"，置下位为"1"。

③当 $V_x < V_f$ 时，此位为"0"，置下位为"1"。

④按上述方法依次类推，逐位比较判断，直至确定 SAR 的最低位为止。

（2）双斜率积分式 A/D 转换

双斜率积分式 A/D 转换器由基准电源、积分器、比较器、计数器、控制逻辑组成。

（3）X-A 型 A/D 转换

S-A 型 A/D 转换原理构成了精度最高的 A/D 转换器。点画线框内是 S-A 调制器。模拟信号与移位 DAC 的输出送到减法器，经积分器后送到比较器。以览采样速率将输入信号转换为由 1 和 0 构成的连续串行位流。典型芯片如 AD7715。

2.A/D 转换器技术指标

（1）分辨率

分辨率通常用数字输出最低有效位（Least Significant Bit，LSB）所对应的模拟量输入电压值表示，例如：AD 位数 $n=8$，满量程为 5V，则 LSB 对应 5V/（28–1）=19.6mV。

由于分辨率直接与转换位数有关，所以一般也用其位数表示分辨率，如 8 位、10 位、12 位、14 位、16 位 A/D 转换器。

通常把小于 8 位的称为低分辨率，10 ~ 12 位的称为中分辨率，14 位以上的称为高分辨率。

（2）转换时间

转换时间是从发出转换命令信号到转换结束信号的有效的时间间隔，即完成一次转换所用的时间。转换时间的倒数为转换速率。

通常转换时间从几 ms 到 100ms 称为低速，从 μs 到 $100\mu s$ 称为中速，从 10ns 到 100ns 左右称为高速。

（3）转换量程

转换量程是所能转换的模拟量输入电压范围，如 0 ~ 5V、–5 ~ +5V 等。

3. A/D 与 CPU 接口技术

A/D 转换器的引脚信号基本上是类似的，一般有模拟量输入信号、数字量输出信号、启动转换信号和转换结束信号，另外还有工作电源和基准电源。下面从 A/D 转换器位数与 CPU 数据总线位数的关系角度介绍对应的接口技术。为了使读者正确地使用 A/D 转换器，下面从使用角度介绍三种常用的 A/D 转换器芯片，即 8 位 A/D 转换器芯片 ADC0809，12 位 A/D 转换器芯片 AD574（AD1674 和 AD574 功能近似，为并行总线接口）、16 位 A/D 转换器芯片 AD7155（为串行总线接口）。

（1）8 位数据总线与 8 位 A/D 转换器的接口

8 位 A/D 转换器芯片 ADC0809 采用逐次逼近式原理，ADC0809 在 A/D 转换器基本原理的基础上，增加了 8 路输入模拟开关和开关选择电路。其分辨率为 8 位，转换时间为 $100\mu s$，采用 28 脚双列直插式封装，各引脚功能如下：

IN0 ~ IN7：为 8 个模拟量输入端；START：启动 A/D 转换控制；EOC：转换结束信号；OE：输出允许信号；CL：时钟；ALE：地址锁存允许；ADDC、ADDB、ADDA：通道号控制端；D0 ~ D7：数字量输出端；VREF（+）、VREF（-）参考电压端子；Vcc：电源电压；GND：接地。

为使 CPU 能启动 A/D 转换，并将转换结果传给 CPU，必须在两者之间设置接口与控制电路。接口电路的构成既取决于 A/D 转换器本身的性能特点，又取决于采用何种方式读取 A/D 转换结果。例如，某些 A/D 转换器芯片内部无多路模拟开关就需要外接，而 ADC0809 就不用，因为它内部已有多路模拟开关，一旦 A/D 转换结束，它就会发出转换结束信号，再由 CPU 根据此信号决定是否读取 A/D 转换数据。

CPU 读取 A/D 转换数据的方法有三种：查询法、定时法和中断法。

查询法：CPU 启动 A/D 转换后，不断读取转换结束信号 EOC，并判断它的状态。如果 EOC 为"0"，表示 A/D 转换正在进行，则继续查询 EOC 的状态；反之，如果 EOC 为"1"，表示 A/D 转换结束。一旦 A/D 转换结束，CPU 即可读取 A/D 转换数据。

定时法：如果已知 A/D 转换所需时间，那么启动 A/D 转换后，只需等待超过该时间，就可以读取 A/D 转换数据。

（2）AD7715 的接口设计

AD7715 是 AD 公司生产的 16 位模/数转换器。它具有 0.0015% 的非线性、片内可编程增益放大器、差动输入、三线串行接口、缓冲输入、输出更新速度可编程等特点。

AD7715 的主要引脚功能如下：

① SCLK：串行时钟逻辑输入。

② MCLK IN：器件的主时钟信号。可由晶振提供，也可由与 CMOS 兼容的时钟驱动。其频率必须是 1MHz 或 2.4576MHz。

③ MCLK OUT：当器件的主时钟信号由晶振提供时，此引脚与 MCLK IN 引脚和晶振两脚相连。如果 MCLK IN 为外部时钟引脚，则 MCLK OUT 引脚能提供一个反向的时钟信号，供外电路使用。

④ $\overline{CS}$ ：片选信号，逻辑低有效。

⑤ $\overline{RESET}$ ：逻辑输入，低电平有效。有效时，可将片内的控制逻辑、接口逻辑、校准系数、数字滤波器以及模拟调制器复位到上电状态。

⑥ AIN +、AIN -：模拟输入，分别为片内可编程增益放大器差动模拟输入的正、负端。

⑦ REF IN(+)、REF IN(-)：参考输入的正端和负端。

⑧ $\overline{DRDY}$ ：逻辑输出。低电平表明来自 AD7715 数据寄存器的输出字是有效的。当完成全部 16 位的读操作时，此引脚变成高电平。

⑨ DOUT、DIN：串行输出端和输入端。输入或输出是哪一个寄存器，取决于通信寄存器中的寄存器设定位。

AD7715 片内有四个寄存器，分别是通信寄存器、设定寄存器、测试寄存器和数据寄存器。具体操作规定可参照 AD7715 的数据手册。AD7715 可以很方便地与具有 SPI 接口的单片机或微处理器配合使用。如果处理器不具备 SPI 接口，也可利用 I/O 引脚来模仿 SPI 接口或利用异步串行接口实现对 AD7715 的操作。

第二节　计算机控制系统中的抗干扰技术

计算机控制系统的工作环境恶劣、干扰频繁，若不加以抑制，就会影响到控制系统的可靠性和稳定性。为了达到抗干扰的目的，需要了解干扰形成的原因，在此基础上，进行有针对性的设计。一般来说，硬件抗干扰技术如果使用得当，可将绝大多数干扰拒之门外，但仍然会有干扰窜入计算机中，对控制系统的运行造成影响，因此，软件抗干扰技术就会成为第二道防线。

一、干扰的形成

干扰是指有用信号以外的噪声或造成计算机设备不能正常工作的破坏因素。

（一）干扰的来源

计算机控制系统中干扰的来源是多方面的，一般将控制系统所受到的干扰源分为外部干扰和内部干扰。

1. 外部干扰

外部干扰与系统结构无关，是由外界环境因素决定的，主要来源有：电源电网的波动、大型用电设备（如天车、电炉、大功率电动机、电焊机等）的起停、高压设备和电磁开关的电磁辐射、通信广播发射的无线电波、太阳或者其他天体辐射的电磁波等，甚至包括气温、湿度等气象条件的变化。

2. 内部干扰

内部干扰由系统结构、制造工艺等因素决定，主要有分布电容或分布电感产生的干扰、多点接地造成的电位差给系统带来的影响、长线传输的波反射产生的干扰等。

（二）干扰的作用途径

干扰的作用途径主要有静电耦合、电磁耦合和公共阻抗耦合。

1. 静电耦合

干扰信号通过分布电容进行传递称为静电耦合。系统内部各导线之间、印制电路板的各线条之间、变压器线匝的绕组之间以及元件之间、元件与导线之间都存在着分布电容。具有一定频率的干扰信号通过这些分布电容提供的电抗通道穿行，对系统形成干扰。

2. 电磁耦合

电磁耦合是指在空间磁场中电路之间的互感耦合。因为任何载流导体都会在周围的空间产生磁场，而交变磁场又会在周围的闭合电路中产生感应电动势，所以这种电磁耦合总是存在的，只是程度强弱不同而已。

3. 公共阻抗耦合

公共阻抗耦合是指多个电路的电流流经同一公共阻抗时所产生的相互影响。例如，系统中往往是多个电路共用一个电源，各电路的电流都流经的电源内阻和线路电阻就成为各电路的公共阻抗。每一个电路的电流在公共阻抗上造成的压降都将成为其他电路的干扰信号。

（三）干扰的作用形式

各种干扰信号通过不同的耦合方式进入系统后，按照对系统的作用形式不同又可分为共模干扰、串模干扰和长线传输干扰。

1. 共模干扰

共模干扰是在电路输入端相对公共接地点同时出现的干扰，也称为共态干扰、对地干扰、纵向干扰、同向干扰等。共模干扰主要是由电源的地、放大器的地以及信号源的地之间的传输线上电压降造成的。

2. 串模干扰

串模干扰是指串联叠加在工作信号上的干扰，也称为正态干扰、常态干扰、横向干扰等。

3. 长线传输干扰

在计算机控制系统中，现场信号到控制计算机以及控制计算机到现场执行机构，都需要一段较长的线路进行信号传输，所谓"长线"，取决于集成电路的运算速度。在计算机控制系统中，由于数字信号的频率很高，因此很多情况下传输线要按长线对待。例如，对于 10ns 级的电路，几米长的连线才能作为长线来考虑；而对于 ns 级的电路，1m 长的连线就要当作长线处理。

长线传输会遇到三个问题：一是长线传输易受到外界干扰；二是具有信号延时；三是高速变化的信号在长线传输时，还会出现波反射现象。

当信号在长线中传输时，由于受到传输线的分布电容和分布电感的影响，信号会在传输线内部产生向前进的电压波和电流波，称为入射波；另外，如果传输线的终端阻抗与传输线的波阻抗不匹配，那么当入射波到达终端时，便会引起反射；同样，反射波到达传输线始端时，如果始端阻抗不匹配，还会引起新的反射。这种信号的多次反射现象，使信号波形失真和畸变，并且引起干扰脉冲。

二、硬件抗干扰技术

干扰是客观存在的，为了减少干扰对计算机控制系统的影响，必须采用各种抗干扰措施，以保障系统正常工作。可根据干扰的作用形式有针对地采用硬件抗干扰技术进行抑制。另外，系统供电与接地技术也是抗干扰技术中很重要的部分。

（一）共模干扰的抑制

抑制共模干扰的主要方法是设法消除不同接地点之间的电位差。

1. 变压器隔离

变压器隔离利用变压器把模拟信号电路与数字信号电路隔离开来，也就是把模拟地与数字地断开，以使共模干扰电压不成回路，从而抑制了共模干扰。注意，隔离前和隔离后应分别采用两组互相独立的电源，以切断两部分的地线联系。

这种隔离适合无直流分量信号的通路。对于直流信号，可通过调制器变换为交流信号，经隔离变压器后，用解调器再变换成直流信号。

2. 光电隔离

光电隔离是利用光电耦合器完成信号的传送，实现电路的隔离。由于光电耦合器是用光传送信号，两部分电路无直接电气联系，因此，切断了它们之间地线的联系，抑制了共模干扰。除此之外，光电耦合器抑制干扰还有两方面的功效：首先，发光二极管动态电阻非常小，而干扰源的内阻一般很大，因此，能够传送到光电耦合器输入端的干扰信号就小；其次，光电耦合器的发光二极管只有通过一定的电流时才能发光，而许多干扰信号幅值虽然较高，但能量较小，不足以使发光二极管发光，所以可有效地抑制干扰信号。

根据所用的器件及电路不同，通过光电耦合器不仅可以实现模拟信号的隔离，还可以实现数字量的隔离。光电隔离前后两部分电路应分别采用两组独立的电源。对于模拟信号的光电隔离，应采用线性光电耦合器。

3. 浮地屏蔽

浮地屏蔽采用浮地输入双层屏蔽放大器来抑制共模干扰。所谓浮地，就是利用屏蔽方法使信号的"模拟地"浮空，从而达到抑制共模干扰的目的。

（二）串模干扰的抑制

抑制串模干扰主要从干扰信号与工作信号的不同特性入手，针对不同情况采取相应的措施。

1. 在输入回路中接入模拟滤波器

如果串模干扰频率比被测信号频率高，则采用低通滤波器来抑制高频串模干扰；如果串模干扰频率比被测信号频率低，则采用高通滤波器来抑制低频串模干扰；如果串模干扰频率落在被测信号频谱的两侧，应采用带通滤波器。

一般情况下，串模干扰均比被测信号变化快，故常用二阶阻容低通滤波网络作为 A/D 转换器的输入滤波器。

2. 采用双绞线作为信号线

若串模干扰和被测信号的频率相当，则很难用滤波的方法消除。此时，必须采取其他措施消除干扰源。通常可在信号源到计算机之间选用带屏蔽层的双绞线，并确保接地正确可靠。

采用双绞线作为信号引线的目的是减少电磁。双绞线能使各个小环路的感应电动势相互抵消。一般双绞线的节距越小抗干扰能力越强。

3. 电流传送

当传感器信号距离主机很远时很容易引入干扰。如果在传感器出口处将被测信号由电压转换为电流，而后以电流形式传送信号，将大大提高信噪比，从而提高传输过程中的抗干扰能力。

（三）供电系统的抗干扰技术

1. 抗干扰稳压电源的设计

电源采用了双隔离、双滤波和双稳压措施，具有较强的抗干扰能力，可用于一般工业控制场合。

隔离变压器的作用有两个：其一是防止浪涌电压和尖峰电压直接窜入而损坏系统；其二是利用其屏蔽层阻止高频干扰信号窜入。为了阻断高频干扰经耦合电容传播，隔离变压器设计为双屏蔽形式，一次、二次绕组分别用屏蔽层屏蔽起来，两个屏蔽层分别接地。这里的屏蔽为电场屏蔽，屏蔽层可用铜网、铜箔或铝网、铝箔等非导磁材料制成。

各种干扰信号一般都有很强的高频分量，低通滤波器是有效的抗干扰器件，它允许工频 50Hz 电源通过，而滤掉高次谐波，从而改善供电质量。低通滤波器一般由电感和电容组成，在市场上有各种低通滤波器产品供选用。一般来说，在低压大电流场合，应选用小电感大电容滤波器；而在高压小电流场合，应选用大电感小电容滤波器。

交流稳压器的作用是保证供电的稳定性，防止电源电压波动对系统的影响。

电源变压器是为直流稳压电源提供必要的电压而设置的。为了增加系统的抗干扰能力，将电源变压器做成双屏蔽形式。

直流稳压系统包括整流器、滤波器、直流稳压器和高频滤波器等几部分。

2. 电源系统的异常保护

由于计算机控制系统不允许意外中断，因此一般采用不间断电源设备（UPS）。在正常情况下，由交流电网向计算机控制系统供电，并同时给 UPS 的电池组充电。一旦交流电网出现断电，则 UPS 会自动切换到逆变器供电，逆变器再将电池组的直流电压逆变成为与工频电网同频的交流电压对系统供电。

3. 掉电保护

对于允许暂时停运的小型计算机控制系统，希望在电源掉电的瞬间，系统能自动保护 RAM 中的有用信息和系统的运行状态，以便当电源恢复时，能自动从掉电前的工作状态恢复。掉电保护工作包括电源监控和 RAM 的掉电保护两个任务。

电源监控用来监测电源电压的掉电，以便使 CPU 能够在电源下降到所设定的门限值之前完成必要的数据转移和保护工作，并同时监控电源何时恢复正常。

（四）接地技术

计算机控制系统接地技术的目标有两个：一方面是抑制干扰，使计算机稳定地工作；另一方面是保护计算机、电气设备和操作人员的安全。

1. 计算机控制系统中的地线

计算机控制系统中的地线有多种，主要包括数字地、模拟地、安全地、系统地和交流地。

数字地也叫逻辑地，是系统中各种数字电路的零电位；模拟地是系统中的传感器、变送器、放大器、A/D 和 D/A 转换器中的模拟电路的零电位；安全地又称为保护地或机壳地，是使设备机壳与大地等电位，以避免机壳带电而影响人身及设备的安全；系统地是上述几种地的最终汇流点，直接与大地相连，由于地球是体积非常大的导体，其静电容量非常大，电位比较恒定，因此，人们将它的电位作为基准电位，即零电位；交流地是交流供电电源的地线，其地电位很不稳定，是噪声地。

2. 接地方法

（1）一点接地和多点接地

对于信号频率小于 1MHz 的低频电路，其布线和元器件间的电感影响较小，地线阻抗不大，而接地电路形成的环流有较大的干扰作用，因而应采用一点接地，防止地环流的产生。当信号频率大于 10MHz 时，其布线与元器件间的电感使得地线阻抗变得很大。为了降低地线阻抗，应采用就近多点接地。如果信号频率在 1 ~ 10MHz，当地线长度不超过信号波长的 1/20 时，可以采用一点接地，否则就要多点接地。

由于在工业过程控制系统中，信号频率大都小于 1MHz，故通常采用一点接地。

（2）模拟地和数字地的连接

数字地主要是指 TTL 或 CMOS 芯片、I/O 接口芯片、CPU 芯片等数字逻辑电路的接地端，以及 A/D、D/A 转换器的数字地。而模拟地则是指放大器、采样 / 保持器和 A/D、D/A 中模拟信号的接地端，在微机控制系统中，数字地和模拟地必须分别接地，然后仅在一点处把两种地连接起来。

第三节 计算机控制系统中的软件技术

一、计算机控制系统软件概述

（一）计算机控制系统软件的功能模块

在计算机控制系统中，控制软件除控制生产过程之外，还对生产过程实现管理，根据控制软件的功能，一个工业控制软件应包含以下几个主要模块：

1. 数据采集及处理模块

实时数据采集模块主要完成多路信号（包括模拟量、数字量和脉冲量）的采样、输入变换、存储等。数据处理程序包括：数字滤波程序用来滤除干扰造成的错误数据或不宜使用的数据；标度变换程序把采集到的数字量转换成操作人员所熟悉的工程量；数字信号采集与处理程序是对数字输入信号进行采集及码制之间的转换，如 BCID 码转换成 ASCII 码等；脉冲信号处理程序是对输入的脉冲信号进行电平高低判断和计数；数据可靠性检查程序用来检查数据是可靠输入数据还是故障数据。

2. 控制算法模块

控制算法模块是计算机控制系统中的一个核心程序模块，主要实现所选控制规律的计算，产生对应的控制量。它主要实现对系统的调节和控制，根据各种各样的控制策略和千差万别的被控对象的具体情况来写控制程序。控制程序的主要目标是满足系统的性能指标。常用的有数字式 PID 调节控制程序、模型预测控制程序等，还有运行参数设置程序，对控制系统的运行参数进行设置。运行参数有采样通道号、采样点数、采样周期、信号量程范围、放大器增益系数和工程单位等。

3. 监控报警模块

需要将采样读入或经计算机处理后的数据进行显示或打印，以便实现对某些物理量的监视。根据控制策略，判断是否超出工艺参数的范围，如果超越了限定值，就需要由计算机或操作人员采取相应的措施，实时地对执行机构发出控制信号完成控制，或输出其他有关信号，如报警信号等，以确保生产的安全。

4. 系统管理模块

首先将各个功能模块程序组织成一个程序系统，并管理和调用各个功能模块程序；其次将管理数据文件的存储和输出。系统管理模块一般以文字菜单和图形菜单的人机界面技术来组织、管理和运行系统程序。

5. 数据管理模块

这部分模块用于生产管理部分，主要包括变化趋势分析、报警记录、统计报表、打印输出、数据操作、生产调度及库存管理等程序。

6. 人机交互模块

人机交互模块分为两部分：人机对话程序，包括显示、键盘、指示等程序；画面显示程序，包括用图、表及曲线在显示器屏幕上形象地反映生产状况的远程监控程序等。

7. 数据通信模块

数据通信模块是用于完成计算机与计算机之间、计算机与智能设备之间的信息传递和交换。它的主要功能：设置数据传送的比特率；上位机向下位机（数据采集站）发送指令；向命令相应的下位机传送数据；上位机接收下位机传送来的数据等。

（二）计算机控制系统软件的开发工具

简化的计算机控制系统结构可分为两层，即 I/O 控制层和操作控制层。I/O 控制层主要完成对过程现场 I/O 处理并实现控制；操作控制层则实现一些与运行操作有关的人机界面功能。与操作控制层有关的控制软件编写常采用以下三种开发工具：一是采用机器语言、汇编语言等面向机器的低级语言来编制；二是采用 C、Visual Basicx、Visual C++ 和 Visual C# 等高级语言来编制；三是采用监控组态软件来编制。

1. 面向机器的语言

机器语言是一种 CPU 指令系统，也称为 CPU 的机器语言，它是 CPU 可以识别的一组由 0 和 1 序列构成的指令码。用机器语言编制程序，就是从所使用的 CPU 指令系统中挑选合适的指令，组成一个指令序列。这种程序可以被机器直接理解并执行，速度很快，但由于它们不直观、难以记忆、难以理解、不易查错、开发周期长，现在只有专业人员在编制对执行速度有很高要求的程序时才采用。

为了降低编程者的劳动强度，人们使用一些用于帮助记忆的符号来代替机器语言中的 0、I 指令，使得编程效率和质量都有了很大的提高。由这些助记符号组成的指令系统，称为汇编语言。汇编语言指令与机器语言指令基本上是一一对应的。因为这些助记符号不能被机器直接识别，所以汇编语言程序必须被编译成机器语言程序才能被机器理解和执行。编译之前的程序被称为源程序；编译之后的程序被称为目标程序。

汇编语言与机器语言都因 CPU 的不同而不同，所以统称为"面向机器的语言"。使用这类语言，可以编出效率极高的程序，但对程序设计人员的要求也很高，他们不仅要考虑解题思路，还要熟悉机器的内部结构。

用汇编语言编写的程序代码针对性强、代码长度短、程序执行速度快、实时性强、要求的硬件也少，但编程烦琐、工作量大、调试困难、开发周期长、通用性差、不便于交流推广。

2. 高级语言

常用高级语言有 C、Visual Basic、Visual C++ 和 Visual C# 等。使用这类编程语言，

程序设计者可以不关心机器的内部结构甚至工作原理，只需要把主要精力集中在解决问题的思路和方法上。这类摆脱了硬件束缚的程序设计语言被统称为高级语言。高级语言的出现是计算机技术发展的里程碑，它大大地提高了编程效率，使人们能够开发出越来越高效、功能越来越强的程序。

随着计算机技术的进一步发展，特别是像 Windows 这样具有图形用户界面的操作系统的广泛使用，促使人们又形成了一种面向对象的程序设计思想。这种思想把整个现实世界或它的其中一部分看成是由不同种类对象组成的有机整体。同一类型的对象既有共同点，又有各自不同的特性。各种类型的对象之间通过发送消息进行联系，消息能够激发对象做出相应的反应，从而构成了一个运动的整体。采用了面向对象思想的程序设计语言就是面向对象的程序设计语言，当前使用较多的面向对象的语言有 Visual C++、Visual C# 和 Java 等。

3. 组态软件

组态软件是一种针对控制系统而设计的面向问题的开发软件，它为用户提供了众多的功能模块，例如控制算法模块（如 PID）、运算模块（如四则运算、开方、最大 / 最小值选择、一阶惯性、超前滞后、工程量变换、上下限报警等）、计数 / 计时模块、逻辑运算模块、输入模块、输出模块、打印模块和显示模块等。系统设计者只需根据控制要求，选择所需的模块就能方便地生成系统控制软件。

监控组态软件是标准化、规模化、商品化的通用开发软件，只需进行标准功能模块的软件组态和简单的编程，就可设计出专业化、通用性强、可靠性高的上位机人机界面监控程序（HMI 系统）。且其工作量较小、开发调试周期较短、对程序设计员要求也低一些。因此，监控组态软件是性能优良的软件产品，将成为开发上位机监控程序的主流开发工具。

工业控制软件包是由专业公司开发的现成控制软件产品，它具有标准化、模块组合化、组态生成化通用性强、实时性和可靠性高等特点。利用工业控制软件包和用户组态软件，设计者可根据控制系统的需求来组态生成各种实际的应用软件。这种开发方式极大地方便了设计者，他们不必过多地了解和掌握如何编制程序的技术细节，只需要掌握工业控制软件包和组态软件的操作规程和步骤，就能开发、设计出符合需要的控制系统应用软件，从而大大缩短了研制时间，也提高了软件的可靠性。

在软件技术飞速发展的今天，各种软件开发工具琳琅满目，每种开发语言都有其各自的长处和短处。在设计控制系统的应用程序时，究竟选择哪种开发工具，还是几种软件混合使用，需根据对象的特点、控制任务的要求以及所具备的条件而定。

（三）计算机控制系统软件的设计流程

1. 需求分析

需求分析是分析用户的要求，主要是确定待开发软件的功能、性能、数据和界面等要求。系统的功能要求，即列出应用软件必须完成的所有功能。系统的性能要求包括：响应时间、处理时间、振荡次数、超调量等；数据要求：如采集量、导出量、输出量、显示量等，确定数据类型、数据结构和数据之间的关系等；系统界面要求：描述系统的外部特性；系统的运行要求：对硬件、支撑软件、数据通信接口等；安全性、保密性和可靠性方面的要求；异常处理要求：在运行过程中出现异常情况时应采取的行动及需显示的信息。

2. 程序说明

根据需求分析，编写程序说明文档，作为软件设计的依据，其中一个重要的工作是绘制流程图。

把控制系统整个软件分解为若干部分，它们各自代表了不同的分立操作，把这些不同的分立操作用方框表示，并按一定顺序用连线连接起来，表示它们的操作顺序，这种互相联系的示意图称为功能流程图。

功能流程图中的模块，只表示所要完成的功能或操作，并不表示具体的程序。在实际工作中，设计者总是先画出一张非常简单的功能流程图，然后随着对系统各细节认识的加深，逐步对功能流程图进行补充和修改，使其逐渐趋于完善，最终将其转换为程序流程图。

3. 程序设计

程序设计可分为概要设计和详细设计。概要设计的任务是确定软件的结构，进行模块划分，确定每个模块的功能和模块间的接口，以及全局数据结构的设计。详细设计的任务是对每个模块实现细节和局部数据结构的设计。所有设计中的考虑都应以设计说明书的形式加以描述，以供后续工作使用。

4. 软件编码或组态

软件编码是用某种语言编写程序，可用汇编语言或各种高级语言；究竟采用何种语言由程序长度、控制系统的实时性要求及所具备的工具而定。在编码过程中还必须进行优化工作，即仔细推敲，合理安排，利用各种程序设计技巧使编出的程序所占内存空间较小，且执行时间短。当然，写出的程序应当是结构良好、清晰易读，且与设计相一致。

组态软件是实现计算控制系统的专用软件，用户开发界面友好便捷，可非常容易地实现和完成控制软件的各项功能，并能同时支持各种硬件厂家的计算机和 I/O 设备。

5. 软件测试

测试是保证软件质量的重要手段，是计算机控制系统软件设计中很关键的一步，其目的是为了在软件引入控制系统之前，找出并改正其逻辑错误或与硬件有关的程序错误。可利用各种测试方法检查程序的正确性，发现软件中的错误，修改程序编码，改进程序设计，直至程序运行达到预定要求为止。

6. 文档编制

文档编制也是软件设计的重要内容。它不仅有助于设计者进行查错和测试，而且对程序的使用和扩充也是必不可少的。如果文档编得不好，就不能说明问题，程序就难以维护、使用和扩充。一个完整的应用软件文档，一般应包括流程图、程序的功能说明、所有参量的定义清单、存储器的分配图、完整的程序清单和注释、测试计划和测试结果说明。

实际上，文档编制工作贯穿着软件研制的全过程。各个阶段都应注意收集和整理有关的资料，最后的编制工作只是把各个阶段的文件连贯起来，并加以完善而已。

7. 软件维护

软件的维护是指软件的修复、改进和扩充。当软件投入现场运行后，一方面，可能会发生各种现场问题，因而，必须利用特殊的诊断方式和其他的维护手段，像维护硬件那样修复各种故障；另一方面，用户往往会由于环境或技术业务的变化，提出比原计划更多的要求，因此，需要对原来的应用软件进行修改或扩充，以适应情况变化的需要。

因此，一个好的应用软件，不仅要能够执行规定的任务，而且在开始设计时，就应该考虑到维护和再设计的方便性，使它具有足够的灵活性、可扩充性和可移植性。

引起修改软件的原因主要有三种：一是在运行过程中发现了软件中隐藏的错误而修改软件；二是为了适应变化了的环境而修改软件；三是为修改或扩充原有软件的功能而修改软件。

二、监控组态软件

随着工业自动化水平的迅速提高，计算机在工业领域的广泛应用，人们对工业自动化的要求也越来越高，种类繁多的控制设备和过程监控装置应用在工业领域中，使得传统的工业控制软件已无法满足用户的各种需求。在开发传统的工业控制软件时，工业被控对象一旦有变动，就必须修改其控制系统的源程序，导致其开发周期长；已开发成功的工控软件又由于每个控制项目的不同而使其重复使用率很低，导致它的价格非常昂贵；在修改工控软件的源程序时，倘若原来的编程人员因工作变动而离去时，则必须由其他人员进行源程序的修改，因而难度很大。

监控组态软件的出现为解决上述实际工程问题提供了一种崭新的方法，因为它能够很好地解决传统工业控制软件中存在的种种问题，使用户能根据自己的控制对象和控制目的任意组态，完成最终的自动化控制工程。

（一）组态软件的含义

在使用工控软件时，人们经常提到组态一词。与硬件生产相对照，组态与组装类似。如要组装一台计算机，事先提供了各种型号的主板、机箱、电源、CPU、显示器、硬盘及光驱等，我们的工作就是用这些部件拼凑成自己需要的计算机。当然软件中的组态要比硬件的组装有更大的发挥空间，因为它一般要比硬件中的"部件"更多，而且每个"部件"都很灵活，因为软件都有内部属性，通过改变属性可以改变其规格（如大小、形状、颜色等）。

组态（Configuration）有设置、配置等含义，就是模块的任意组合。在软件领域内，是指开发人员根据应用对象及控制任务的要求，配置用户应用软件的过程（包括对象的定义、制作和编辑、对象状态特征属性参数的设定等），即使用软件工具对计算机及软件的各种资源进行配置，达到让计算机或软件按照预设置自动执行特定任务，以满足使用者要求的目的，也就是为什么把组态软件视为"应用程序生成器"。

组态软件更确切的称呼应该是人机界面（Human Machine Interface，HMI）/监控与数据采集（Supervisory Control And Data Acquisition，SCAD A）软件。最早出现组态软件时，实现 HMI 和控制功能是其主要内涵，即主要解决人机图形界面和计算机数字控制问题。

组态软件是指一些用于数据采集与过程控制的专用软件，它们是自动控制系统控制层的软件平台和开发环境，使用灵活的组态方式（而不是编程方式）为用户提供良好的开发界面和简捷的使用方法，它解决了控制系统通用性问题。其预设置的各种软件模块可以非常容易地实现和完成控制层的各项功能，并能同时支持各种硬件厂家的计算机和I/O 产品。它与工控计算机和网络系统结合，可向控制层和管理层提供软、硬件的全部接口，进行系统集成。组态软件应该支持各种工控设备和常见的通信协议，并且通常应提供分布式数据管理和网络功能。

在工业控制中，组态一般是指通过对软件采用非编程的操作方式（主要有参数填写、图形连接和文件生成等）使得软件乃至整个系统具有某种指定的功能。由于用户对计算机控制系统的要求千差万别（包括流程画面、系统结构、报表格式、报警要求等），而开发商又不可能专门为每个用户去进行开发，所以只能是事先开发好一套具有一定通用性的软件开发平台，生产（或者选择）若干种规格的硬件模块（如 I/O 模块、通信模块、现场控制模块等），然后再根据用户的要求在软件开发平台上进行二次开发，以及进行硬件模块的连接。这种软件的二次开发工作就称为组态，相应的软件开发平台就称为监控组态软件，简称组态软件。组态一词既可以用作名词也可以用作动词。计算机控制系统在完成组态之前只是一些硬件和软件的集合，只有通过组态，才能使其成为一个具体的满足生产过程需要的应用系统。

（二）组态软件的地位

在实时工业控制应用系统中，为了实现特定的应用目标，需要进行应用程序的设计和开发。在过去，由于技术发展水平的限制，没有相应的软件可供利用。应用程序一般都需要应用单位自行开发或委托专业单位开发，这就影响了整个工程的进度，系统的可靠性和其他性能指标也难以得到保证。

为了解决这个问题，不少厂商在开发系统的同时，也致力于控制软件产品的开发。由于工业控制系统的复杂性，对软件产品就提出了很高的要求。要想成功开发一个较好的通用的控制系统软件产品，需要投入大量的人力物力，并需经实际系统检验，代价是很昂贵的，特别是功能较全、应用领域较广的软件系统，投入的费用更是惊人。

在组态软件出现之前，工控领域的用户通过手工或委托第三方编写 HMI 应用，开发时间长、效率低、可靠性差；或者购买专用的工控系统，但其通常是封闭的系统，选择余地小，往往不能满足需求，很难与外界进行数据交互，升级和增加功能都受到严重的限制。组态软件的出现把用户从这些困境中解脱出来。用户可以利用组态软件的功能，构建一套最适合自己的应用系统。

采用组态技术构成的计算机控制系统在硬件设计上，除采用工业 PC 外，系统大量采用各种技术成熟的通用 I/O 接口设备和现场设备，基本不再需要单独进行具体电路设计。这不仅节约了硬件开发时间，更提高了工控系统的可靠性。

组态软件实际上是一个专为工控开发的工具软件。一方面，从用户的角度来看，它为用户提供了多种通用工具模块，用户不需要掌握太多的编程语言技术（甚至不需要编程技术），就能很好地完成一个复杂工程所要求的所有功能。系统设计人员可以把更多的注意力集中在如何选择最优的控制方法、设计合理的控制系统结构、选择合适的控制算法等这些提高控制品质的关键问题上。另一方面，从管理的角度来看，用组态软件开发的系统具有与 Windows 一致的图形化操作界面，非常便于生产的组织与管理。

组态软件都是由专门的软件开发人员按照软件工程的规范来开发的，使用前又经过了比较长时间的工程运行考验，其质量是有充分保证的。因此，只要开发成本允许，采用组态软件是一种比较稳妥、快速和可靠的办法。

（三）组态软件的系统构成

组态软件的结构划分有多种依据，下面按照软件的工作阶段和软件体系的成员构成讨论其体系结构。

1. 以使用软件的工作阶段划分

从总体结构上看，组态软件一般都是由系统开发环境（或称为组态环境）与系统运行环境两大部分组成。系统开发环境和系统运行环境之间的联系纽带是实时数据库。

（1）系统开发环境

系统开发环境是自动化工程设计师为实施其控制方案，在组态软件的支持下进行应用程序的系统生成所依赖的工作环境。通过建立一系列用户数据文件，生成最终的图形目标应用系统，供系统环境运行时使用。

系统开发环境由若干个组态程序组成，如图形界面组态程序、实时数据库组态程序等。

（2）系统运行环境

在系统运行环境下，目标应用程序被装入计算机内存并投入实时运行。系统运行环境由若干个运行程序组成，如图形界面运行程序、实时数据库运行程序等。

组态软件支持在线组态技术，即在不退出系统运行环境的情况下可以直接进入组态环境并修改组态，使修改后的组态直接生效。

自动化工程设计师最先接触的一定是系统开发环境，通过一定工作量的系统组态和调试，最终将目标应用程序在系统运行环境中投入实时运行，以完成一个工程项目。

一般工程应用必须有一套开发环境，运行环境可以有多套。一套好的组态软件应该能够为用户提供快速构建自己计算机控制系统的手段。例如，对输入信号进行处理的各种模块、各种常见的控制算法模块、构造人机界面的各种图形要素、使用户能够方便地进行二次开发的平台或环境等。如果是通用的组态软件，还应当提供各类工控设备的驱动程序和常见的通信协议。

2. 按照成员构成划分

组态软件因为其功能强大，且每个功能相对来说又具有一定的独立性，因此其组成形式是一个集成软件平台，由若干程序组件构成。

组态软件必备的功能组件包括如下 6 个部分：

（1）应用程序管理器

应用程序管理器是提供应用程序的搜索、备份、解压缩、建立应用等功能的专用管理工具。在自动化工程设计中，工程师应用组态软件进行工程设计时，经常会遇到下面一些烦恼：经常要进行组态数据的备份，经常需要引用以往成功项目中的部分组态成果（如画面），经常需要迅速了解计算机中保存了哪些应用项目。虽然这些工作可以用手动方式实现，但效率低下，极易出错。有了应用程序管理器的支持，这些工作将变得非常简单。

（2）图形界面开发程序

图形界面开发程序是自动化工程设计人员为实施其控制方案，在图形编辑工具的支持下进行图形系统生成工作所依赖的开发环境。通过建立一系列用户数据文件，生成最终的图形目标应用系统，供图形环境运行时使用。

（3）图形界面运行程序

在系统运行环境下，图形目标应用系统被图形界面运行程序装入计算机内并投入实时运行。

（4）实时数据库系统组态程序

有的组态软件只在图形开发环境中增加了简单的数据管理功能，因而不具备完整的实时数据库系统。目前比较先进的组态软件都有独立的实时数据库组件，以提高系统的实时性、增强处理能力。实时数据库系统组态程序是建立实时数据库的组态工具，可以定义实时数据库的结构、数据来源、数据连接、数据类型及相关的各种参数。

（5）实时数据库系统运行程序

在系统运行环境下，目标实时数据库及其应用系统被实时数据库运行程序装入计算机内存，并执行预定的各种数据计算、数据处理任务。历史数据的查询、检索和报警的管理都是在实时数据库系统运行程序中完成的。

（6）I/O 驱动程序

I/O 驱动程序是组态软件中必不可少的组成部分，用于 I/O 设备通信，互相交换数据。DDE 和 OPC 客户端是两个通用的标准 I/O 驱动程序，用来支持 DDE 和 OPC 标准的 I/O 设备通信，多数组态软件的 DDE 驱动程序被整合在实时数据库系统或图形系统中，而 OPC 客户端多数单独存在。

（四）组态软件的使用步骤

组态软件通过 I/O 驱动程序从现场 I/O 设备获得实时数据，对数据进行必要的加工后，一方面以图形方式直观地显示在计算机屏幕上；另一方面按照组态要求和操作人员的指令将控制数据送给 I/O 设备，对执行机构实施控制或调整控制参数。具体的工程应用必须经过完整、详细的组态设计，组态软件才能够正常工作。

下面列出组态软件的使用步骤：

①将所有 I/O 点的参数收集齐全，并填写表格，以备在控制组态软件和控制、检测设备上组态时使用。

②清楚地了解所使用的 I/O 设备的生产商、种类、型号，使用的通信接口类型，采用的通信协议，以便在定义 I/O 设备时做出准确选择。

③将所有 I/O 点的 I/O 标识收集齐全，并填写表格，I/O 标识是唯一确定 I/O 点的关键字，组态软件通过向 I/O 设备发出 I/O 标识来请求对应的数据。在大多数情况下，I/O 标识是 I/O 点的地址或位号名称。

④根据工艺过程绘制、设计画面结构和画面草图。

⑤按照第①步统计出的表格，建立实时数据库，正确组态各种变量参数。

⑥根据第①步和第③步的统计结果，在实时数据库中建立实时数据库变量与 I/O 点的一一对应关系，即定义数据连接。

⑦根据第④步的画面结构和画面草图，组态每一幅静态的操作画面。

⑧将操作画面中的图形对象与实时数据库变量建立动画连接关系，规定动画属性和幅度。

⑨对组态内容进行分段和总体调试。

⑩系统投入运行。

在一个自动控制系统中，投入运行的控制组态软件是系统的数据收集处理中心、远程监视中心和数据转发中心。处于运行状态的控制组态软件与各种控制、检测设备（如 PLC、智能仪表、DCS 等）共同构成快速响应的控制中心。控制方案和算法一般在设备上组态并执行，也可以在 PC 上组态，然后下装到设备中执行，根据设备的具体要求而定。

第七章 计算机网络安全技术

第一节 计算机网络安全概述

一、网络安全的含义与目标

（一）网络安全的含义

网络安全从其本质上来讲就是网络上的信息安全。它涉及的领域相当广泛，这是由于在目前的公用通信网络中存在着各种各样的安全漏洞和威胁。从广义来说，凡是涉及到网络上信息的保密性、完整性、可用性、真实性和可控性的相关技术与原理，都是网络安全所要研究的领域。

网络安全是指网络系统的硬件、软件及其系统中的数据的安全，它体现在网络信息的存储、传输和使用过程中。所谓的网络安全性就是网络系统的硬件、软件及其系统中的数据受到保护，不受偶然的或者恶意的原因而遭到破坏、更改、泄露，系统连续可靠正常地运行，网络服务不中断。它的保护内容包括：保护服务、资源和信息；保护节点和用户；保护网络私有性。

从不同的角度来说，网络安全具有不同的含义。

从一般用户的角度来说，他们希望涉及个人隐私或商业利益的信息在网络上传输时受到保密性、完整性和真实性的保护，避免其他人或对手利用窃听、冒充、篡改等手段对用户信息的损害和侵犯，同时也希望用户信息不受非法用户的非授权访问和破坏。

从网络运行和管理者角度来说，他们希望对本地网络信息的访问、读写等操作受到保护和控制，避免出现病毒、非法存取、拒绝服务和网络资源的非法占用及非法控制等威胁，制止和防御网络"黑客"的攻击。

对安全保密部门来说，他们希望对非法的、有害的或涉及国家机密的信息进行过滤和防堵，避免其通过网络泄露，避免由于这类信息的泄密对社会产生危害，给国家造成巨大的经济损失，甚至威胁到国家安全。

从社会教育和意识形态角度来说，网络上不健康的内容，会对社会的稳定和人类的发展造成阻碍，必须对其进行控制。

由此可见，网络安全在不同的环境和应用中会得到不同的解释。

（二）网络安全的目标

从计算机网络安全的定义可以看出，网络安全应达到以下几个目标。

1. 保密性

保密性是指对信息或资源的隐藏，是信息系统防止信息非法泄露的特征。信息保密的需求源自计算机在敏感领域的使用。访问机制支持保密性。其中密码技术就是一种保护保密性的访问控制机制。所有实施保密性的机制都需要来自系统的支持服务。其前提条件是：安全服务可以依赖于内核或其他代理服务来提供正确的数据，因此，假设和信任就成为保密机制的基础。

保密性可以分为以下四类。

（1）连接保密

对某个连接上的所有用户数据提供保密。

（2）无连接保密

对一个无连接的数据报的所有用户数据提供保密。

（3）选择字段保密

对一个协议数据单元中的用户数据经过选择的字段提供保密。

（4）信息流保密

对可能通过观察信息流导出信息的信息提供保密。

2. 完整性

完整性是指信息未经授权不能改变的特性。完整性与保密性强调的侧重点不同，保密性强调信息不能非法泄露，而完整性强调信息在存储和传输过程中不能被偶然或蓄意修改、删除、伪造、添加、破坏或丢失，信息在存储和传输过程中必须保持原样。

信息完整性表明了信息的可靠性、正确性、有效性和一致性，只有完整的信息才是可信任的信息。影响信息完整性的因素主要有硬件故障、软件故障、网络故障、灾害事件、入侵攻击和计算机病毒等。保障信息完整性的技术主要有安全区通信协议、密码校验和数字签名等。实际上，数据备份是防范信息完整性受到破坏的最有效恢复手段。

3. 可用性

可用性是指信息可被授权者访问并按需求使用的特性，即保证合法用户对信息和资源的使用不会被不合理地拒绝。对网络可用性的破坏，包括合法用户不能正常访问网络资源和有严格时间要求的服务不能得到及时响应。影响网络可用性的因素包括人为与非人为两种。前者是指非法占用网络资源，切断或阻塞网络通信，降低网络性能，甚至使网络瘫痪等；后者是指灾害事故（火、水、雷击等）和系统死锁、系统故障等。

保证可用性的最有效的方法是提供一个具有普适安全服务的安全网络环境。通过使用访问控制阻止未授权资源访问，利用完整性和保密性服务来防止可用性攻击。访问控制、完整性和保密性成为协助支持可用性安全服务的机制。

避免受到攻击：一些基于网络的攻击旨在破坏、降低或摧毁网络资源。解决办法是加强这些资源的安全防护，使其不受攻击。免受攻击的方法包括：关闭操作系统和网络配置中的安全漏洞；控制授权实体对资源的访问；防止路由表等敏感网络数据的泄露。

避免未授权使用：当资源被使用、占用或过载时，其可用性就会受到限制。如果未授权用户占用了有限的资源（如处理能力、网络带宽和调制解调器连接等），则这些资源对授权用户就是不可用的，通过访问控制可以限制未授权使用。

防止进程失败：操作失误和设备故障也会导致系统可用性降低。解决方法是使用高可靠性设备、提供设备冗余和提供多路径的网络连接等。

4. 可控性

可控性是指对信息及信息系统实施安全监控管理。主要针对危害国家信息的监视审计，控制授权范围内的信息的流向及行为方式。使用授权机制控制信息传播的范围和内容，必要时能恢复密钥，实现对网络资源及信息的可控制能力。

5. 不可否认性

不可否认性是对出现的安全问题提供调查的依据和手段。使用审计、监控、防抵赖等安全机制，使得攻击者和抵赖者无法逃脱，并进一步对网络出现的安全问题提供调查依据和手段，保证信息行为人不能否认自己的行为。实现信息安全的可审查性，一般通过数字签名等技术来实现不可否认性。

不得否认发送。这种服务向数据接收者提供数据源的证据，从而可以防止发送者否认发送过这个数据。

不得否认接收。这种服务向数据发送者提供数据已交付给接收者的证据，因而接收者事后不能否认曾收到此数据。

二、网络面临的安全威胁及成因分析

（一）网络面临的安全威胁

研究网络安全，首先要研究构成网络安全威胁的主要因素。网络的安全威胁是指网络信息的一种潜在的侵害。

影响、危害计算机网络安全的因素分为自然和人为两大类。

1. 自然因素

自然因素包括各种自然灾害，如水、火、雷、电、风暴、烟尘、虫害、鼠害、海啸、地震等；系统的环境和场地条件，如温度、湿度、电源、地线和其他防护设施不良所造成的威胁；电磁辐射和电磁干扰的威胁；硬件设备老化，可靠性下降的威胁。

2. 人为因素

人为因素又有无意和故意之分。无意事件包括操作失误、意外损失、编程缺陷、意外丢失、管理不善、无意破坏；人为故意的破坏包括敌对势力蓄意攻击、各种计算机犯罪等。

攻击是一种故意性威胁，是对计算机网络的有意图、有目的的威胁。人为的恶意攻击是计算机网络所面临的最大威胁。

攻击可分为两大类，即被动攻击和主动攻击。这两种攻击均可对计算机网络造成极大的危害，导致机密数据的泄露，甚至造成被攻击的系统瘫痪。被动攻击是指在不影响网络正常工作的情况下，攻击者在网络上建立隐蔽通道截获、窃取他人的信息内容进行破译，以获得重要机密信息。主动攻击是以各种方式有选择地破坏信息的有效性和完整性。主动攻击主要有 3 种攻击方法，即中断、篡改和伪造；被动攻击只有一种形式，即截获。

（1）中断（Interruption）

当网络上的用户在通信时，破坏者可以中断他们之间的通信。

（2）篡改（Modification）

当网络用户甲在向乙发送报文时，报文在转发的过程中被丙更改。

（3）伪造（Fabrication）：网络用户丙非法获取用户乙的权限并以乙的名义与甲进行通信。

（4）截获（Interception）

当网络用户甲与乙进行网络通信时，如果不采取任何保密措施时，那么其他人就有可能偷看到他们之间的通信内容。

由于网络软件不可能是百分之百的无缺陷或无漏洞，这些缺陷或漏洞正好成了攻击者进行攻击的首选目标。

还有一种特殊的主动攻击就是恶意程序（Rogue Program）的攻击。恶意程序的种类繁多，对网络安全构成较大威胁的主要有以下几种。

计算机病毒（Computer Virus）：一种会"传染"其他程序的程序，"传染"是通过修改其他程序来把自身或其变种复制进去完成的。

计算机蠕虫（Computer Worm）：一种通过网络的通信功能将自身从一个节点发送到另一个节点并启动的程序。

特洛伊木马（Trojan Horse）：一种执行的功能超出其所声称的功能的程序。如一个编译程序除执行编译任务之外，还把用户的源程序偷偷地复制下来，这种程序就是一种特洛伊木马。计算机病毒有时也以特洛伊木马的形式出现。

逻辑炸弹（logic Bomb）：一种当运行环境满足某种特定条件时执行其他特殊功能的程序。

主动攻击是指攻击者对某个连接中通过的 PDU（Protocol Data Unit，协议数据单元）进行各种处理。如有选择性地更改、删除、延迟这些 PDU，还可在稍后的时间将以前录下的 PDU 插入这个连接（即重放攻击），甚至还可以将合成的或伪造的 PDU 送入到一个连接中去。所有的主动攻击都是上述各种方法的某种组合。从类型上可以将主动攻击分为如下三种。

更改报文流：包括对通过连接的 PDU 的真实性、完整性和有序性的攻击。

拒绝报文服务：指攻击者或者删除通过某一连接的所有 PDU，或者使正常通信的双方或单方的所有 PDU 加以延迟。

伪造连接初始化：攻击者重放以前已被记录的合法连接初始化序列，或者伪造身份而企图建立连接。

在被动攻击中，攻击者只是观测通过的某一个协议数据单元 PDU 而不干扰信息流。即使这些数据对攻击者来说是不易理解的，它也可以通过观察 PDU 的协议控制信息部分，了解正在通信的协议实体的地址和身份，研究 PDU 的长度和传输频度，以便了解所交易的数据的性质。

对于主动攻击，可以采取适当的措施加以检测。但对于被动攻击，通常却是检测不出来的。对于被动攻击可以采用各种数据加密技术，而对于主动攻击，则需要将加密技术与适当的鉴别技术相结合。

（二）造成网络安全威胁的成因分析

网络面临的安全威胁与网络系统的脆弱性密切相关。如果网络系统健壮，网络面临的威胁将大大减少；反之，如果网络系统脆弱，网络所面临的威胁将迅速增加。网络系统的脆弱性主要表现为以下几个方面。

操作系统的脆弱性：网络操作系统体系结构本身就是不安全的，操作系统程序具有动态连接性；操作系统可以创建进程，这些进程可在远程节点上创建与激活，被创建的进程可以继续创建其他进程；网络操作系统为维护方便而预留的无口令入口也是黑客的通道。

计算机系统本身的脆弱性：硬件和软件故障；存在超级用户，如果入侵者得到了超级用户口令，整个系统将完全受控于入侵者。

电磁泄漏：网络端口、传输线路和处理机都有可能因屏蔽不严或未屏蔽而造成电磁信息辐射，从而造成信息泄漏。

数据的可访问性：数据容易被复制而不留任何痕迹；网络用户在一定的条件下，可以访问系统中的所有数据，并可将其复制、删除或破坏掉。

通信系统和通信协议的弱点：网络系统的通信线路面对各种威胁就显得非常脆弱，非法用户可对线路进行物理破坏、搭线窃听、通过未保护的外部线路访问系统内部信息等；TCP/IP 及 FTP、E-mail、WWW 等都存在安全漏洞，如 FTP 的匿名服务浪费系统资源，E-mail 中潜伏着电子炸弹、病毒等威胁互联网安全，WWW 中使用的通用网关接口程序 Java Applet 程序等都能成为黑客的工具，黑客可采用 Sock、TCP 预测或远程访问直接扫描等攻击防火墙。

数据库系统的脆弱性：由于数据库管理系统（DBMS）对数据库的管理建立在分级管理的概念上，DBMS 的安全必须与操作系统的安全配套，这无疑是一个先天的不足之处，因此，DBMS 的安全也是可想而知；黑客通过探访工具可强行登录和越权使用数据库数据；而数据加密往往与 DBMS 的功能发生冲突或影响数据库的运行效率。

网络存储介质的脆弱：软硬盘中存储着大量的信息，这些存储介质很容易被盗窃或损坏，造成信息的丢失。

此外，网络系统的脆弱性还表现为保密的困难性、介质的剩磁效应和信息的聚生性等。

三、网络安全策略

网络安全策略是保障机构网络安全的指导文件，一般而言，网络安全策略包括总体安全策略和具体安全管理实施细则两部分。总体安全策略用于构建机构网络安全框架和战略指导方针，包括分析安全需求、分析安全威胁、定义安全目标、确定安全保护范围、分配部门责任、配备人力物力、确认违反策略的行为和相应的制裁措施。总体安全策略只是一个安全指导思想，还不能具体实施，在总体安全策略框架下针对特定应用制定的安全管理细则才规定了具体的实施方法和内容。

（一）网络安全策略总则

无论是制定总体安全策略，还是制定安全管理实施细则，都应当根据网络的安全特点遵守均衡性、时效性和最小限度原则。

1. 均衡性原则

由于存在软件漏洞、协议漏洞、管理漏洞，网络威胁永远不可能消除。无论制定多么完善的网络安全策略，还是使用多么先进的网络安全技术，网络安全也只是一个相对概念，因为世上没有绝对的安全系统。此外，网络易用性和网络效能与安全是一对天生的矛盾。夸大网络安全漏洞和威胁不仅会浪费大量投资，而且会降低网络易用性和网络效能，甚至有可能引入新的不稳定因素和安全隐患。忽视网络安全比夸大网络安全更加严重，有可能造成机构或国家重大经济损失，甚至威胁到国家安全。因此，网络安全策略需要在安全需求、易用性、效能和安全成本之间保持相对平衡，科学制定均衡的网络安全策略是提高投资回报和充分发挥网络效能的关键。

2. 时效性原则

由于影响网络安全的因素随时间有所变化，导致网络安全问题具有显著的时效性。例如，网络用户增加、信任关系发生变化、网络规模扩大、新安全漏洞和攻击方法不断暴露都是影响网络安全的重要因素。因此，网络安全策略必须考虑环境随时间的变化。

3. 最小限度原则

网络系统提供的服务越多，安全漏洞和威胁也就越多。因此，应当关闭网络安全策略中没有规定的网络服务；以最小限度原则配置满足安全策略定义的用户权限；及时删除无用账号和主机信任关系，将威胁网络安全的风险降至最低。

（二）网络安全策略内容

通畅来说，大多数网络都是由网络硬件、网络连接、操作系统、网络服务和数据组成的，网络管理员或安全管理员负责安全策略的实施，网络用户则应当严格按照安全策略的规定使用网络提供的服务。因此，在考虑网络整体安全问题时应主要从网络硬件、网络连接、操作系统、网络服务、数据、安全管理责任和网络用户这几个方面着手。

1. 网络硬件物理管理措施

核心网络设备和服务器应设置防盗、防火、防水、防毁等物理安全设施以及温度、湿度、洁净、供电等环境安全设施，每年因雷电击毁网络设施的事例层出不穷，位于雷电活动频繁地区的网络基础设施必须配备良好的接地装置。

核心网络设备和服务器最好集中放置在中心机房，其优点是便于管理与维护，也容易保障设备的物理安全，更重要的是能够防止直接通过端口窃取重要资料。防止信息空间扩散也是规划物理安全的重要内容，除光纤之外的各种通信介质、显示器以及设备电缆接口都不同程度地存在电磁辐射现象，利用高性能电磁监测和协议分析仪有可能在几百米范围内将信息复原，对于涉及国家机密的信息必须考虑电磁泄漏防护技术。

2. 网络连接安全

网络连接安全主要考虑网络边界的安全，如内部网与外部网有连接需求，可使用防火墙和入侵检测技术双层安全机制来保障网络边界的安全。内部网的安全主要通过操作系统安全和数据安全策略来保障，由于网络地址转换（Network Address Translator，NAT）技术能够对 Internet 屏蔽内部网地址，必要时也可以考虑使用 NAT 保护内部网私有的 IP 地址。

对网络安全有特殊要求的内部网最好使用物理隔离技术保障网络边界的安全。根据安全需求，可以采用固定公用主机、双主机或一机两用等不同物理隔离方案。固定公用主机与内部网无连接，专用于访问 Internet 的控制，虽然使用不够方便，但能够确保内部主机信息的保密性。双主机在一个机箱中配备了两块主板、两块网卡和两个硬盘，双主机在启动时由用户选择内部网或 Internet 连接，较好地解决了安全性与方便性的矛盾。一机两用隔离方案由用户选择接入内部网或 Internet，但不能同时接入两个网络。这虽然成本低廉、使用方便，但仍然存在泄露的可能性。

3. 操作系统安全

操作系统安全应重点考虑计算机病毒、特洛伊木马和入侵攻击威胁。计算机病毒是隐藏在计算机系统中的一组程序，具有自我繁殖、相互感染、激活再生、隐藏寄生、迅速传播等特点，以降低计算机系统性能、破坏系统内部信息或破坏计算机系统运行为目的。病毒传播途径已经从移动存储介质转向 Internet，病毒在网络中以指数增长规律迅速扩散，诸如邮件病毒、Java 病毒和 ActiveX 病毒都给网络病毒防治带来了新的挑战。

特洛伊木马与计算机病毒不同，特洛伊木马是一种未经用户同意私自驻留在正常程序内部，以窃取用户资料为目的的间谍程序。目前并没有特别有效的计算机病毒和特洛伊木马程序防治手段，主要还是通过提高病毒防范意识，严格安全管理，安装优秀防病毒、杀病毒、特洛伊木马专杀软件来尽可能减少病毒与木马入侵的机会。操作系统漏洞为入侵攻击提供了条件，因此，经常升级操作系统、防病毒软件和木马专杀软件是提高操作系统安全性最有效、最简便的方法。

4. 网络服务安全

网络提供的电子邮件、文件传输、Usenet 新闻组、远程登录、域名查询、网络打印和 Web 服务都存在着大量的安全隐患，虽然用户并不直接使用域名查询服务，但域名查询通过将主机名转换成主机 IP 地址为其他网络服务奠定了基础。由于不同网络服务的安全隐患和安全措施不同，应当在分析网络服务风险的基础上，为每一种网络服务分别制定相应的安全策略细则。

5. 数据安全

根据数据保密性和重要性的不同，一般将数据分为关键数据、重要数据、有用数据和普通数据，以便针对不同类型的数据采取不同的保护措施。关键数据是指直接影响网络系统正常运行或无法再次得到的，如操作系统和关键应用程序等；重要数据是指具有高度保密性或高使用价值的数据，如国防或国家安全部门涉及国家机密的数据，金融部门涉及用户的账目数据等；有用数据一般指网络系统经常使用但可以复制的数据；普通数据则是很少使用而且很容易得到的数据。由于任何安全措施都不可能保证网络绝对安全或不发生故障，在网络安全策略中除考虑重要数据加密之外，还必须考虑关键数据和重要数据的日常备份。

数据备份使用的介质主要是磁带、硬盘和光盘。因磁带具有容量大、技术成熟、成本低廉等优点，大容量数据备份多选用磁带存储介质。随着硬盘价格不断下降，网络服务器都使用硬盘作为存储介质，目前流行的硬盘数据备份技术主要有磁盘镜像和冗余磁盘阵列（Redundant Arrays of Independent Disks，RAID）技术。磁盘镜像技术能够将数据同时写入型号和格式相同的主磁盘和辅助磁盘，RAID 是专用服务器广泛使用的磁盘容错技术。大型网络常采用光盘库、光盘阵列和光盘塔作为存储设备，但光盘特别容易划伤，导致数据读出错误，数据备份使用更多的还是磁带和硬盘存储介质。

6. 安全管理责任

由于人是制定和执行网络安全策略的主体，所以在制定网络安全策略时，必须明确网络安全管理责任人。小型网络可由网络管理员兼任网络安全管理职责，但大型网络、电子政务、电子商务、电子银行或其他要害部门的网络应配备专职网络安全管理责任人。网络安全管理采用技术与行政相结合的手段，主要对授权、用户和资源配置，其中授权是网络安全管理的重点。安全管理责任包括行政职责、网络设备、网络监控、系统软件、应用软件、系统维护、数据备份、操作规程、安全审计、病毒防治、入侵跟踪、恢复措施、内部人员和网络用户等与网络安全相关的各种功能。

7. 网络用户的安全责任

网络安全不只是网络安全管理员的事，网络用户对网络安全同样负有不可推卸的责任。网络用户应特别注意不能私自将调制解调器接入 Internet；不要下载未经安全认证的软件和插件；确保本机没有安装文件和打印机共享服务；不要使用脆弱性密码；经常更换密码等。

第二节 计算机病毒与防治技术

一、计算机病毒概述

（一）计算机病毒的定义

网络上传播着很多的病毒，只要是危害了用户计算机的程序，都可以称之为病毒。计算机病毒是一个程序，一段可执行码。病毒有独特的复制能力，可以快速地传染，并很难解除。它们把自身附着在各种类型的文件上。当文件被复制或从一个用户传送到另一个用户时，病毒就随着文件一起被传播了。

我们可以从以下三个方面来理解计算机病毒的概念：

通过磁盘、磁带和网络等作为媒介传播扩散，能"传染"其他程序的程序。

能实现自身复制且借助一定的载体存在的，具有破坏性、传染性和潜伏性的程序。

一种人为制造的程序，它通过不同的途径潜伏或寄生在存储媒体（如磁盘、内存）或程序里，当某种条件或时机成熟时，它会自生复制并传播，使计算机的资源受到不同程度的破坏。

上述说法在某种意义上借用了生物学病毒的概念，计算机病毒同生物病毒所相似之处是能够攻击计算机系统和网络，危害正常工作的"病原体"。它能够对计算机体统进行各种破坏，同时能够自我复制，具有传染性。

计算机病毒确切的定义是：能够通过某种途径潜伏在计算机存储介质（或程序）里，当达到某种条件时即被激活具有对计算机资源进行破坏的一组程序或指令的集合。

（二）计算机病毒的特点

要防范计算机病毒，首先需要了解计算机病毒的特征和破坏机理，为防范和清除计算机病毒提供充实可靠的依据。根据计算机病毒的产生、传染和破坏行为的分析，计算机病毒一般具有以下特点。

1. 传染性

传染性是病毒的基本特征。是否具有传染性，是判别一个程序是否为计算机病毒的最重要条件。病毒的设计者总是希望病毒能够在较大的范围内实现蔓延和传播，感染更多的程序、计算机系统或网络系统，以达到最大的侵害目的。

病毒是人为设计的功能程序，因此，会利用一切可能的途径和方法进行传染。程序之间的传染借助于正常的信息处理途径和方法，通常是由病毒的传染模块执行的。计算机病毒会通过各种渠道从已被感染的计算机扩散到未被感染的计算机，在某些情况下造成被感染的计算机工作失常甚至瘫痪。它会搜寻其他符合其传染条件的程序或存储介质，确定目标后再将自身代码插入其中，达到自我繁殖的目的。

2. 隐蔽性

计算机病毒往往会借助各种技巧来隐藏自己的行踪，保护自己，从而做到在被发现及清除之前，能够在更广泛的范围内进行传染和传播，期待发作时可以造成更大的破坏性。

计算机病毒都是一些可以直接或间接运行的具有较高超技巧的程序，它们可以隐藏在操作系统中，也可以隐藏在可执行文件或数据文件中，目的是不让用户发现它的存在。如果不经过代码分析，病毒程序与正常程序是不容易区别开来的。一般在没有防护措施的情况下，受到感染的计算机系统通常仍能正常运行，用户不会感到任何异常。大部分的病毒代码之所以设计得非常短小，也是为了隐藏。病毒一般只有几百或一千字节。

3. 破坏性

任何病毒只要侵入系统，都会对系统及应用程序产生程度不同的破坏。轻者会降低计算机工作效率，占用系统资源，重者可导致系统崩溃。

4. 潜伏性

通常较"好"计算机病毒具有一定的潜伏性，也就是说，这种计算机病毒进入系统之后不会即刻发作，而只有等待预置条件的满足才会发作。

潜伏性一方面是指病毒程序不容易被检查出来，因此，病毒可以静静地躲在存储介质中待上一段时间，有的甚至可以潜伏几年也不会被人发现，而一旦得到运行的机会，就会四处繁殖、扩散，并对其他相关的系统进行传染。潜伏性越好，其在系统中存活的时间就越长，传染的范围就越大。

另一方面是指计算机病毒的内部往往有一种触发机制，不满足触发条件时，计算机病毒除了传染外不做什么破坏。触发条件一旦得到满足，就会进行格式化磁盘、删除磁盘文件、对数据文件做加密、封锁键盘以及使系统死锁等破坏活动。使计算机病毒发作的触发条件主要有以下几种：

利用系统时钟提供的时间作为触发器。

利用病毒体自带的计数器作为触发器。病毒利用计数器记录某种事件发生的次数，一旦计算器达到设定值，就执行破坏操作。这些事件可以是计算机开机的次数，也可以是病毒程序被运行的次数，还可以是从开机起被运行过的程序数量等。

利用计算机内执行的某些特定操作作为触发器。特定操作可以是用户按下某些特定键的组合，也可以是执行的命令，还可以是对磁盘的读写。

计算机病毒所使用的触发条件是多种多样的，而且往往是由多个条件的组合来触发的。但大多数病毒的组合条件是基于时间的，再辅以读写盘操作、按键操作以及其他条件。

5. 非授权性

非授权是指病毒未经授权而执行。一般正常的程序是由用户调用，再由系统分配资源，完成用户交给的任务。其目的对用户是可见的、透明的。而病毒具有正常程序的一切特性，它隐藏在正常程序中，当用户调用正常程序时窃取系统的控制权，并先于正常程序执行，病毒的动作、目的对用户是未知的，是未经用户允许的。

6. 不可预见性

从对病毒的检测方面来看，病毒还有不可预见性。不同种类的病毒，其代码千差万别，但有些操作是共有的，如驻留内存，改中断。有些人利用病毒的这种共性，制作了声称可以查找所有病毒的程序。这种程序的确可以查出一些新病毒，但由于目前的软件种类极其丰富，而且某些正常程序也使用了类似病毒的操作甚至借鉴了某些病毒的技术。使用这种方法对病毒进行检测势必会产生许多误报，而且病毒的制作技术也在不断地提高，病毒对反病毒软件永远是超前的。

（三）计算机病毒的分类

计算机病毒技术的发作，病毒特征的不断变化，给计算机病毒的分类带来了一定的困难。根据多年来对计算机病毒的研究，按照不同的体现可对计算机病毒进行如下分类。

1. 按病毒感染的对象分

（1）引导型病毒

引导型病毒是指寄生在磁盘引导区或主引导区的计算机病毒。这种病毒主要是用病毒的全部或部分逻辑取代正常的引导记录，而将正常的引导记录隐藏在磁盘的其他地方。这种病毒利用系统引导时，不对主引导区的内容正确与否进行判别的缺点，在引导型系统的过程中侵入系统，驻留内存，监视系统运行，待机传染和破坏。

（2）网络型病毒

网络型病毒是近几年来网络高速发展的产物，感染的对象不再局限于单一的模式和单一的可执行文件，而是更综合、隐蔽。现在某些网络型病毒可以对几乎所有的 Office 文件进行感染，如 Word、Excel、电子邮件等。其攻击方式也有转变，从原始的删除、修改文件到现在进行文件加密、窃取用户有用信息等。传播的途径也发生了质的飞跃，不再局限于磁盘，而是多种方式进行，如电子邮件、广告等。

（3）文件型病毒

文件型病毒早期一般是感染以 .exe、.com 等为扩展名的可执行文件，当用户执行某个可执行文件时病毒程序就被激活。也有一些病毒感染以 .dll、.sys 等为扩展名的文

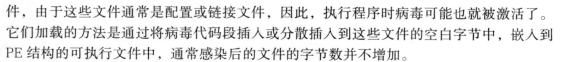

件，由于这些文件通常是配置或链接文件，因此，执行程序时病毒可能也就被激活了。它们加载的方法是通过将病毒代码段插入或分散插入到这些文件的空白字节中，嵌入到 PE 结构的可执行文件中，通常感染后的文件的字节数并不增加。

（4）混合型病毒

混合型病毒同时具备引导型病毒和文件型病毒的某些特点，它们既可以感染磁盘的引导扇区文件，又可以感染某些可执行文件，如果没有对这类病毒进行全面的解除，则残留病毒可自我恢复。因此，这类病毒查杀难度极大，所用的抗病毒软件要同时具备查杀两类病毒的功能。

2. 按病毒链接的方式分

（1）源码型病毒

源码型病毒攻击高级语言编写的程序，该病毒在高级语言所编写的程序编译前插入到源程序中，经编译成为合法程序的一部分。

（2）嵌入型病毒

这种病毒是将自身嵌入到现有程序中，把计算机病毒的主体程序与其攻击的对象以插入的方式链接。这种计算机病毒是难以编写的，一旦侵入程序体后也较难消除。如果同时采用多态性病毒技术、超级病毒技术和隐蔽性病毒技术，将给当前的反病毒技术带来严峻的挑战。

（3）外壳型病毒

外壳型病毒将其自身包围在主程序的四周，对原来的程序不进行修改。这种病毒最为常见，易于编写，也易于发现，一般测试文件的大小即可得知。

（4）操作系统型病毒

这种病毒试图把它自己的程序加入或取代部分操作系统进行工作，具有很强的破坏力，可以导致整个系统的瘫痪。圆点病毒就是典型的操作系统型病毒。

这种病毒在运行时，用自己的逻辑部分取代操作系统的合法程序模块，根据病毒自身的特点和被替代的操作系统中合法程序模块在操作系统中运行的地位与作用，以及病毒取代操作系统的取代方式等，对操作系统进行破坏。

3. 按病毒破坏的能力分

（1）良性病毒

它们入侵的目的不是破坏用户的系统，只是想玩一玩而已，多数是一些初级病毒发烧友想测试一下自己的开发病毒程序的水平。它们只是发出某种声音，或出现一些提示，除了占用一定的硬盘空间和 CPU 处理时间外没有其他破坏性。

（2）恶性病毒

恶性病毒会对软件系统造成干扰、窃取信息、修改系统信息，不会造成硬件损坏、数据丢失等严重后果。这类病毒入侵后系统除了不能正常使用之外，没有其他损失，但系统损坏后一般需要格式化引导盘并重装系统，这类病毒危害比较大。

（3）极恶性病毒

这类病毒比恶性病毒损坏的程度更大，如果感染上这类病毒用户的系统就要彻底崩溃，用户保存在硬盘中的数据也可能被损坏。

（4）灾难性病毒

这类病毒从它的名字就可以知道它会给用户带来的损失程度，这类病毒一般是破坏磁盘的引导扇区文件、修改文件分配表和硬盘分区表，造成系统根本无法启动，甚至会格式化或锁死用户的硬盘，使用户无法使用硬盘。一旦感染了这类病毒，用户的系统就很难恢复了，保留在硬盘中的数据也就很难获取了，所造成的损失是非常巨大的，因此，企业用户应充分做好灾难性备份。

4. 按病毒特有的算法分

（1）伴随型病毒

伴随型病毒并不改变文件本身，它们根据算法产生 .exe 文件的伴随体，具有同样的名字和不同的扩展名（.com）。病毒把自身写入 .com 文件并不改变 .exe 文件，当 DOS 加载文件时，伴随体优先被执行，再由伴随体加载执行原来的 .exe 文件。

（2）寄生型病毒

寄生型病毒依附在系统的引导扇区或文件中，通过系统的功能进行传播。

（3）蠕虫型病毒

蠕虫型病毒通过计算机网络传播，不改变文件和资料信息，利用网络从一台机器的内存传播到其他机器的内存，计算网络地址，将自身的病毒通过网络发送。有时它们在系统中存在，一般除了内存不占用其他资源。

（4）练习型病毒

练习型病毒自身包含错误，不能进行很好的传播，如一些在调试阶段的病毒。

（5）诡秘型病毒

诡秘型病毒一般不直接修改 DOS 中断和扇区数据，而是通过设备技术和文件缓冲区等对 DOS 内部进行修改，不易看到资源，使用比较高级的技术。利用 DOS 空闲的数据区进行工作。

（6）幽灵病毒

幽灵病毒使用一个复杂的算法，使自己每传播一次都具有不同的内容和长度。它们一般是由一段混有无关指令的解码算法和经过变化的病毒体组成。

5. 按病毒攻击的目标分

（1）Windows 病毒

Windows 病毒主要针对 Windows 操作系统的病毒。现在的电脑用户一般都安装 Windows 系统，Windows 病毒一般都能感染系统。

（2）其他系统病毒

其他系统病毒主要攻击 UNIX、Linux 和 OS2 及嵌入式系统的病毒。由于系统本身的复杂性，这类病毒数量不是很多。

6. 按病毒传染的途径分

（1）驻留型病毒

驻留型病毒感染计算机后把自身驻留在内存（RAM）中，这一部分程序挂接系统调用并合并到操作系统中去，并一直处于激活状态。

（2）非驻留型病毒

非驻留型病毒是一种立即传染的病毒，每执行一次带毒程序，就自动在当前路径中搜索，查到满足要求的可执行文件即进行传染。该类病毒不修改中断向量，不改动系统的任何状态，因而很难区分当前运行的是一个病毒还是一个正常的程序。典型的病毒有Vienna/648。

7. 按病毒传播的介质分

（1）单机病毒

单机病毒的载体是磁盘，一般情况下，病毒从 USB 盘、移动硬盘传入硬盘，感染系统，然后再传染其他 USB 盘和移动硬盘，接着传染其他系统，例如，CIH 病毒。

（2）网络病毒

网络病毒的传播介质不再是移动式存储载体，而是网络通道，这种病毒的传染能力更强，破坏力更大，例如，"尼姆达"病毒。

（四）计算机病毒的危害

在计算机病毒出现的初期，提到计算机病毒的危害，往往注重于病毒对信息系统的直接破坏作用，例如，格式化硬盘、删除文件数据等，并以此来区分恶性病毒和良性病毒。其实这些只是病毒劣迹的一部分，随着计算机应用的发展，人们深刻地认识到凡是病毒都可能对计算机信息系统造成严重的破坏。

1. 直接破坏计算机数据信息

大部分病毒在激发时，直接破坏计算机的重要信息数据，所利用的手段有格式化磁盘，改写文件分配表和目录区，删除重要文件或者用无意义的"垃圾"数据改写文件，破坏 CMOS 设置等。

例如，"磁盘杀手"病毒内含计数器，在硬盘染毒后累计开机时间 48 小时内激发，激发的时候屏幕上显示 "Warning!!Don't turn off power or remove diskette while Disk Killer is Processing!"（警告！ DISK KILLER 正在工作，不要关闭电源或取出磁盘），改写硬盘数据。

提示，被 DISK KILLER 破坏的硬盘可以用杀毒软件修复，不要轻易放弃。

2. 占用磁盘空间

寄生在磁盘上的病毒总要非法占用一部分磁盘空间。

引导型病毒的一般侵占方式是由病毒本身占据磁盘引导扇区，而把原来的引导区转移到其他扇区，也就是引导型病毒要覆盖一个磁盘扇区。被覆盖的扇区数据永久性丢失，无法恢复。

文件型病毒利用一些 DOS 功能进行传染，这些 DOS 功能能够检测出磁盘的未用空间，把病毒的传染部分写到磁盘的未用部位去。所以在传染过程中一般不破坏磁盘上的原有数据，但非法侵占了磁盘空间。一些文件型病毒传染速度很快，在短时间内感染大量文件，每个文件都不同程度地加长了，从而就造成磁盘空间的严重浪费。

3. 抢占系统资源

除 VIENNA.CASPER 等少数病毒外，其他大多数病毒在动态下都是常驻内存的，这就必然抢占一部分系统资源。病毒所占用的基本内存长度大致与病毒本身长度相当。病毒抢占内存，导致可用内存减少，一部分软件不能运行。

除占用内存外，病毒还抢占中断，干扰系统的运行。计算机操作系统的许多功能是通过中断调用技术来实现的。病毒为了传染激发，总是修改一些有关的中断地址，在正常中断过程中加入病毒的"私货"，从而干扰了系统的正常运行。

4. 影响计算机运行速度

病毒进驻内存后，不但干扰系统运行，还影响计算机速度，主要表现在以下几个方面。

①病毒为了判断传染激发条件，总要对计算机的工作状态进行监视。

②有些病毒为了保护自己，不但对磁盘上的静态病毒加密，而且进驻内存后的动态病毒也处在加密状态，CPU 每次寻址到病毒处时，都要运行一段解密程序把加密的病毒解密成合法的 CPU 指令再执行；而病毒运行结束时，再用一段程序对病毒重新进行加密。这样 CPU 额外执行数千条以至上万条指令。

③病毒在进行传染时，同样要插入非法的额外操作，特别是传染软盘时，不但计算机速度明显变慢，而且软盘正常的读写顺序被打乱。

5. 病毒错误与不可预见的危害

计算机病毒与其他计算机软件的一大差别是病毒的无责任性。编制一个完善的计算机软件需要耗费大量的人力、物力，经过长时间调试完善，软件才能推出。但在病毒编制者看来既没有必要这样做，也不可能这样做。很多计算机病毒都是个别人在一台计算机上匆匆编制调试后就向外抛出。反病毒专家在分析大量病毒后发现绝大部分病毒都存在不同程度的错误。

错误病毒的另一个主要来源是变种病毒。有些初学计算机者尚不具备独立编制软件的能力，出于好奇或其他原因修改别人的病毒，造成错误。

计算机病毒错误所产生的后果往往是不可预见的，反病毒工作者曾经详细指出黑色星期五病毒存在 9 处错误，乒乓病毒有 5 处错误等。但是人们不可能花费大量时间去分析数万种病毒的错误所在。大量含有未知错误的病毒扩散传播，其后果是难以预料的。

6. 病毒的兼容性对系统运行的影响

兼容性是计算机软件的一项重要指标，兼容性好的软件可以在各种计算机环境下运行，反之兼容性差的软件则对运行条件"挑肥拣瘦"，要求机型和操作系统版本等。病毒的编制者一般不会在各种计算机环境下对病毒进行测试，因此，病毒的兼容性较差，常常导致死机。

（五）计算机病毒的发展趋势

当前，计算机病毒已经由原来的单一传播、单种行为变成依赖于 Internet 传播，集电子邮件、文件传送等多种传播方式，融木马、黑客等多种攻击手段于一身的新病毒。根据这些病毒的发展演变，可预见未来计算机病毒的更新换代将向多元化方向发展，可能具有如下发展趋势：

1. 病毒的网络化

病毒与 Internet 更紧密地结合，利用 Internet 上一切可以利用的方式进行传播，如即时通信软件、电子邮件、局域网、远程管理等。

2. 病毒的多平台化

各种常用的操作系统平台病毒均已出现，跨各种新型平台的病毒也陆续推出和普及。手机和 PDA 等移动设备病毒也出现了，而且还将有更大的发展。

3. 传播途径的多样化

病毒通过网络共享、网络漏洞、电子邮件、即时通信软件等途径进行传播。

4. 增强隐蔽性

病毒通过各种手段，尽量避免出现容易使用户产生怀疑的病毒感染特征。如请求在内存中的合法身份、维持宿主程序的外部特性、避开修改中断向量值和不使用明显的感染标志等。

5. 使用反跟踪技术

当用户或防病毒技术人员发现一种病毒时，一般都要先借助于 Debug 等调试工具对其进行详细分析、跟踪解剖。为了对抗动态跟踪，目前的病毒程序中一般都嵌入了一些破坏性的中断向量程序段，从而使动态跟踪难以完成。

病毒代码还通过在程序中使用大量非正常的转移指令，使跟踪者不断迷路，造成分析困难。而且，近来一些新的病毒肆意篡改返回地址，或在程序中将一些命令单独使用，从而使用户无法迅速摸清程序的转向。

6. 进行加密技术处理

（1）对程序段进行动态加密

病毒采取一边执行一边译码的方法，即后边的机器码是与前边的某段机器码运算后还原的，而用 Debug 等调试工具把病毒从头到尾打印出来，打印出的程序语句将是被加密的，无法阅读。

（2）对宿主程序段进行加密

病毒将宿主程序入口处的几个字节经过加密处理后存储在病毒体内，这给杀毒修复工作带来很大困难。

（3）对显示信息进行加密

例如，"新世纪"病毒在发作时，将显示一页书信，但作者对此段信息进行加密，从而不可能通过直接调用病毒体的内存映像寻找到它的踪影。

7. 攻击对象趋于混合型

随着防病毒技术的日新月异、传统软件保护技术的广泛探讨和应用，当今的计算机病毒在实现技术上有了一些质的变化，病毒攻击对象趋于混合，逐步转向对可执行文件和系统引导区同时感染，在病毒源码的编制、反跟踪调试、程序加密、隐蔽性、攻击能力等方面的设计都呈现了许多不同一般的变化。

8. 病毒不断繁衍、变种

目前病毒已经具有许多智能化的特性，例如，自我变形、自我保护、自我恢复等。在不同宿主程序中的病毒代码，不仅绝大部分不相同，且变化的代码段的相对空间排列位置也有变化。对不同的感染目标，分散潜伏的宿主也不一定相同，在活动时又能自动组合成一个完整的病毒。例如，经过多态病毒感染的文件在不同的感染文件之间相似性极少，使得防病毒检测成为一项艰难的任务。

二、计算机病毒的结构及工作原理

（一）计算机病毒的结构

要想了解计算机病毒的工作机理，首先要了解病毒的结构。计算机病毒在结构上有着共同性，一般由引导模块、感染模块、表现模块和破坏模块四部分组成，但并不是所有的病毒都必须包括这些模块。

1. 引导模块

引导模块是病毒的初始化部分，它随着宿主程序的执行而进入内存，为感染模块做准备。

2. 传染模块

传染模块的作用是将病毒代码复制到目标上去。一般病毒在对目标进行传染前，要先判断传染条件是否满足，判断病毒是否已经感染过该目标等。

3. 表现模块

这是病毒间差异最大的部分，前两部分是为这一部分服务的。它会破坏被感染系统或者在被感染系统的设备上表现出特定的现象。大部分病毒都是在一定条件下，才会触发其表现部分的。

4. 破坏模块

破坏模块在设计原则、工作原理上与感染模块基本相同。在触发条件满足的情况下，病毒对系统或磁盘上的文件进行破坏活动，这种破坏活动不一定都是删除磁盘文件，有的可能是显示一串无用的提示信息。有的病毒在发作时，会干扰系统或用户的正常工作。而有的病毒，一旦发作，则会造成系统死机或删除磁盘文件。新型的病毒发作还会造成网络的拥塞甚至瘫痪。

（二）计算机病毒的工作原理

计算机病毒的种类繁多，它们的具体工作原理也多种多样，这里只对几种常见的病毒工作原理进行剖析。

1. 引导型病毒的工作原理

引导型病毒传染的对象主要是软盘的引导扇区，硬盘的主引导扇区和引导扇区。因此，在系统启动时，这类病毒会优先于正常系统的引导将其自身装入到系统中，获得对系统的控制权。病毒程序在完成自身的安装后，再将系统的控制权交给真正的系统程序，完成系统的引导，但此时系统已处在病毒程序的控制之下。绝大多数病毒感染硬盘主引导扇区和软盘 DOS 引导扇区。

引导型病毒可传染主引导扇区和引导扇区，因此，引导型病毒可按寄生对象的不同分为主引导区病毒和引导区病毒。主引导区病毒又称为分区表病毒，将病毒寄生在硬盘分区主引导程序所占据的硬盘。磁头 0 柱面第 1 个扇区中。引导区病毒是将病毒寄生在硬盘逻辑 0 扇区或软盘逻辑 0 扇区（即 0 面 0 道第 1 个扇区）。典型的病毒有 "Brain" 和 "小球" 病毒等。

引导型病毒还可以根据其存储方式分为覆盖型和转移型两种。覆盖型引导病毒在传染磁盘引导区时，病毒代码将直接覆盖正常引导记录。转移型引导病毒在传染磁盘引导区之前保留了原引导记录，并转移到磁盘的其他扇区，以备将来病毒初始化模块完成后仍然由原引导记录完成系统正常引导。绝大多数引导型病毒都是转移型的引导病毒。

2. 文件型病毒的工作原理：

文件型病毒攻击的对象是可执行程序，病毒程序将自己附着或追加在后缀名为 .exe 或 .com 的可执行文件上。当被感染程序执行之后，病毒事先获得控制权，然后执行以下操作（具体某个病毒不一定要执行所有这些操作，操作的顺序也可能不一样）。

3. 宏病毒的工作原理

宏病毒是随着 Microsoft Office 软件的日益普及而流行起来的。为了减少用户的重复劳作，Office 提供了一种所谓宏的功能。利用这个功能，用户可以把一系列的操作记录下来，作为一个宏。之后只要运行这个宏，计算机就能自动地重复执行那些定义在宏中的所有操作。这就为病毒制造者提供了可乘之机。

宏病毒是一种专门感染 Office 系列文档的恶性病毒。当 Word 打开一个扩展名为 .doc 的文件时，首先检查里面有没有模块 / 宏代码。如果有，则认为这不是普通的 .doc 文件，而是一个模板文件。如果里面存在以 AUTO 开头的宏，则 Word 随后就会执行这些宏。

除了 Word 宏病毒外，还出现了感染 Excel.Access 的宏病毒。宏病毒还可以在它们之间进行交叉感染，并由 Word 感染 Windows 的 VxD。很多宏病毒具有隐形、变形能力，并具有对抗防病毒软件的能力。此外，宏病毒还可以通过电子邮件等进行传播。一些宏病毒已经不再在 File Save As 时暴露自己，并克服了语言版本的限制，可以隐藏在 RTF 格式的文档中。

4. 网络病毒的工作原理

为了容易理解，以典型的"远程探险者"病毒为例进行分析。"远程探险者"是真正的网络病毒，一方面它需要通过网络方可实施有效的传播；另一方面要想真正地攻入网络，本身必须具备系统管理员的权限，如果不具备此权限，则只能对当前被感染的主机中的文件和目录起作用。

该病毒仅在 Windows NT Server 和 Windows NT Workstation 平台上起作用，专门感染 .exe 文件。Remote Explorer 的破坏作用主要表现为：加密某些类型的文件，使其不能再用，并且能够通过局域网或广域网进行传播。

当具有系统管理员权限的用户运行了被感染的文件后，该病毒将会作为一项 NT 的系统服务被自动加载到当前的系统中。为增强自身的隐蔽性，该系统服务会自动修改 Remote Explorer 在 NT 服务中的优先级，将自己的优先级在一定时间内设置为最低，而在其他时间则将自己的优先级提升一级，以便加快传染。

Remote Explorer 的传播无需普通用户的介入。该病毒侵入网络后，直接使用远程管理技术监视网络，查看域登录情况并自动搜集远程计算机中的数据，然后再利用所搜集的数据，将自身向网络中的其他计算机传播。由于系统管理员能够访问到所有远程共享资源，因此，具备同等权限的 Remote Explorer 也就能够感染网络环境中所有的 NT 服务器和工作站中的共享文件。

三、计算机病毒的检测与防治

（一）计算机病毒的检测依据

病毒检测是在特定的系统环境中，通过各种检测手段来识别病毒，并对可疑的异常情况进行报警。

1. 检查磁盘主引导扇区

硬盘的主引导扇区、分区表，以及文件分配表、文件目录区是病毒攻击的主要目标。

引导病毒主要攻击磁盘上的引导扇区。当发现系统有异常现象时，特别是当发现与系统引导信息有关的异常现象时，可通过检查主引导扇区的内容来诊断故障。方法是采用工具软件，将当前主引导扇区的内容与干净的备份相比较，若发现有异常，则很可能是感染了病毒。

2. 检查内存空间

计算机病毒在传染或执行时，必然要占据一定的内存空间，并驻留在内存中，等待时机再进行传染或攻击。病毒占用的内存空间一般是用户不能覆盖的。因此，可通过检查内存的大小和内存中的数据来判断是否有病毒。

虽然内存空间很大，但有些重要数据存放在固定的地点，可首先检查这些地方，如 BIOS、变量、设备驱动程序等是放在内存中的固定区域内。根据出现的故障，可检查对应的内存区以发现病毒的踪迹。

3. 检查 FAT 表

病毒隐藏在磁盘上，通常要对存放的位置做出坏簇信息标志反映在 FAT 表中。因此，可通过检查 FAT 表，看有无意外坏簇，来判断是否感染了病毒。

4. 检查可执行文件

检查 .com 或 .exe 文件的内容、长度、属性等，可判断是否感染了病毒。对于前附式 .com 文件型病毒，主要感染文件的起始部分，一开始就是病毒代码；对于后附式 .com 文件型病毒，虽然病毒代码在文件后部，但文件开始必有一条跳转指令，以使程序跳转到后部的病毒代码。对于 .exe 文件型病毒，文件头部的程序入口指针一定会被改变。对可执行文件的检查主要查这些可疑文件的头部。

5. 检查特征串

一些经常出现的病毒，具有明显的特征，即有特殊的字符串。根据它们的特征，可通过工具软件检查、搜索，以确定病毒的存在和种类。

这种方法不仅可检查文件是否感染了病毒，并且可确定感染病毒的种类，从而能有效地清除病毒。但缺点是只能检查和发现已知的病毒，不能检查新出现的病毒，而且由于病毒不断变形、更新，老病毒也会以新面孔出现。因此，病毒特征数据库和检查软件也要不断更新版本，才能满足使用需要。

6. 检查中断向量

计算机病毒平时隐藏在磁盘上，在系统启动后，随系统或随调用的可执行文件进入内存并驻留下来，一旦时机成熟，它就开始发起攻击。病毒隐藏和激活一般是采用中断的方法，即修改中断向量，使系统在适当时候转向执行病毒代码。病毒代码执行完后，再转回到原中断处理程序执行。因此，可通过检查中断向量有无变化来确定是否感染了病毒。

（二）计算机病毒的检测手段

计算机病毒的检测技术是指通过一定的技术手段判定计算机病毒的一门技术。现在判定计算机病毒的手段主要有两种：一种是根据计算机病毒特征来进行判断，如病毒特殊程序段内容、关键字，特殊行为及传染方式；另一种是对文件或数据段进行校验和计算，保存结果，定期和不定期地根据保存结果对该文件或数据段进行校验来判定。总的来说，常用的检测病毒方法有特征代码法、校验和法、行为监测法、软件模拟法和病毒指令码模拟法。这些方法依据的原理不同，实现时所需开销不同，检测范围不同，各有所长。

1. 特征代码法

一般的计算机病毒本身存在其特有的一段或一些代码，这是因为病毒要表现和破坏，操作的代码是各病毒程序所不同的。所以早期的 SCAN 与 CPAV 等著名病毒检测工具均使用了特征代码法。它是检测已知病毒的最简单和开销最小的方法。

特征代码法的实现步骤如下：

①采集已知病毒样本。病毒如果既感染 .com 文件，又感染 .exe 文件，对这种病毒要同时采集 COM 型病毒样本和 EXE 型病毒样本。

②在病毒样本中，抽取特征代码。选好特征代码是扫描程序的精华所在。首先，抽取的病毒特征代码应是该病毒最具代表性的与最特殊的代码串；其次，要注意所选择的特征代码应在不同的环境中都能将所对应的病毒检查出来。另外，抽取的代码要有适当长度，既要维持特征代码的唯一性，又要有使抽取的特征代码长度尽量短。

③将特征代码纳入病毒数据库。

④打开被检测文件，在文件中搜索，检查文件中是否含有病毒数据库中的病毒特征代码。如果发现病毒特征代码，由于特征代码与病毒一一对应，便可以断定，被查文件中染有何种病毒。

因此，一般使用特征代码法的扫描软件都由两部分组成：一部分是病毒特征代码数据库；另一部分是利用该代码数据库进行检测的扫描程序。

特征代码法的优点如下：检测准确快速，可识别病毒的名称，误报警率低，依据检测结果可做解毒处理。

病毒特征代码法的缺点如下：

①不能检测未知病毒。对从未见过的新病毒，无法知道其特征代码，因而无法去检测这些新病毒，必须不断更新版本，否则检测工具便会老化，逐渐失去实用价值。

②不能检查多态性病毒。特征代码法是不可能检测多态性病毒的。国外专家认为多态性病毒是病毒特征代码法的索命者。

③不能对付隐蔽性病毒。隐蔽性病毒如果先进驻内存，后运行病毒检测工具，隐蔽性病毒能先于检测工具，将被查文件中的病毒代码剥去，使检测工具检查一个虚假的"好文件"，而不能报警，被隐蔽性病毒所蒙骗。

④随着病毒种类的增多，逐一检查和搜集已知病毒的特征代码，不仅费用开销大，而且在网络上运行效率低，影响此类工具的实用性。

2. 校验和法

将正常文件的内容，计算其校验和，将该校验和写入文件中或写入别的文件中保存。在文件使用过程中，定期地或每次使用文件前，检查文件现在内容算出的校验和与原来保存的校验和是否一致，因而可以发现文件是否感染，这种方法称为校验和法，它既可发现已知病毒，又可发现未知病毒。在 SCAN 和 CPAV 工具的后期版本中除了病毒特征代码法之外，也纳入校验和法，以提高其检测能力。

运用校验和法查病毒采用以下三种方式。

①在检测病毒工具中纳入校验和法，对被查的对象文件计算其正常状态的校验和将校验和值写入被查文件中或检测工具中，而后进行比较。

②在应用程序中，放入校验和法自我检查功能，将文件正常状态的校验和写入文件本身中，每当应用程序启动时，比较现行校验和与原校验和值，实现应用程序的自检测。

③将校验和检查程序常驻内存，每当应用程序开始运行时，自动比较检查应用程序

内部或别的文件中预先保存的校验和。

但是，这种方法不能识别病毒类，不能报出病毒名称。由于病毒感染并非文件内容改变的唯一原因，文件内容的改变有可能是正常程序引起的，因此，校验和法常常误报警。而且此种方法也会影响文件的运行速度。

病毒感染的确会引起文件内容变化，但是校验和法对文件内容的变化太敏感，又不能区分正常程序引起的变动，而频繁报警。用监视文件的校验和来检测病毒，不是最好的方法。

这种方法遇到已有软件版本更新、变更口令、修改运行参数等，都会发生误报警。

校验和法对隐蔽性病毒无效。隐蔽性病毒进驻内存后，会自动剥去染毒程序中的病毒代码，使校验和法受骗，对一个有病毒文件算出正常校验和。

因此，校验和法的优点是：方法简单能发现未知病毒、被查文件的细微变化也能发现。缺点是：会误报警、不能识别病毒名称、不能对付隐蔽性病毒。

3. 行为监测法

行为监测法是常用的行为判定技术，其工作原理是利用病毒的特有行为特征进行检测，一旦发现病毒行为则立即警报。经过对病毒多年的观察和研究，人们发现病毒的一些行为是病毒的共同行为，而且比较特殊。在正常程序中，这些行为比较罕见。监测病毒的行为特征如下：

①占用 INT13H。引导型病毒攻击引导扇区后，一般都会占用 INT 13H 功能，在其中放置病毒所需的代码，因为其他系统功能还未设置好，无法利用。

②修改 DOS 系统数据区的内存总量。病毒常驻内存后，为了防止 DOS 系统将其覆盖，必须修改内存总量。

③向 .com 和 .exe 可执行文件做写入动作。写 .com 和 .exe 文件是文件型病毒的主要感染途径之一。

④病毒程序与宿主程序的切换。染毒程序运行时，先运行病毒，而后执行宿主程序。在两者切换时，有许多特征行为。

行为监测法的长处在于可以相当准确地预报未知的多数病毒，但也有其短处，即可能虚假报警和不能识别病毒名称，而且实现起来有一定难度。

4. 软件模拟法

多态性病毒每次感染都变化其病毒密码，对付这种病毒，特征代码法失效。因为多态性病毒代码实施密码化，而且每次所用密钥不同，把染毒的病毒代码相互比较，也无法找出相同的可能作为特征的稳定代码。虽然行为检测法可以检测多态性病毒，但是在检测出病毒后，因为不知病毒的种类，难于进行消毒处理。

为了检测多态性病毒，可应用新的检测方法——软件模拟法。它是一种软件分析器，用软件方法来模拟和分析程序的运行。

新型检测工具纳入了软件模拟法，该类工具开始运行时，使用特征代码法检测病毒，如果发现隐蔽性病毒或多态性病毒嫌疑时，启动软件模拟模块，监视病毒的运行，待病毒自身的密码译码以后，再运用特征代码法来识别病毒的种类。

5. 病毒指令码模拟法

病毒指令码模拟法是软件模拟法后的一大技术上的突破。既然软件模拟可以建立一个保护模式下的 DOS 虚拟机，模拟 CPU 的动作，并假执行程序以解开变体引擎病毒，那么应用类似的技术也可以用来分析一般程序，检查可疑的病毒代码。因此，可将工程师用来判断程序是否有病毒代码存在的方法，分析和归纳为专家系统知识库，再利用软件工程模拟技术假执行新的病毒，则可分析出新的病毒代码以对付以后的病毒。

不管采用哪种检测方法，一旦病毒被识别出来，就可以采取相应措施，阻止病毒的下列行为：进入系统内存、对磁盘操作尤其是写操作、进行网络通信与外界交换信息。一方面防止外界病毒向机内传染，另一方面抑制机内病毒向外传播。

（三）计算机病毒的预防准则

从计算机病毒对抗的角度来看，病毒预防必须具备以下准则。

1. 拒绝访问能力

来历不明的尤其是通过网络传过来的各种应用软件，不得进入计算机系统。因为它是计算机病毒的重要载体。

2. 病毒检测能力

计算机病毒总是有机会进入系统，因此，系统中应设置检测病毒的机制来阻止外来病毒的侵犯。除了检测已知的计算机病毒外，能否检测未知病毒（包括已知行为模式的未知病毒和未知行为模式的未知病毒）也是衡量病毒检测能力的一个重要指标。

3. 控制病毒传播的能力

还没有一种方法能检测出所有的病毒，更不可能检测出所有未知病毒，因此，计算机被病毒感染的风险性极大。关键是一旦病毒进入了系统，系统应该具有阻止病毒性传播的能力和手段。因此，一个健全的信息系统必须要有控制病毒传播的能力。

4. 清除能力

如果病毒突破了系统的防护，即使控制了它的传播，也要有相应的措施将它清除掉。对于已知病毒，可以使用专用病毒清除软件。对于未知类病毒，在发现后使用软件工具对它进行分析，并尽快编写出杀毒软件。当然，如果有后备文件，也可使用它直接覆盖受感染文件，但一定要查清楚病毒的来源，防止再次感染病毒。

5. 恢复能力

在病毒被清除以前，它就已经破坏了系统中的数据，这是非常可怕但又很可能发生的事件。因此，系统应提供一种高效的方法来恢复这些数据，使数据损失尽量减到最小。

6. 替代操作

可能会遇到这种情况：当发生问题时，手头又没有可用的技术来解决问题，但是任务又必须继续执行下去。为了解决这种窘况，系统应该提供一种替代操作方案：在系统未恢复前用替代系统工作，等问题解决以后再换回来。这一准则对于战时的军事系统是必须的。

（四）计算机病毒的预防策略

1. 提高防毒意识

通过采取技术和管理上的措施，计算机病毒是完全可以防范的。由于计算机病毒的传播方式多种多样，又通常具有一定的隐蔽性，因此，只有在思想上有反病毒的警惕性，依靠反病毒技术和管理措施，才能真正起到对计算机病毒的防范作用。在计算机的使用过程中应注意以下几点：

①不要在互联网上随意下载软件，也不要使用盗版或来历不明的软件。

②安装正版防病毒软件，并及时升级杀病毒软件。

③养成经常用杀毒软件检查硬盘、外来文件和每一张外来盘的良好习惯。

④对于陌生人发来的电子邮件，附件不要轻易打开。

⑤订阅防病毒软件生产商网站提供的电子邮件病毒通知服务。

⑥尽量安装防火墙实时监控防病毒软件，并不要取消监视下载的功能，让防病毒软件自动运行。

⑦共享文件设置密码，一旦不需要共享应立即关闭共享，避免自由地访问共享文件。

⑧随时注意计算机的各种异常现象，一旦发现，应立即用杀毒软件仔细检查。并及时将可疑文件提交专业反病毒公司进行确认。

⑨定期备份。主要是硬盘引导区及重要的数据文件等。

2. 立足网络，以防为本

网络化是计算机病毒的发展趋势，对待病毒应该以防为本，从网络整体考虑。防毒应该是网络应用的一部分，建立以企业网络管理中心为核心的、分布式的防毒方案，形成完整的预防、检查、报警、处理和修复体系。

3. 多层防御

多层防御体系将病毒检测、多层数据保护和集中式管理功能集成起来，提供全面的病毒防护功能，以保证"治疗"病毒的效果。病毒检测一直是病毒防护的支柱，多层次防御软件使用了实时扫描、完整性保护、完整性检验3层保护功能。

①后台实时扫描驱动器能对未知的病毒包括多态性病毒和加密病毒进行连续的检测。它能对 E-mail 附件部分、下载的 Internet 文件（包括压缩文件）软盘及正在打开的文件进行实时的扫描检验。扫描驱动器能阻止已被感染过的文件拷贝到服务器或工作站上。

②完整性保护可阻止病毒从一个受感染的工作站扩散到服务器。完整性保护不只是病毒检测，实际上它能制止病毒以可执行文件的方式感染和传播，也能防止与未知病毒感染有关的文件崩溃等。

③完整性检验使用系统无需冗余的扫描并且能提高实时检验的性能。

4. 与网络管理集成

网络防病毒最大的优势在于网络的管理功能，如果没有网络管理，就很难完成网络防毒的任务。只有管理与防范相结合，才能保证系统的良好运行。管理功能就是管理全部的网络设备，从路由器、交换机、服务器到 PC、软盘的存取、局域网上的信息互通及与 Internet 的接驳等。

5. 在网关、服务器上防御

大量的病毒针对网上资源的应用程序进行攻击，这样的病毒存在于信息共享的网络介质上，因而要在网关上设防，在网络前端实时杀毒。防范手段应集中在网络整体上，在个人计算机的硬件和软件、服务器、网关、Web 站点上层层设防，对每种病毒都实行隔离、过滤。

（五）计算机病毒的清除

计算机病毒的消除过程是病毒传染程序的一种逆过程。从原理上讲，只要病毒不进行破坏性的覆盖式写盘操作，就可以被清除出计算机系统。

计算机病毒的消除技术是计算机病毒检测技术发展的必然结果，它是计算机病毒检测的延伸，病毒消除是在检测发现特定的计算机病毒基础上，根据具体病毒的消除方法从传染的程序中除去计算机病毒代码并恢复文件的原有结构信息。因此，安全与稳定的计算机病毒清除工作完全基于准确与可靠的病毒检测工作。

流行的反病毒软件大都具有比较专业的病毒检测和病毒的清除技术，因此，使用反病毒软件是一种高效、安全和方便的清除方法，也是一般计算机用户的首选方法。

1. 计算机病毒的清除方法

（1）引导型病毒的清除

引导型病毒的物理载体是磁盘，主要包括硬盘、系统软盘和数据软盘。根据感染和破坏部位的不同，可以按以下方法进行修复：

修复染毒的硬盘。硬盘中操作系统的引导扇区包括第一物理扇区和第一逻辑扇区。硬盘第一物理扇区存放的数据是主引导记录（MBK），MBR 包含表明硬件类型和分区信息的数据。硬盘第一逻辑扇区存放的数据是分区引导记录。主引导记录和分区引导记录都有感染病毒的可能性。重新格式化硬盘可以清除分区引导记录中病毒，却不能清除主引导记录中的病毒。修复染毒的主引导记录的有效途径是使用 FDISK 这种低级格式化工具，输入 FDISK/MBR，便会重新写入主引导记录，覆盖掉其中的病毒。

修复染毒的系统软盘。找一台同样操作系统的未染毒的计算机，把染毒的系统软盘插入软盘驱动器中，从硬盘执行可以对软盘重新写入系统的命令，例如，DOS 系统情况下的 SYSA：命令。这样软盘上的系统文件就会被重新安装，并且覆盖引导扇区中染毒的内容，从而恢复成为干净的系统软盘。

修复染毒的数据软盘。把染毒的数据软盘插入一台未染毒的计算机中，把所有文件从软盘复制到硬盘的一个临时目录中，用系统磁盘格式化命令，例如，DOS 系统情况下的 FOR-mata：/u 命令，无条件重新格式化软盘，这样软盘的引导扇区会被重写，从而清除其中的病毒。然后把所有文件备份复制回到软盘。

以上均是采用人工方法清除引导型病毒。人工方法要求操作者对系统十分熟悉，且操作复杂，容易出错，有一定的危险性，一旦操作不慎就会导致意想不到的后果。这种方法常用于消除自动方法无法消除的新病毒。

（2）文件型病毒的清除

文件型病毒的载体是计算机文件，包括可执行的程序文件和含有宏命令的数据文件。

除了覆盖型的文件型病毒之外，其他感染 COM 型和 EXE 型的文件型病毒都可以被清除干净。因为病毒是在保持原文件功能的基础上进行传染的，既然病毒能在内存中恢复被感染文件的代码并予以执行，则也可以依照病毒的方法进行传染的逆过程，将病毒清除出被感染文件，并保持其原来的功能。对覆盖型的文件则只能将其彻底删除，而没有挽救原来文件的余地。

如果已中毒的文件有备份，则把备份的文件直接拷贝回去就可以了。如果没有备份，但执行文件有免疫疫苗，遇到病毒的时候，程序可以自行复原；如果文件没有加上任何防护，就只能靠解毒软件来清除病毒，不过用杀毒软件来清除病毒并不能保证文件能够完全复原，有时候可能会越杀越糟，杀毒之后文件反而不能执行。因此，用户必须平时勤备份自己的资料。

（3）宏病毒的清除

宏病毒是一种文件型病毒，其载体是含有宏命令的和数据文件 —— 文档或模版。

手工清除方法为：在空文档的情况下，打开宏菜单，在通用模板中删除被认为是病毒的宏，打开带有宏病毒的文档或模板，然后打开宏菜单，在通用模板和定制模板中删除认为是病毒的宏。保存清洁的文档或模板。

自动清除方法为：用 WordBasic 语言以 Word 模板方式编制杀毒工具，在 Word 环境中杀毒。这种方法杀毒准确，兼容性好。根据 WordBFF 格式，在 Word 环境外解剖病毒文档或模板，去掉病毒宏。由于各个版本的 WordBFF 格式都不完全兼容，每次 Word 升级它也必须跟着升级，兼容性不太好。

2. 染毒后的紧急处理

当系统感染病毒后，可采取以下措施进行紧急处理，以恢复系统或受损部分。

（1）隔离

当计算机感染病毒后，可将其与其他计算机进行隔离，避免相互复制和通信。当网络中某节点感染病毒后，网络管理员必须立即切断该节点与网络的连接，以避免病毒扩散到整个网络。

（2）报警

病毒感染点被隔离后，要立即向网络系统安全管理人员报警。

（3）查毒源

接到报警后，系统安全管理人员可使用相应的防病毒系统鉴别受感染的机器和用户，检查那些经常引起病毒感染的节点和用户，并查找病毒的来源。

（4）采取应对方法和对策

系统安全管理人员要对病毒的破坏程度进行分析检查，并根据需要采取有效的病毒清除方法和对策。如果被感染的大部分是系统文件和应用程序文件，且感染程度较深，则可采取重装系统的方法来清除病毒；如果感染的是关键数据文件，或破坏较为严重，则可请防病毒专家进行清除病毒和恢复数据的工作。

（5）修复前备份数据

在对病毒进行清除前，尽可能将重要的数据文件备份，以防在使用防病毒软件或其他清除工具查杀病毒时，破坏重要数据文件。

（6）清除病毒

重要数据备份后，运行查杀病毒软件，并对相关系统进行扫描。发现有病毒，立即清除。如果可执行文件中的病毒不能清除，应将其删除，然后再安装相应的程序。

（7）重启和恢复

病毒被清除后，重新启动计算机，再次用防病毒软件检测系统中是否还有病毒，并将被破坏的数据进行恢复。

第三节　防火墙技术与入侵检测技术

一、防火墙技术

（一）防火墙概述

1. 防火墙的定义及其组成

防火墙是指在内部网络与外部网络之间执行一定安全策略的安全防护系统。它是用一个或一组网络设备（计算机系统或路由器等），在两个网络之间执行控制策略的系统，以保护一个网络不受另一个网络攻击的安全技术。

防火墙的组成可以表示为：防火墙 = 过滤器 + 安全策略（+ 网关）。它可以监测、限制、更改进出网络的数据流，尽可能地对外部屏蔽被保护网络内部的信息、结构和运行状况，以此来实现网络的安全保护。防火墙的设计和应用是基于这样一种假设：防火墙保护的内部网络是可信赖的网络，而外部网络（如 Internet）则是不可信赖的网络。设置防火墙的目的是保护内部网络资源不被外部非授权用户使用，防止内部受到外部非法用户的攻击。因此，防火墙安装的位置一定是在内部网络与外部网络之间。

防火墙是一种非常有效的网络安全技术，也是一种访问控制机制、安全策略和防入侵措施。从网络安全的角度看，对网络资源的非法使用和对网络系统的破坏必然要以"合法"的网络用户身份，通过伪造正常的网络服务请求数据包的方式来进行。如果没有防火墙隔离内部网络与外部网络，内部网络的节点都会直接暴露给外部网络的所有主机，这样它们就会很容易遭受到外部非法用户的攻击。防火墙通过检查所有进出内部网络的数据包，来检查数据包的合法性，判断是否会对网络安全构成威胁，从而完成仅让安全、核准的数据包进入，同时又抵制对内部网络构成威胁的数据包进入。因此，犹如城门守卫一样，防火墙为内部网络建立了一个安全边界。

从狭义上讲，防火墙是指安装了防火墙软件的主机或路由器系统；从广义上讲，防火墙包括整个网络的安全策略和安全行为，还包含一对矛盾的机制：一方面它限制数据流通，另一方面它又允许数据流通。由于网络的管理机制及安全政策不同，因此，这对矛盾呈现出两种极端的情形：第一种是除了非允许不可的都被禁止，第二种是除了非禁止不可的都被允许。第一种的特点是安全但不好用，第二种是好用但不安全，而多数防火墙都是这两种情形的折中。这里所谓的好用或不好用主要指跨越防火墙的访问效率，在确保防火墙安全或比较安全的前提下提高访问效率是当前防火墙技术研究和实现的热点。

2. 防火墙的功能

作为网络安全的第一道防线，防火墙的主要功能如下所示。

（1）访问控制功能

这是防火墙最基本和最重要的功能，通过禁止或允许特定用户访问特定资源，保护内部网络的资源和数据。防火墙定义了单一阻塞点，它使得未授权的用户无法进入网络，禁止了潜在的、易受攻击的服务进入或是离开网络。

（2）内容控制功能

根据数据内容进行控制，例如，过滤垃圾邮件、限制外部只能访问本地 Web 服务器的部分功能等。

（3）日志功能

防火墙需要完整地记录网络访问的情况，包括进出内部网的访问。一旦网络发生了入侵或者遭到破坏，可以对日志进行审计和查询，查明事实。

（4）集中管理功能

针对不同的网络情况和安全需要，指定不同的安全策略，在防火墙上集中实施，使用中还可能根据情况改变安全策略。防火墙应该是易于集中管理的，便于管理员方便地实施安全策略。

（5）自身安全和可用性

防火墙要保证自己的安全，不被非法侵入，保证正常地工作。如果防火墙被侵入，安全策略被破坏，则内部网络就变得不安全。防火墙要保证可用性，否则网络就会中断，内部网的计算机无法访问外部网的资源。

此外，防火墙还可能具有流量控制、网络地址转换（NAT）、虚拟专用网（VPN）等功能。

（二）防火墙的体系结构

防火墙的经典体系结构主要有 3 种形式，即宿主主机体系结构、屏蔽主机体系结构和屏蔽子网体系结构。

1. 双宿主机体系结构

双宿主机结构需要在用作防火墙的主机上插入两块网卡，即具有两个网络接口，位于内部网络与 Internet 连接处，在双宿主机上安装防火墙应用程序，构成代理服务器防火墙，可以使用包过滤技术和应用代理技术。在双宿主机的位置一般放置路由器，构成由单个路由器组成的包过滤防火墙。

2. 屏蔽主机体系结构

屏蔽主机结构由屏蔽路由器与壁垒主机构成，屏蔽路由器位于内部网络与 Internet 连接处，提供主要的安全功能，在网络层次化结构中基于第三层实现包过滤。壁垒主机位于内部网络之上，主要提供面向应用的服务，基于网络层次化结构的最高层应用层实现应用过滤。

屏蔽路由器使用包过滤技术，只允许壁垒主机与外部网络通信，内部网络上的其他主机必须通过壁垒主机才能与外部网络通信。

3. 屏蔽子网体系结构

屏蔽子网结构是在屏蔽主机的结构上，增加一个周边防御网段，进一步隔离内部网络和外部网络。周边防御网段所构成的安全网称为"停火区"（Demilitarized Zone，DMZ），这一网段所受到的安全威胁不会影响到内部网络。跨越防火墙的数据需要经过外部屏蔽路由器、壁垒主机、内部网络路由器。

在两个路由器上可以设置过滤规则，壁垒主机运行代理服务程序，企业对外的信息服务（如 WWW 服务器、FTP 服务器等）可以在停火区内。

（三）防火墙的主要技术

1. 包过滤技术。

（1）包过滤原理

包过滤（Packet Filtering，PF）是防火墙为系统提供安全保障的主要技术，可在网络层对进出网络的数据包进行有选择的控制与操作。包过滤操作一般都是在选择路由的同时，在网络层对数据包进行选择或过滤。

选择的依据是系统内设置的过滤逻辑，即访问控制表（Access Control Table，ACT）。由它指定允许哪些类型的数据包可以流入或流出内部网络。例如，如果防火墙中设定某一 IP 地址的站点为不适宜访问的站点，则从该站点地址来的所有信息都会被防火墙过滤掉。一般过滤规则是以 IP 数据包信息为基础，对 IP 数据包的源地址、目的地址、传输方向、分包、IP 数据包封装协议（例如，TCP/UDP/ICMP）、TCP/UDP 目标端口号等进行筛选、过滤。

包过滤技术是一种网络安全保护机制，可以用来控制流出和流入网络的数据。它有选择地让数据包在内部网络与外部网络之间进行交换，即根据内部网络的安全规则允许某些数据包通过，同时又阻止某些数据包通过。它通过检查数据流中每个数据包的源地址、目的地址、所用的端口号、协议状态等因素，或它们的组合，决定该 IP 数据包是否要进行拦截还是给予放行。这样可以有效地防止恶意用户利用不安全的服务对内部网进行攻击。

包过滤防火墙要遵循的一条基本原则就是"最小特权原则"，即明确允许管理员希望通过的那些数据包，禁止其他的数据包。

（2）包过滤模型

包过滤防火墙的核心是包检查模块。包检查模块深入到操作系统的核心，在操作系统或路由器转发包之前拦截所有的数据包。当把包过滤防火墙安装在网关上之后，包过滤检查模块深入到系统的传输层和网络层之间，即 TCP 层和 IP 层之间，在操作系统或路由器的 TCP 层对 IP 包处理以前对 IP 包进行处理。在实际应用中，数据链路层主要由网络适配器（NIC）进行实现，网络层是软件实现的第一层协议堆栈，因此，防火墙位于软件层次的最底层。

通过检查模块，防火墙能拦截和检查所有流出和流入防火墙的数据包。防火墙检查模块首先验证这个包是否符合过滤规则，不管是否符合过滤规则，防火墙一般都要记录数据包情况，不符合规则的包要进行报警或通知管理员。对被防火墙过滤或丢弃的数据包，防火墙可以给数据的发送方返回一个 ICMP 消息，也可以不返回，这要取决于包过滤防火墙的策略。如果都返回一个 ICMP 消息，攻击者可能会根据拒绝包的 ICMP 类型猜测包过滤规则的细节，因此，对于是否返回一个 ICMP 消息给数据包的发送者需要慎重。

（3）包过滤技术的优点

包过滤防火墙逻辑简单，价格低廉，易于安装和使用，网络性能和透明性好。它通常安装在路由器上，而路由器是内部网络与 Internet 连接必不可少的设备，因此，在原有网络上增加这样的防火墙几乎不需要任何额外的费用。包过滤防火墙的优点主要体现在以下几个方面。

①不用改动应用程序，包过滤防火墙不用改动客户机和主机上的应用程序，因为它工作在网络层和传输层，与应用层无关。

②一个过滤路由器能协助保护整个网络，包过滤防火墙的主要优点之一，是一个单个的、恰当放置的包过滤路由器，有助于保护整个网络。如果仅有一个路由器连接内部与外部网络，则不论内部网络的大小、内部拓扑结构如何，通过那个路由器进行数据包过滤，在网络安全保护上就能取得较好的效果。

③数据包过滤对用户透明，数据包过滤是在 IP 层实现的，Internet 用户根本感觉不到它的存在；包过滤不要求任何自定义软件或者客户机配置；它也不要求用户经过任何特殊的训练或者操作，使用起来很方便。

④过滤路由器速度快、效率高，过滤路由器只检查报头相应的字段，一般不查看数据包的内容，而且某些核心部分是由专用硬件实现的，因此，其转发速度快、效率较高。

总之，包过滤技术是一种通用、廉价、有效的安全手段。通用，是因为它不针对各个具体的网络服务采取特殊的处理方式，而是对各种网络服务都通用；廉价，是因为大多数路由器都提供分组过滤功能，不用再增加更多的硬件和软件；有效，是因为它能在很大程度上满足企业的安全要求。

2. 代理服务技术

代理服务（Proxy）技术是一种较新型的防火墙技术，它分为应用层网关和电路层网关。

（1）代理服务原理

代理服务器是指代表客户处理连接请求的程序。当代理服务器得到一个客户的连接意图时，它将核实客户请求，并用特定的安全化的 Proxy 应用程序来处理连接请求，将处理后的请求传递到真实的服务器上，然后接受服务器应答，并进行进一步处理后，将答复交给发出请求的最终客户。代理服务器在外部网络向内部网络申请服务时发挥了中间转接和隔离内、外部网络的作用，因此，又称为代理防火墙。

代理防火墙工作于应用层，且针对特定的应用层协议。代理防火墙通过编程来弄清用户应用层的流量，并能在用户层和应用协议层间提供访问控制；而且还可用来保持一个所有应用程序使用的记录。记录和控制所有进出流量的能力是应用层网关的主要优点之一。代理服务器作为内部网络客户端的服务器，拦截住所有请求，也向客户端转发响应。代理客户机负责代表内部客户端向外部服务器发出请求，当然也向代理服务器转发响应；

（2）应用层网关防火墙

应用层网关（Application Level Gate ways，A LG）防火墙是传统代理型防火墙，在网络应用层上建立协议过滤和转发功能。它针对特定的网络应用服务协议使用指定的数据过滤逻辑，并在过滤的同时对数据包进行必要的分析、登记和统计，形成报告。

应用层网关防火墙的核心技术就是代理服务器技术，它是基于软件的，通常安装在专用工作站系统上。这种防火墙通过代理技术参与到一个 TCP 连接的全过程，并在网络应用层上建立协议过滤和转发功能，因此，又称为应用层网关。

当某用户想和一个运行代理的网络建立联系时，此代理会阻塞这个连接，然后在过滤的同时对数据包进行必要的分析、登记和统计，形成检查报告。如果此连接请求符合预定的安全策略或规则，代理防火墙便会在用户和服务器之间建立一个"桥"，从而保证其通信。对不符合预定安全规则的，则阻塞或抛弃。换句话说，"桥"上设置了很多控制。

同时，应用层网关将内部用户的请求确认后送到外部服务器，再将外部服务器的响应回送给用户。这种技术对 ISP 很常见，通常用于在 Web 服务器上高速缓存信息，并且扮演 Web 客户和 Web 服务器之间的中介角色。它主要保存 Internet 上那些最常用和最近访问过的内容，在 Web 上，代理首先试图在本地寻找数据；如果没有，再到远程服务器上去查找。为用户提供了更快的访问速度，并提高了网络的安全性。

（3）电路层网关防火墙

在电路层网关（Circuit Level Gateway，CLG）防火墙中，数据包被提交给用户的应用层进行处理，电路层网关用来在两个通信的终点之间转换数据包。

电路层网关是建立应用层网关的一个更加灵活的方法。它是针对数据包过滤和应用网关技术存在的缺点而引入的防火墙技术，一般采用自适应代理技术，也称为自适应代理防火墙。在电路层网关中，需要安装特殊的客户机软件。组成这种类型防火墙的基本要素有两个，即自适应代理服务器与动态包过滤器。在自适应代理与动态包过滤器之间存在一个控制通道。

在对防火墙进行配置时，用户仅仅将所需要的服务类型和安全级别等信息通过相应proxy的管理界面进行设置就可以了。然后，自适应代理就可以根据用户的配置信息，决定是使用代理服务从应用层代理请求还是从网络层转发数据包。如果是后者，它将动态地通知包过滤器增减过滤规则，满足用户对速度和安全性的双重要求。因此，它结合了应用层网关防火墙的安全性和包过滤防火墙的高速度等优点，在毫不损失安全性的基础之上将代理型防火墙的性能提高 10 倍以上。

电路层网关防火墙的特点是将所有跨越防火墙的网络通信链路分为两段。防火墙内外计算机系统间应用层的"链接"由两个终止代理服务器上的"链接"来实现，外部计算机的网络链路只能到达代理服务器，从而起到了隔离防火墙内外计算机系统的作用。

此外，代理服务也对过往的数据包进行分析、注册登记，形成报告，同时当发现被攻击迹象时会向网络管理员发出警报，并保留攻击痕迹。

（4）代理服务技术的优点

①代理服代理因为是一个软件，所以它较过滤路由器更易配置，配置界面十分友好。如果代理实现得好，可以对配置协议要求较低，从而避免配置错误。

②代理能生成各项记录。因代理工作在应用层，它检查各项数据，所以可以按一定准则，让代理生成各项日志、记录。这些日志、记录对于流量分析、安全检验是十分重要和宝贵的。当然，也可以用于计费等应用。

③代理能灵活、完全地控制进出流量和内容。通过采取一定的措施，按照一定的规则，可以借助代理实现一整套的安全策略。比如，可说控制"谁"和"什么"，还有"时间"和"地点"。

④代理能过滤数据内容。可以把一些过滤规则应用于代理，让它在高层实现过滤功能，如文本过滤、图像过滤、预防病毒或扫描病毒等。

⑤代理能为用户提供透明的保密机制。用户通过代理进出数据，可以让代理完成加/解密的功能，从而方便用户，确保数据的保密性。这点在虚拟专用网中特别重要。代理可以广泛地用于企业外部网中，提供较高安全性的数据通信。

⑥代理可以方便地与其他安全手段集成。目前的安全问题解决方案很多，如认证（Authentication）、授权（Authorization）、账号（Accouting）、数据加密、安全协议（SSL）等。如果把代理与这些手段联合使用，将大大增加网络安全性。

3. 状态检测技术

（1）状态检测原理

基于状态检测技术的防火墙也称为动态包过滤防火墙。它通过一个在网关处执行网络安全策略的检测引擎而获得非常好的安全特性。检测引擎在不影响网络正常运行的前提下，采用抽取有关数据的方法对网络通信的各层实施检测。它将抽取的状态信息动态地保存起来作为以后执行安全策略的参考。检测引擎维护一个动态的状态信息表并对后续的数据包进行检查，一旦发现某个连接的参数有意外变化，就立即将其终止。

状态检测防火墙监视和跟踪每一个有效连接的状态，并根据这些信息决定是否允许网络数据包通过防火墙。它在协议栈底层截取数据包，然后分析这些数据包的当前状态，并将其与前一时刻相应的状态信息进行比较，从而得到对该数据包的控制信息。

检测引擎支持多种协议和应用程序，并可以方便地实现应用和服务的扩充。当用户访问请求到达网关操作系统前，检测引擎通过状态监视器要收集有关状态信息，结合网络配置和安全规则做出接纳、拒绝、身份认证及报警等处理动作。一旦有某个访问违反了安全规则，则该访问就会被拒绝，记录并报告有关状态信息。

状态检测防火墙试图跟踪通过防火墙的网络连接和包，这样，防火墙就可以使用一组附加的标准，以确定是否允许和拒绝通信。它是在使用了基本包过滤防火墙的通信上应用一些技术来做到这点的。

在包过滤防火墙中，所有数据包都被认为是孤立存在的，不关心数据包的历史或未来，数据包的允许和拒绝的决定完全取决于包自身所包含的信息，如源地址、目的地址和端口号等。状态检测防火墙跟踪的则不仅仅是数据包中所包含的信息，而且还包括数据包的状态信息。为了跟踪数据包的状态，状态检测防火墙还记录有用的信息以帮助识别包，如已有的网络连接、数据的传出请求等。

状态检测技术采用的是一种基于连接的状态检测机制，将属于同一连接的所有包作为一个整体的数据流看待，构成连接状态表，通过规则表与状态表的共同配合，对表中的各个连接状态因素加以识别。

（2）跟踪连接状态的方式

状态检测技术跟踪连接状态的方式取决于数据包的协议类型，具体如下：

① TCP 包。当建立起一个 TCP 连接时，通过的第一个包被标有包的 SYN 标志。通常来说，防火墙丢弃所有外部的连接企图，除非已经建立起某条特定规则来处理它们。对内部主机试图连到外部主机的数据包，防火墙标记该连接包，允许响应及随后在两个系统之间的数据包通过，直到连接结束为止。在这种方式下，传入的包只有在它是响应一个已建立的连接时，才会被允许通过。

② UDP 包。UDP 包比 TCP 包简单，因为它们不包含任何连接或序列信息。它们只包含源地址、目的地址、校验和携带的数据。这种信息的缺乏使得防火墙确定包的合法性很困难，因为没有打开的连接可利用，以测试传入的包是否应被允许通过。

但是，如果防火墙跟踪包的状态，就可以确定。对传入的包，如果它所使用的地址和 UDP 包携带的协议与传出的连接请求匹配，则该包就被允许通过。与 TCP 包一样，没有传入的 UDP 包会被允许通过，除非它是响应传出的请求或已经建立了指定的规则来处理它。对其他种类的包，情况与 UDP 包类似。防火墙仔细地跟踪传出的请求，记录下所使用的地址、协议和包的类型，然后对照保存过的信息核对传入的包，以确保这些包是被请求的。

（3）状态检测技术的优点

①与静态包过滤技术相比，状态检测技术提高了防火墙的性能。状态检测机制对连接的初始报文进行详细检查，而对后续报文不需要进行相同的动作，只需快速通过即可。

②安全性比静态包过滤技术高。状态检测机制可以区分连接的发起方与接收方，可以通过状态分析阻断更多的复杂攻击行为，可以通过分析打开相应的端口而不是要打开都打开或全部关闭。

（四）防火墙的选购

一般认为，没有一个防火墙的设计能够适用于所有的环境，所以应根据网站的特点来选择合适的防火墙。选购防火墙时应考虑以下几个因素。

1. 防火墙的安全性

安全性是评价防火墙好坏最重要的因素，这是因为购买防火墙的主要目的就是为了保护网络免受攻击。但是，由于安全性不太直观、不便于估计，因此，往往被用户所忽视。对于安全性的评估，需要配合使用一些攻击手段进行。

防火墙自身的安全性也很重要，大多数人在选择防火墙时都将注意力放在防火墙如何控制连接以及防火墙支持多少种服务上，而往往忽略了防火墙的安全问题，当防火墙主机上所运行的软件出现安全漏洞时，防火墙本身也将受到威胁，此时任何的防火墙控制机制都可能失效。因此，如果防火墙不能确保自身安全，则防火墙的控制功能再强，也不能完全保护内部网络。

2. 防火墙的高效性

用户的需求是选购何种性能防火墙的决定因素。用户安全策略中往往还可能会考虑一些特殊功能要求，但并不是每一个防火墙都会提供这些特殊功能的。用户常见的需求可能包括以下几种。

（1）双重域名服务（DNS）

当内部网络使用没有注册的 IP 地址或是防火墙进行 IP 地址转换时，DNS 也必须经过转换，因为同样的一台主机在内部的 IP 地址与给予外界的 IP 地址是不同的，有的防火墙会提供双重 DNS，有的则必须在不同主机上各安装一个 DNS。

（2）虚拟专用网络（VPN）

VPN 可以在防火墙与防火墙或移动的客户端之间对所有网络传输的内容进行加密，建立一个虚拟通道，让两者感觉是在同一个网络上，可以安全且不受拘束地互相存取。

（3）网络地址转换功能（NAT）

进行地址转换有两个优点，即一是可以隐藏内部网络真正的 IP 地址，使黑客无法直接攻击内部网络，这也是要强调防火墙自身安全性问题的主要原因；二是可以使内部使用保留的 IP 地址，这对许多 IP 地址不足的企业是有益的。

（4）杀毒功能

大部分防火墙都可以与防病毒软件搭配实现杀毒功能，有的防火墙甚至直接集成了杀毒功能。两者的主要差别只是后者的杀毒工作由防火墙完成，或由另一台专用的计算机完成。

（5）特殊控制需求

有时企业会有一些特别的控制需求，例如，限制特定使用者才能发送 E-mail；FTP 服务只能下载文件，不能上传文件等，依需求不同而异。

最大并发连接数和数据包转发率是防火墙的主要性能指标。购买防火墙的需求不同，对这两个参数的要求也不同。例如，一台用于保护电子商务 Web 站点的防火墙，支持越多的连接意味着能够接受越多的客户和交易，因此，防火墙能够同时处理多个用户的请求是最重要的；但是对于那些经常需要传输大的文件且对实时性要求比较高的用户，高的包转发率则是关注的重点。

3. 防火墙的适用性

适用性是指量力而行。防火墙也有高低端之分，配置不同，价格不同，性能也不同。同时，防火墙有许多种形式，有的以软件形式运行在普通计算机之上，有的以硬件形式单独实现，也有的以固件形式设计在路由器之中。因此，在购买防火墙之前，用户必须了解各种形式防火墙的原理、工作方式和不同的特点，才能评估它是否能够真正满足自己的需要。

4. 防火墙的可管理性

防火墙的管理是对安全性的一个补充。有些防火墙的管理配置需要有很深的网络和安全方面的专业知识，很多防火墙被攻破不是因为程序编码的问题，而是管理和配置错误导致的。对管理的评估，应从以下几个方面进行考虑。

（1）远程管理

允许网络管理员对防火墙进行远程干预，并且所有远程通信需要经过严格的认证和加密。例如，管理员下班后出现入侵迹象，防火墙可以通过发送电子邮件的方式通知该管理员，管理员可以以远程方式封锁防火墙的对外网卡接口或修改防火墙的配置。

（2）界面简单、直观

大多数防火墙产品都提供了基于 Web 方式或图形用户界面 GUI 的配置界面。

（3）有用的日志文件

防火墙的一些功能可以在日志文件中得到体现。防火墙提供灵活、可读性强的审计界面是很重要的。例如，用户可以查询从某一固定 IP 地址发出的流量、访问的服务器列表等，因为攻击者可以采用不停地填写日志以覆盖原有日志的方法使追踪无法进行，所以防火墙应该提供设定日志大小的功能，同时在日志已满时给予提示。

因此，最好选择拥有界面友好、易于编程的 IP 过滤语言及便于维护管理的防火墙。

二、入侵程测技术

（一）入侵检测系统概述

1. 入侵检测系统的概念

入侵检测是对入侵行为的检测，它通过收集和分析计算机网络或计算机系统中若干关键点的信息，检查网络或系统中是否存在违反安全策略的行为和被攻击的迹象。

入侵检测系统（Intrusion Detection System，IDS）是进行入侵检测监控和分析过程自动化的软件与硬件的组合系统。它处于防火墙之后对网络活动进行实时监测，是防火墙的延续。

入侵检测系统的主要功能如下所示。

监测、记录并分析用户和系统的活动，查找非法用户和合法用户的越权操作，防止网络入侵事件的发生。

识别已知的攻击行为，统计分析异常行为，检测其他安全措施未能阻止的攻击或安全违规行为。

检测黑客在攻击前的探测行为，报告计算机系统或网络中存在的安全威胁，预先给管理员发出警报。

核查系统配置和漏洞，帮助管理员诊断网络中存在的安全弱点，并提示管理员修补漏洞。

在复杂的网络系统中部署入侵检测系统，可以提高网络安全管理的效率和质量。

评估系统关键资源和数据文件的完整性。

操作系统日志管理，并识别违反安全策略的用户活动等。

一个成功的入侵检测系统，不仅可使系统管理员时刻了解网络系统（包括程序、文件和硬件设备等）的任何变更，还能给网络安全策略的制定提供依据。它应该管理配置简单，使非专业人员非常容易地获得网络安全。入侵检测的规模还应根据网络规模、系统构造和安全需求的改变而改变。入侵检测系统在发现入侵后，会及时做出响应，包括切断网络连接、记录事件和报警等。

2. 入侵检测系统的分类

对入侵检测系统的分类方法很多，根据着眼点的不同，主要有下列几种分法。

（1）按检测原理分

根据入侵行为的属性，传统的观点将其分为异常和误用两种，两者分别建立了相应的异常检测模型和误用检测模型。

异常检测模型。异常入侵检测是指能够根据异常行为和使用计算机资源的情况检测出来的入侵。异常入侵检测试图用定量的方式描述可以接受的行为特征。以区分非正常的、潜在的入侵行为。Anderson 做了如何通过识别"异常"行为来检测入侵的早期工作。他提出了一个威胁模型，将威胁分为外部闯入（用户虽然授权，但对授权数据和资源的使用不合法或滥用授权）、内部渗透和不当行为 3 种类型，并使用这种分类方法开发了

161

一个安全监视系统，可检测用户的异常行为。异常检测模型因为不需要对每种入侵行为进行定义，所以能有效检测未知的入侵，即漏报率低，但误报率高。

误用检测模型。检测与已知的不可接受行为之间的匹配程度。与异常入侵检测不同，误用入侵检测能直接检测不利或不可接受的行为，而异常入侵检测是检查出与正常行为相违背的行为。如果可以定义所有的不可接受行为，那么每种能够与之匹配的行为都会引起报警。收集非正常操作的行为特征，建立相关的特征库，当检测的用户或系统行为与库中的记录相匹配时，系统就认为这种行为是入侵。这种检测模型误报率低、漏报率高。对于已知的攻击，它可以详细、准确地报告出攻击类型，但是对未知攻击却效果有限，而且特征库必须不断更新。

（2）按数据来源分

按数据来源的不同，入侵检测系统可以分为以下三种基本结构。

基于主机的入侵检测系统。基于主机的入侵检测系统（Host Intrusion Detection System，HIDS）数据来源于主机系统，通常是系统日志和审计记录。它通过对系统日志和审计记录的不断监控和分析来发现攻击后的误操作。优点是针对不同操作系统捕获应用层入侵，误报少；缺点是依赖于主机及其审计子系统，实时性差。

基于网络的入侵检测系统。基于网络的入侵检测系统（Network Intrusion Detection System，NIDS）数据来源于网络上的数据流。它能够截获网络中的数据包，提取其特征并与知识库中已知的攻击签名相比较，从而达到检测的目的。其优点是侦测速度快、隐蔽性好，不容易受到攻击、对主机资源消耗少；缺点是有些攻击是由服务器的键盘发出的，不经过网络，因而无法识别，误报率较高。

分布式入侵检测系统（混合型）。分布式入侵检测系统（Distributed Intrusion Detection System，DIDS）能够同时分析来自主机系统审计日志和网络数据流的入侵检测系统，一般为分布式结构，由多个部件组成。它可以从多个主机获取数据也可以从网络传输取得数据，克服了单一的 HIDS、NIDS 的不足。

（3）按体系结构分

按入侵检测体系结构的不同，入侵检测系统可以分为集中式入侵检测系统、等级式入侵检测系统和分布式入侵检测系统。

集中式入侵检测系统。集中式入侵检测系统有多个分布在不同主机上的审计程序，仅有一个中央入侵检测服务器。审计程序将从当地收集到的数据踪迹发送给中央服务器进行分析处理。随着服务器所承载的主机数量的增多，中央服务器进行分析处理的数量就会猛增，而且一个服务器遭受攻击，整个系统就会崩溃。

等级式入侵检测系统。等级式入侵检测系统又称为分层式入侵检测系统，它定义了若干等级的监控区域，每个入侵检测系统负责一个区域，每一级 IDS 只负责所监控区域的分析，然后将当地的分析结果传送给上一级入侵检测系统。

等级式入侵检测系统也存在一些问题。首先，当网络拓扑结构改变时，区域分析结果的汇总机制也需要做相应的调整；其次，这种结构的入侵检测系统最后还是要将各地收集的结果传送到最高级的检测服务器进行全局分析，所以系统的安全性并没有实质性的改进。

分布式（协作式）入侵检测系统。分布式入侵检测系统又称为协作式入侵检测系统，它是将中央检测服务器的任务分配给多个基于主机的入侵检测系统，这些入侵检测系统不分等级，各司其职，负责监控当地主机的某些活动。所以，其可伸缩性、安全性都得到了显著的攻击，它可以详细、准确地报告出攻击类型，但是对未知攻击却效果有限，而且特征库必须不断更新。

（4）按检测的策略分

按检测的策略不同，可分为滥用检测、异常检测和完整性检测。

滥用检测（Misuse Detection）。滥用检测是指将收集到的信息与已知的网络入侵和系统误用模式数据库进行比较，从而发现违背安全策略的行为。该方法的优点是只需收集相关的数据集合，可显著减少系统负担，且技术已相当成熟。该方法存在的弱点是需要不断的升级以对付不断出现的黑客攻击手法，不能检测到从未出现过的黑客攻击手段。

异常检测（Abnonnal Detection）。在异常检测中，首先给系统对象（如用户、文件、目录和设备等）创建一个统计描述、统计正常使用时的一些测量属性，如访问次数、操作失败次数和延时等测量属性的平均值将被用来与网络、系统的行为进行比较，任何观察值在正常值范围之外时，就认为有入侵发生。其优点是可检测到未知的入侵和更为复杂的入侵；缺点是误报、漏报率高，且不适应用户正常行为的突然改变。

完整性分析（Integrality Analysis）。完整性分析主要关注某个文件或对象是否被更改，这经常包括文件和目录的内容及属性，它在发现被更改的、被特洛伊化的应用程序方面特别有效。其优点是只要成功的攻击导致了文件或其他对象的任何改变，它都能够发现；缺点是一般以批处理方式实现，不易于实时响应。

（5）按数据分析的时效性分

按数据分析的时效性，入侵检测系统可分为离线检测系统和在线检测系统。

离线检测系统。离线检测系统又称脱机分析检测系统，就是在行为发生后，对产生的数据进行分析（而不是在行为发生的同时进行分析），从而检查出入侵活动。它是非实时工作的系统。对日志的审查、对系统文件的完整性检查等都属于这种检测系统。一般而言，脱机分析也不会间隔很长时间，所谓的脱机只是与联机相对而言的。

在线检测系统。在线检测系统又称联机分析检测系统，就是在数据产生或者发生改变的同时对其进行检查，以便发现攻击行为。它是实时联机的检测系统。这种方式一般用于网络数据的实时分析，有时也用于实时主机审计分析。它对系统资源的要求比较高。

（二）基于主机的入侵检测系统

1. 基于主机的入侵检测系统的结构

基于主机的入侵检测系统是早期的入侵检测系统结构，其检测的目标主要是主机系统和系统本地用户。检测原理是根据主机的审计数据和系统日志发现可疑事件，检测系统可以运行在被检测的主机或单独的主机上。

这种类型的系统依赖于审计数据或系统日志的准确性、完整性以及安全事件的定义。如果入侵者设法逃避审计或进行合作入侵，则基于主机的检测系统的弱点就暴露出来了。特别是在现代的网络环境下，单独地依靠主机审计信息进行入侵检测难以适应网络安全的需求。

2. 基于主机的入侵检测系统的优点

基于主机的入侵检测系统主要有以下几个优点：

监视特定的系统活动。基于主机的入侵检测系统监视用户和访问文件的活动，包括文件访问、改变文件权限，试图建立新的可执行文件或者试图访问特殊的设备。操作系统记录了任何有关用户帐号的增加、删除、更改的情况，改动一旦发生，基于主机的入侵检测系统就能检测到这种不适当的改动。基于主机的入侵检测系统还可审计能影响系统记录的校验措施的改变。除此之外，基于主机的系统还可以监视主要系统文件和可执行文件的改变。系统能够查出那些欲改写重要系统文件或者安装特洛伊木马或后门的尝试并将它们中断。

适用于被加密的和交换的环境。既然基于主机的系统驻留在网络中的各种主机上，那么，它们可以克服基于网络的入侵检测系统在交换和加密环境中所面临的一些困难。由于在大的交换网络中确定入侵检测系统的最佳位置和网络覆盖非常困难，因此，基于主机的检测驻留在关键主机上则避免了这一难题。根据加密驻留在协议栈中的位置，它可能让基于网络的 IDS 无法检测到某些攻击。基于主机的入侵检测系统并不具有这个限制。因为当操作系统（因而也包括了基于主机的入侵检测系统）收到到来的通信时，数据序列已经被解密了。

近实时的检测和应答。尽管基于主机的检测并不提供真正实时的应答，但新的基于主机的检测技术已经能够提供近实时的检测和应答。早期的系统主要使用一个过程来定时检查日志文件的状态和内容，而许多现在的基于主机的系统在任何日志文件发生变化时都可以从操作系统及时接收一个中断，这样就大大减少了攻击识别和应答之间的时间。

不需要额外的硬件。基于主机的检测驻留在现有的网络基础设施上，其包括文件服务器、Web 服务器和其他的共享资源等。这样就减少了基于主机的入侵检测系统的实施成本，因为不需要增加新的硬件，所以也就减少了以后维护和管理这些硬件设备的负担。

（三）基于网络的入侵检测系统

1. 基于网络的入侵检测系统的结构

基于网络的入侵检测系统通过在计算机网络中的某些点被动地监听网络上传输的原始流量，对获取的网络数据进行处理，从中提取有用的信息，再通过与已知攻击特征相匹配或与正常网络行为原型相比较来识别攻击事件。

随着计算机网络技术的发展，单独地依靠主机审计信息进行入侵检测难以适应网络安全的需求，因而提出了一种基于网络的入侵检测系统。这种系统根据网络流量及单台或多台主机的审计数据检测入侵。

分析引擎将从探测器上接收到的数据包结合网络安全数据库进行分析，把分析的结果传递给安全配置构造器。安全配置构造器按分析引擎器的结果构造出探测器所需要的配置规则。

2. 基于网络的入侵检测系统的优点

基于网络的入侵检测系统主要有以下几个优点：

拥有成本低。基于网络的入侵检测系统允许部署在一个或多个关键访问点来检查所有经过的网络通信。因此，基于网络的入侵检测系统并不需要在各种各样的主机上进行安装，大大减少了安全和管理的复杂性。

攻击者转移证据困难。基于网络的入侵检测系统使用活动的网络通信进行实时攻击检测，因此，攻击者无法转移证据，被检测系统捕获的数据不仅包括攻击方法，而且包括对识别和指控入侵者十分有用的信息。

实时检测和响应。一旦发生恶意访问或攻击，基于网络的入侵检测系统可以随时发现它们，因此，能够很快地作出反应。如对于黑客使用 TCP 启动基于网络的拒绝服务攻击（DoS），入侵检测系统可以通过发送一个 TCP reset 来立即终止这个攻击，这样就可以避免目标主机遭受破坏或崩溃。这种实时性使得系统可以根据预先定义的参数迅速采取相应的行动，从而将入侵活动对系统的破坏降到最低。

能够检测未成功的攻击企图。一个放在防火墙外面的基于网络的入侵检测系统可以检测到旨在利用防火墙后面的资源的攻击，尽管防火墙本身可能会拒绝这些攻击企图。基于主机的系统并不能发现未能到达受防火墙保护的主机的攻击企图，而这些信息对于评估和改进安全策略是十分重要的。

与操作系统无关性。基于网络的入侵检测系统并不依赖主机的操作系统作为检测资源，而基于主机的系统必须在特定的、没有遭到破坏的操作系统中才能正常工作，生成有用的结果。

（四）分布式入侵检测系统

1. 分布式入侵检测系统的结构

分布式入侵检测系统综合了上述两类入侵检测系统的特点，既监视网络数据也监视主机数据。分布式检测系统往往是分布式的，有一部分传感器（或称为代理）驻留在主机上收集信息，另一部分则部署在网络中，它们都由中央控制台管理，将收集到的信息发往控制台进行处理。目前，实际的入侵检测系统大多是这两种系统的混合体。

典型的入侵检测系统是一个统一集中的代码块，它位于系统内核或内核之上，监控传送到内核的所有请求。但是，随着网络系统结构复杂化和大型化，系统的弱点或漏洞将趋向于分布式。此外，入侵行为不再是单一的行为，而是表现出相互协作的入侵特点，在这种背景下，基于分布式的入侵检测系统就应运而生。

在基于主体的入侵检测系统原型中，主体将监控系统的网络信息流。例如，通过提供的 DL-PI 模块与网络接口。主体能够访问网络信息流。操作员将给出不同的网络信息流形式，如入侵状态下和一般状态下等情形来指导主体的学习。经过一段时间的训练，主体就可以在网络信息流中检测异常活动。主体是通过基因算法来实际学习的，操作员不必主动调整主体的操作。

2. 分布式入侵检测系统的技术难点

与传统的单机入侵检测系统相比，分布式入侵检测系统具有明显的优势。然而，在具体的实现中却存在着一些技术难点，具体体现在以下几个方面。

（1）知识库的存储

通常，专家系统将知识库与其分析代码和响应逻辑分离开来，以增加系统整体的模块性。将知识库放在集中管理的存储体中进行维护的方式具有特定的某些优势，如对整个信息的动态修改和控制操作将会比较容易实现。此外，集中放置的知识库存储方式可以很方便地应用插件式的规则集合，插件模式的规则集能够增加系统的通用性和可移植性。然而，在高度分布的且具有海量事件流量的环境中，集中存储和集中分析引擎的组合方式可能成为整个系统运行的性能瓶颈。同时，如果集中存储的知识库和规则集合遭到破坏或变得不可用时，它还可能成为整个系统的安全薄弱环节。

（2）状态空间管理及规则复杂度

状态空间管理及规则复杂度关注的是如何在规则的复杂程度和审计数据处理要求之间取得平衡。从检测的准确性角度来看，检测规则或检测模型越复杂，检测的有效性就越好，但同时也导致了复杂的状态空间管理和分析算法。

采用复杂的规则集对大量的审计数据进行处理，对处理机来说会消耗大量的 CPU 时间和存储空间，这可能会降低系统的实时处理能力。反之，如果采用较为简单的规则集，虽然可以提高系统的处理能力，但却无法保证检测的准确性。

（3）推理架构

在许多基于特征的专家系统内部，都存在特定的核心算法。该算法接受输入，然后在一组推理规则的基础上，执行对新知识或结论的推导过程。这种推理引擎模式实际上是集中式的。在一个大规模网络环境中，事件和数据流在网络内部异步地并行流动，其流量规模超过了任何一种集中式处理技术所能处理的范围。集中式的分析模式需要集中地收集事件信息，并将所有的分析负担置于该推理引擎所在的主机上。这种模式不具备良好的收缩扩展性能。如果采用了完全分布式的分析方法，则又会引发另外的问题。无论是全局的数据相关处理，还是各个分布式分析组件之间的协调工作，都会消耗大量的计算资源。在传统的集中式专家系统分析技术和完全分布式的分析方案之间寻找到一个最优的分析模式，将是在创建任何一个可伸缩的推理架构过程中所要解决的关键问题。

（4）状态空间和规则复杂性

在基于特征的分析技术中，规则的复杂性与系统性能之间存在着直接的制约折中关系。一种能够表示多个事件复杂次序关系的复杂规则结构，可能允许一种简明和结构完美的入侵模式定义。但是，复杂的规则结构同时也将大大增加在分析过程中维护各种状态信息的负担，从而限制其向具有海量事件数据流量环境的扩展能力。当处理速度成为关键因素时，最终确定的规则集合将是一种没有状态管理需求的系统，即在处理事件数据时无需对次序信息和费时的状态条件进行计算。因此，太简单的规则系统也将限制对网络滥用异常行为的表述能力，从而可能导致规模过度膨胀的规则库，以此作为对缺少描述特定攻击行为多个变化方式的表述能力的补偿。很显然，在高度复杂且具有高度表达能力的规则模型与更简短且需要最少状态管理和分析负担的规则集之间，常常存在一个权衡折中的关系。

（5）审计记录的生成和存储

审计记录的生成和存储往往是一种集中式的活动，并且常常在不恰当的抽象层次上收集到超过所需的过量信息。集中式的审计机制给主机的 CPU 和 I/O 系统施加了沉重的负担，并且无法很好地适应用户数目迅速增长的情况。此外，我们通常也很难将集中式的审计机制扩展到空间上高度分布的环境中，如网络基础设施，或者是不同的网络服务类型。

实际上，对于实际的网络系统和应用环境来说，还有其他一些因素需要考虑，例如，入侵检测组件间的通信可能占用网络带宽，影响系统的通信能力；网络范围内的日志共享导致了安全威胁，攻击者可以通过网络窃听的方式窃取安全相关信息等。

3. 分布式入侵检测系统的发展方向

分布式入侵检测系统的主要朝着两个方向发展：协同探测方向、管理型入侵检测方向。

在分布式入侵检测系统的基础上，增加多类型的探测引擎，进行协同探测尤为重要，是今后入侵检测系统发展的重要方向之一。当分布式入侵检测系统规模较大时，对系统的管理与维护将是一项繁重的工作。主要包括以下几方面：

（1）探测器工作状态

工作状态一般为启动、停止，如果为硬件形式的探测器并且控制端分离，还应提供硬件设置管理。

（2）协同工作配置

一般入侵检测的协同工作内容包括与防火墙、扫描器、路由器、定位系统、通讯设备的协同工作，常见的是与防火墙、路由器的协同工作，涉及到管理的方面即为指定协同工作设备的类型、通信协议、具体的协同工作设备。目前与定义系统、通讯设备的协同工作也是一个趋势。管理型入侵检测应该可以对这些网络设备的状况进行检测对比，方便入侵检测管理人员对其本身的对照管理。

（3）所应用的策略，

策略指入侵检测系统在检测到某一攻击事件后所做的动作响应，其中也涉及协同工作的内容。由于策略配置依据来源于对报警事件、流量、其他扫描结果、网络配置的综合分析，所以策略配置完全可以在手工的基础上实现半自动的配置管理，使得策略调整的速度更快。

（4）所应用的事件库

所应用的事件库包括事件库的更新升级、自定义。由于入侵检测探测器的原理使得自定义事件非常简单，所以入侵检测应该提供自定义事件的功能，有利于用户的具体应用及系统的可扩展性。

（5）分析结果的应用

分析结果是用户用来修改入侵检测工作状态的依据，为方便用户的管理，此时应根据分析的结果提供一个管理的建议，使用户能够快速准确的进行管理。

（6）对操作主体（管理员身份）的管理

由于任何管理动作都会对入侵检测系统以至用户网络产生不同程度的影响，因此，对管理人员要进行严格的身份鉴别，同时对其操作进行审计记录。

（7）多点多级探测数据的综合

多点多级的管理不仅局限于具体的入侵检测系统管理，还涉及系统自身的管理、协同工作、反馈等。

（8）对存储器的管理

大规模的入侵检测系统使用中，存储器容量与性能往往是影响规模的重要瓶颈，对存储器的管理内容包括对存储系统的优化配置、对新增的存储器的操作配置、手工自动清理无用数据。

第四节　网络管理技术

一、网络管理的概念及其重要性

（一）网络管理的概念

网络管理，简单地说就是为了保证网络系统能够持续、稳定、高效和可靠地运行，对组成网络的各种软硬件设施和人员进行的综合管理。

网络管理的任务是收集、分析和检测监控网络中各种设备和实施的工作参数和工作状态信息，将结果显示给网络管理员并进行处理，从而控制网络中的设备、设施的工作参数和工作状态，以实现对网络的管理。

（二）网络管理的重要性

随着网络在社会生活中的广泛应用，特别是在金融、商务、政府机关、军事、信息处理以及工业生产过程控制等方面的应用，支持各种信息系统的网络如雨后春笋般涌现。随着网络规模的不断扩大，网络结构也变得越来越复杂。用户对网络应用的需求不断提高，企业和用户对计算机网络的重视和依赖程度已是有目共睹。在这种情况下，企业的管理者和用户对网络性能、运行状况以及安全性也越来越重视。因此，网络管理成为现代网络技术中最重要的问题之一，也是网络设计、实现、运行与维护等环节中的关键问题。

计算机网络的硬件包括实际存在服务器、工作站、网关、路由器、网桥、集线器、传输介质与各种网卡。计算机网络操作系统中存在着 UNIX、Windows NT、NetWare 等操作系统。不同厂家针对自己的网络设备与网络操作系统提供了专门的网络管理产品，但是这对于管理一个大型、异构、多厂家产品的计算机网络来说往往不够。具备丰富的网络管理知识与经验，是可以对复杂的网络进行有效管理的知识储备。所以，无论是对于网络管理员、网络应用开发人员，还是普通的网络用户来说，学习网络管理的基本理论与实现方法都是极有必要的。

二、网络管理的功能与模型

（一）网络管理的功能

网络管理标准化是要满足不同网络管理系统之间互操作的需求。为了支持各种网络互连管理的要求，网络管理需要有一个国际性的标准。

国际上有许多机构与团体都在为制定网络管理国际标准而努力。在众多的网络协议标准化组织中，国际标准化组织与国际电信联盟的电信标准部（ITU-T）做了大量的工作，并制定出了相应的标准。

OS1 网络管理标准将开放系统的网络管理功能划分成 5 个功能域，这 5 个功能域分别用来完成不同的网络管理功能。OSI 网络管理中定义的 5 个功能域只是网络管理最基本的功能，这些功能都需要通过与其他开放系统交换管理信息来实现。

OSI 管理标准中定义的 5 个功能域，即故障管理（Fault Management）、配置管理（Configuration Management）、性能管理（Performance Management）、计费管理（Accounting Management）和安全管理（Security Management）。

1. 故障管理

故障管理是网络管理中最基本的功能之一，用户希望有一个可靠的计算机网络。当网络中某个组成部分发生故障时，网络管理器可以迅速查找到网络故障并及时排除。故障管理就是用来维持网络的正常运行。网络故障管理包括及时发现网络中发生的故障，找出网络故障产生的原因，必要时启动控制功能来排除故障。控制活动包括诊断测试活动、故障修复或恢复活动、启动备用设备等。

通常可能无法迅速隔离某个故障，因为网络故障的产生原因往往比较复杂，特别是当故障是由多个网络组成部分共同引起时。在此情况下，一般先将网络修复，然后再分析引起网络故障的原因。故障管理是网络管理功能中与检测设备故障、差错设备的诊断、故障设备的恢复或故障排除有关的网络管理功能，其目的是保证网络能够提供连续、可靠的服务。故障管理功能可以分解成以下 5 个功能。

①检测管理对象的差错现象，或接收管理对象的差错事件通报。

②当存在冗余设备或迂回路由时，提供新的网络资源用于服务。

③创建与维护差错日志库，对差错日志进行分析。

④进行诊断测试，以跟踪并确定故障位置与故障性质。

⑤通过资源的更换、维修或其他恢复措施使其重新开始服务。

网络中所有的组成部分，包括通话设备与线路，都有可能成为网络通信的瓶颈。事先进行性能分析，将有助于在运行前或运行中避免出现网络通信的瓶颈问题 c 在进行这项工作时需要对网络的各项性能参数（例如，可靠性、延时、吞吐量、网络利用率、拥塞与平均无故障时间等）进行定量评价。

2. 配置管理

网络配置是最基本的网络管理功能，是指网络中每个设备的功能、相互间的连接关系和工作参数，它反映网络的状态。因为网络经常地变化，所以调整网络配置的原因很多，主要有以下几点。

①向用户提供满意的服务，网络需要根据用户需求的变化，增加新的资源与设备，调整网络的规模，增强网络的服务能力。

②网络管理系统在检测到某个设备或线路发生故障，在故障排除的过程中可能会影响到部分网络的结构。

③通信子网中某个节点的故障会造成网络上节点的减少与路由的改变。

对网络配置的改变可能是临时性的，也可能是永久性的。网络管理系统必须有足够的手段来支持这些改变，不论这些改变是长期的还是短期的。有时甚至要求在短期内自动修改网络配置，以适应突发性的需要。配置管理就是用来识别、定义、初始化、控制与监测通信网中的管理对象。

配置管理功能主要包括资源清单管理、资源开通以及业务开通。

从管理控制的角度来看，网络资源可以分为 3 个状态：可用、不可用和正在测试。从网络运行的角度来看，网络资源有两个状态：活动和不活动。

配置管理是网络中对被管理对象的变化进行动态管理的核心。当配置管理软件接到网管操作员或其他管理功能设施的配置变更请求时，配置管理服务首先确定管理对象的当前状态并给出变更合法性的确认，然后对管理对象进行变更操作，最后要验证变更确实已经完成。因此，配置管理活动经常是由其他管理应用软件来实现。

配置管理包括：

①配置开放系统中有关路由操作的参数。

②被管理对象和被管对象组名字的管理。

③初始化或关闭被管对象。

④根据要求收集系统当前状态的有关信息。

⑤更改系统配置。

3. 性能管理

性能管理的目的是维护网络服务质量（QoS）和网络运营效率。网络性能管理活动是持续地评测网络运行中的主要性能指标，以检验网络服务是否达到了预定的水平，找出已经发生或潜在的瓶颈，报告网络性能的变化趋势，为网络管理决策提供依据。为了达到这些目的，网络性能管理功能要维护性能数据库、网络模型，需要与性能管理功能域保持连接，并完成自动的网络管理。

典型的性能管理可以分为两部分：性能监测和网络控制。性能监测是指网络工作状态信息的收集和整理；而网络控制则是为改善网络设备的性能而采取的动作和措施。

性能管理监测的主要目的是以下几点。

①在用户发现故障并报告后，去查找故障发生的位置。

②全局监视，及早发现故障隐患，在影响服务之前就及时将其排除。

③对过去的性能数据进行分析，从而清楚资源利用情况及其发展趋势。

ISO 明确定义了网络或用户对性能管理的需求，以及衡量网络或开放系统性能的标准，定义了用于度量网络负荷、吞吐量、资源等待时间、响应时间、传播延时、资源可用性与表示服务质量变化的参数。

性能管理包括一系列管理对象状态的收集、分析与调整，保证网络可靠、连续通信的能力。性能分析的结果可能会触发某个诊断测试过程或重新配置网络以维护网络的性能。性能管理的一些典型功能包括以下几个部分。

①从管理对象中收集与性能有关的数据。

②分析与统计这些信息。

③根据统计分析的数据判断网络性能，报告当前网络性能，产生性能告警。

④将当前统计数据的分析结果与历史模型相比较，以便预测网络性能的变化趋势。

⑤形成并调整性能评价标准与性能参数标准值，根据实测值与标准值的差异来改变操作模式，调整网络管理对象的配置。

⑥实现对管理对象的控制，以保证网络性能达到设计要求。

4. 计费管理

计费管理（Accounting Management）随时记录网络资源的使用，目的是控制和监测网络操作的费用和代价。它可以估算出用户使用网络资源可能需要的费用和代价。网络管理员还可以规定用户能够使用的最大费用，从而控制用户过多地占用和使用网络资源，这也从另一方面提高了网络的效率。此外，当用户为了一个通信目的需要使用多个网络中的资源时，计费管理应能计算出总费用。

计费管理根据业务及资源的使用记录制作用户收费报告，确定网络业务和资源的使用费用并计算成本。计费管理保证向用户无误地收取使用网络业务应交纳的费用，也进行诸如管理控制的直接运用和状态信息提取一类的辅助网络管理服务。通常情况下，收费机制的启动条件是业务的开通。

计费管理的主要目的是正确地计算和收取用户使用网络服务的费用。但这并不是唯一的目的，计费管理还要进行网络资源利用率的统计和网络的成本效益核算。对于以盈利为目的的网络经营者来说，计费管理功能无疑是非常重要的。

在计费管理中，首先要根据各类服务的成本、供需关系等因素制定资费政策，资费政策包括根据业务情况制定的折扣率；其次要收集计费收据，如针对所使用的网络服务就占用时间、通信距离、通信地点等计算其服务费用。

通常计费管理包括如下几个主要功能。

①计算网络建设及运营成本，主要成本包括网络设备器材成本、网络服务成本、人工费用等。

②统计网络及其所包含的资源利用率。为确定各种业务在不同时间段的计费标准提供依据。

③联机收集计费数据。这是向用户收取网络服务费用的根据。

④计算用户应支付的网络服务费用。

⑤账单管理。保存收费账单及必要的原始数据，以备用户查询和置疑。

5. 安全管理

安全性一直是网络的薄弱环节之一，而用户对网络安全的要求又相当高，因此，网络安全管理非常重要。安全管理活动能够利用各种层次的安全防卫机制，使非法入侵事件尽可能少发生；能快速检测未授权的资源使用，并查出侵入点，对非法活动进行审查与追踪；能够使网络管理人员恢复部分受破坏的文件。

安全管理采用信息安全措施保护网络中的系统、数据以及业务。安全管理中通常需要设置一些权限，制定判断非法入侵的条件与检查非法操作的规则。非法入侵活动包括无权限的用户企图修改其他用户的文件、修改硬件或软件配置、修改访问优先权、关闭正在工作的用户，以及任何其他对敏感数据的访问企图。安全管理要收集有关数据产生报告，由网络管理中心的安全事务处理进程进行分析、记录与存档，并根据情况采取相应的措施，例如，给入侵用户以警告信息、取消其使用网络的权力等。无论是积极或消极行动，均要将非法入侵事件记录在安全日志中。

安全日志中记录的非法入侵事件主要有以下几类。

①所有被拒绝的访问企图。

②所有的用户登录与退出情况。

③所有对关键资源的使用情况。

④所有访问控制定义事项的变更情况。

⑤用户启动网络维护过程的情况。

⑥网络设备启动、关闭与重启动情况。

⑦所有包含有敏感数据的传输。

⑧所有被发现的积极入侵事件。

⑨所有被发现的消极入侵事件。

⑩所有对资源的物理毁坏与威胁。

安全管理系统的主要作用有以下几点。

①采用多层防卫手段，将受到侵扰和破坏的概率降到最低。

②提供迅速检测非法使用和非法侵入初始点的手段，核查跟踪侵入者的活动。

③提供恢复被破坏的数据和系统的手段，尽量降低损失。

④提供查获侵入者的手段。

（二）网络管理的模型

应用最为广泛的网络管理模型是管理者／代理模型。这种网络管理模型的核心是一对相互通信的系统管理实体。网络管理模型采用独特方式来使两个管理进程之间相互作用，即某个管理进程与一个远程系统相互作用，以实现对远程资源的控制。

在这种简单系统结构中，一个系统中的管理进程充当管理者角色，而另一个系统中的对应实体扮演代理角色，代理者负责提供对被管对象的访问。其中，前者称为网络管理者，后者称为网络管理代理。

不论是 OSI 的网络管理还是 IETF 的网络管理，都认为现代计算机网络管理系统基本上是由网络管理者（Network Manager）、网络管理代理（Managed Agenl）、网络管理协议（Network Management Protocol，NMP）和管理信息库（Management Information Base，MIB）四个要素组成的。

网络管理者（管理进程）是管理指令的发出者，网络管理者通过各网管代理对网络内的各种设备、设施和资源实施监测和控制。

网络代理负责管理指令的执行，并以通知的形式向网络管理者报告被管对象发生的一些重要事件，它一方面从管理信息库中读取各种变量值，另一方面在管理信息库中修改各种变量值。

管理信息库是被管对象结构化组织的一种抽象，它是一个概念上的数据库，由管理对象组成，各个网管代理管理 MIB 中的数据实现对本地对象的管理，各网管代理对象控制的管理对象共同构成全网的管理信息库。

网络管理协议是最重要的部分，它定义了网络管理者与网管代理间的通信方法，规定了管理信息库的存储结构和信息库中关键词的含义以及各种事件的处理方法。

较有影响的网络管理协议是 SNMP（Simple Network Management Protocol）和 CMIS/CMIP（Common Management Information Service/Protocol）。其中，SNMP 流传最广，应用最多，获得的支持也最为广泛，它已经成为事实上的工业标准。

三、简单网络管理协议

网络管理中最重要的部分就是网络管理协议，它定义了网络管理者与网管代理间的通信方法。在网络管理协议产生以前的相当长的时间里，管理者要学习各种不同网络设备获取数据的方法，因为各个生产厂家使用专用的方法收集收据。相同功能的设备，不同的生产厂商提供的数据采集办法可能大相径庭。因而，开始有了制定一个行业标准的需要。

除了专门的标准化组织制定了一些标准之外，网络发展比较早的机构与厂家也制定了应用在自己网络上的管理标准。例如，IBM 公司、DEC 公司与 Internet 组织都有自己的网络管理标准，有的已经成为事实上的网络管理标准，其中应用最广泛的是简单网络管理协议（Simple Network Management Protocol，SNMP）。SNMP 是由一系列协议组和规范组成的，它们提供了一种从网络上的设备中收集网络信息的方法。SNMP 的基本管理模型包括 3 个组成部分：管理进程、管理代理与管理信息库。

（一）管理进程

管理进程（Management Processor）是管理指令的发出者。通常是一个或一组运行在网络管理站（或网络管理中心）的主机上的软件程序，可以在 SNMP 的支持下由管理代理执行各种管理操作。

管理进程负责完成各种网络管理功能，通过设备中的管理代理实现对网络设备与资源的控制。另外，操作人员通过管理进程对全网进行管理。管理进程可以通过图形用户接口，以易于操作的方式显示各种网络信息、各管理代理的配置图等。管理进程将对各个管理代理中的数据集中存储，以备在事后进行分析时使用。

（二）管理代理

管理代理（Management Agent）是在被管理的网络设备中运行的软件，它负责执行管理进程的管理操作，即指令的执行。管理代理直接操作本地信息库，可以根据要求改变本地信息库，或是将数据传送到管理进程。

每个管理代理拥有自己的本地管理信息库，其中不一定具有 SNMP 定义的管理信息库的全部内容，只需包括与本地设备有关的管理对象。管理代理具有以下两个基本功能：读取管理信息库中各种变量值，修改管理信息库中各种变量值。

（三）管理信息库

管理信息库（Manager Information Base，MIB）是被管对象结构化组织的一种抽象，是一个概念上的数据库。由各种管理对象组成的。每个管理代理管理 MIB 中属于本地的管理对象，各管理代理控制的管理对象共同构成全网的 MIB。

网络管理协议是最重要的部分，它定义了网络管理者与网管代理间的通信方法，规定了管理信息库的存储结构和信息库中关键词的含义以及各种事件的处理方法。

第八章 "互联网+"时代信息化技术创新研究

第一节 翻转课堂

一、翻转课堂的产生

所谓翻转课堂，是相对于当前的课堂上教师讲解、学生听讲，课后学生完成作业的教学形式而言的。它是指利用信息技术的便利，教师将对知识点的讲解录制成短小精悍的教学微视频，配以其他学习资料和进阶作业，通过学习管理平台发送给学生，学生在教师的指导和引导下先进行自学，完成进阶作业；基于学习平台上的信息，教师在详细把握学情的情况下，课堂上有针对性地重点讲解，和学生一起解决疑难，完成作业。在该教学模式下，基本知识和技能的学习移到了课前，课堂上又更多时间让学生展示交流、动手操作、质疑讨论、完成作业等，这是发展学生高级思维能力、动手实践能力等综合素质的重要路径。

二、翻转课堂的主要任务

智慧是教育永恒的追求，智慧发展是当代教育变革的一种基本价值走向。

因此，作为主导信息时代课堂教学改革的翻转课堂，用智慧教育引领其发展方向，是一种理性的选择。

翻转课堂在本质上是基于"互联网 +"的智慧教育，其主要任务包括如下两方面。

（一）追求创新和智慧教育

随着互联网技术的高速发展，当今社会出现了明显的"知识大爆炸"现象。如何进行知识的获取、选择、处理、应用和创新是一个亟须研究的问题：翻转课堂以掌握知识为前提，进行知识创新和发展人类的生命智慧。翻转课堂，可以提升学生独立思考、处理问题和应对危机的能力，它让学生学会运用已有的知识和经验对自己与他人、与社会、与自然的关系进行积极审视、理解和洞察，并对他人、社会、自然关系给予历史的和未来的多种可能性关系的明智、果敢的判断和选择。

（二）培养学生智慧的发展

翻转课堂打破了传统课堂教学的时空限制，在"最合适的时间"进行"最合适的教学过程"，使接受学习和探究学习紧密地融为一体，从而克服传统课堂教学的两大弊端：一是不能对学生进行个性化教学；二是忽略学生创新能力的培养。从本质上来看，翻转课堂的主要过程即为碎片知识的学习与整合创新的过程。这一过程与产生智慧的过程大体相同。这样看来，利用翻转课堂更加有利于学生学习知识，也更加有利于培养学生知识应用、创新能力及智慧的发展。

翻转课堂是手段，更是价值；是术，更是道；是谋略，更是哲学。从价值层面看，它是智慧课堂，是以"联通"为手段，以发展智慧为目的的智慧教育。明确这一点，不仅有助于提高翻转课堂教学的品位和品质，使其不局限于为应试教育服务，也有利于智慧教育的发展。

三、翻转课堂的展望

未来，翻转课堂在解决教育教学的问题中应注重如下两方面的发展。

（一）实现个性化自主学习

在未来教育过程中，翻转课堂应致力于实现个性化自主学习，培养学生自主学习和终身学习的能力。其主要实现形式为，将授课行为转移到课外，学生根据自己的学习节奏观看教学视频，教师在网络学习平台上了解学生课前学习的情况，从而进行课堂教学活动设计；学生在课堂上通过与教师和同学的探讨完成相关作业。

传统课堂中，任课教师只能以单一的教学计划和推进策略来面对全班不同的学生个体；而在翻转课堂中，学生可以利用平板电脑、智能手机甚至云书包登录互动平台进行学习，系统会自动记录学生的学习数据，因此学生完全可以按照自己的节奏和步调掌握学习。

（二）实施课堂探究学习

翻转课堂应致力于培养学生的批判性思维及进行知识创新和探究实践的能力。在以往的课堂教学中，教师基本采用灌输式教学方式，更加注重进行客观、普遍知识的传授，强调教师、知识对学生的控制，整个教学过程较为封闭，脱离生活实际。在翻转课堂教学中，学生能够进行更加深度的学习。学生通过在课前观看教学视频来初步学习所学知识，在课堂上教师已经不必花时间进行讲授，节省出来的时间教师可以帮助学生对前面所学知识进行系统化和整体化处理。学生有备而来，参与讨论更主动，也更有效。学生有更多机会进行协作探究，自己发现问题和解决问题，有助于培养批判性思维和创新能力，进而发展智慧。

四、翻转课堂的教学模式

在翻转课堂实践中，教师可以根据不同的学科和教学内容，以及教育教学理念的差异，构建不同的翻转课堂教学模式。一般来说，以知识理解和应用为目标的课程适合应用训练掌握型翻转课堂；科学、物理、化学、生物等学科的重要教学目标之一是培养学生的探究精神和能力，而这种能力培养的最好方式是问题探究型翻转课堂；文科类学科，如语文、历史、地理、社会、思想品德等，注重培养学生的独立思考习惯、批判性思维和创新能力，注重学生个人观点的形式和表达能力的发展，因而这些学科的教学模式选择非研讨建构型翻转课堂莫属。

（一）训练掌握型翻转课堂的内涵

训练掌握型翻转课堂就是以自主学习、练习巩固和达标测试相结合的形式，使学生能够扎实掌握并灵活运用所学知识，并形成与之相关的技能的翻转课堂教学模式。早期的翻转课堂定义，将翻转课堂看作教师创建视频，学生在家中或课外观看视频中教师的讲解，回到课堂上师生面对面交流和完成作业的这样一种教学形态，说明早期的翻转课堂都是这种以训练促进知识技能掌握的类型。

掌握学习理论提供的方法，无非是给后进学生额外增加学习时间，确保他们跟上中优等生的学习进度。那么问题来了，给后进生增加额外时间，用来做什么呢？主要是多次甚至是反复操练，以达到熟练应用和增强记忆的目的。因此，训练掌握型翻转课堂的基本原理，就是将基础知识技能的学习安排在课前课外，保证学生（特别是后进生）有足够的时间反复学习一个单元的知识技能，在课堂上有更多的时间完成知识技能应用（课堂作业）的操练，并通过课堂上测试的形式确定学生是否达到了应掌握的水平。

（二）训练掌握型翻转课堂的基本环节

传统的课堂是"课堂学习 + 课后练习"，而翻转课堂是"课余学习 + 课堂练习"。学生在自习课或课外观看教学视频，回到课堂上与教师和同学面对面交流、讨论和完成练习。基于理论分析和林地公园高中的实践经验，成功实施翻转掌握模式，离不开如下几项教学要素和环节。

1. 自主学习

教师不再占用课堂的时间讲授信息，这些信息需要学生在课前自主完成学习。将那些学生自学就能实现的学习内容和学习目标，制成微视频或推荐其他学习资源，放到网上或者通过其他形式传给学生；将那些需要研讨或探究才能达成的目标，放在课堂内来实现。

2. 自主检测

尽管学生在课前通过自学微视频、教材和其他资料，对基础知识和基本技能有了一定的理解和把握，但翻转后课堂教学的第一个环节是检测学生对基础知识和基本概念理解的程度。所谓的检测不是考试，而是让学生回顾和总结视频学习的收获，以及梳理疑惑、困惑和问题，目的是确定课堂训练的重点，提高教师指导的针对性。如果学生总结和梳理不到位，教师再负责补充和完善，但教师绝对不能越俎代庖。对于大多数学生未能理解的内容，教师要重点补讲。在翻转课堂的初始阶段，学生发现问题和提出问题的能力稍弱，检测以总结学习成果为主。但随着学习的深入，随着学生能力的提升，学生发现的问题会越来越多，检测主要以梳理问题为主。

3. 突破疑难

翻转后的课堂的重点之一是以小组学习的方式，解决课前学习中暴露的问题。教师根据学生对问题的选择将学生进行分组，一般小组规模不能太大，控制在 6 人以内，并对小组中成员进行任务分工，强调学生要明确小组任务、相互支持和配合，并能对活动成效进行评价。如果涉及的问题比较小，可以设计学生个体自主探究的形式，然后让学生组成小组相互交流成果。教师根据问题的大小，组织学生进行协作探究、自主探究和成果汇报。对于学生在看视频及完成课前测试中遇到的疑难问题，先由小组合作解决；小组内不能解决的疑难问题，由全班合作解决；如果全班学生都不能解决，则由教师回答或解释。

4. 练习巩固

对所学的新知识，学生必须通过反复的练习才能熟练掌握。翻转课堂将学生课堂学习翻转为学生课前预习、学习（观看教师的讲解视频），将学生的课后练习翻转为学生课堂练习。因此，学生完成平台上或其他资料上的相关练习，巩固所学知识，是学生学习成绩得以提升的保证。而且翻转的课堂可以用于巩固练习的时间更多，学生得到同伴和教师的帮助更多，巩固练习的效果更好。

5. 自主纠错

学生对于不会做或做错的题，通过观看正确答案或观看习题详解和教师习题讲解视频，自主纠错。一般情况，给学生 3 ～ 5 分钟独立思考，可小范围讨论；小组讨论 5 ～ 8 分钟，第 5 分钟时各小组提出疑问，互派代表解答，第 7 分钟再收集需评讲的问题。

6. 达标测试

为检验学生的学习成果，一个单元学习结束后，教师要进行达标测试。对于在达标测试中达到掌握水平的学生，测试可以起到强化的作用，并提示可以进行下一单元的学习；对于没有达到掌握水平的学生，教师则需要找到问题所在，诊断分析原因，给予个性化指导和帮助，让学生再次学习没有学会的内容。学完后，教师对这些学生再进行一次水平相当的测试，直到他们在测试中达到掌握的水平，才可以准备下一单元的学习，以保证大部分学生对每个单元的学习都达到掌握的水平。

（三）训练掌握型翻转课堂的特点

①训练掌握型翻转课堂是面向学生的个体差异而展开的掌握式学习，有利于实施因材施教。

②有利于后进生的转化，有利于教学质量的提高。

③掌握型学习对班级人数、教学条件和教师素质水平有较高的要求。

④影响学生学业成绩的因素非常复杂，一些看似不重要但实际上非常重要的因素容易被忽略。

⑤有过于强调增加额外学习时间的作用，导致增加学生学习负担，也增加心理压力，甚至导致厌学甚至逃学。

五、问题探究型翻转课堂

（一）问题探究型翻转课堂的内涵

问题探究型翻转课堂是以探究性学习的形式展开的翻转课堂教学模式。学生学习新知主要是通过两种途径：一是直接接受他人已经发现和总结的知识，即识记或理解知识；二是自己主动探索和探究获取知识，即发现和创造知识。前一种知识获取方式也被称为被动接受，后一种方式也被称为主动探究。如果说上述两种知识获取方式是处于一个序列的两端的话，那么处于这两端之间会有很多种方法，有的学习方法更倾向于被动接受，而有的学习方法更倾向于主动探究。所以，探究式学习或探究为主的学习方式是学生学习新知的重要方式。学生在探究过程中发现或创造知识，学习印象更深，体验更强。在此过程中，他们的发展往往也是多方面的，因而它是学生学习的一种重要形式。

因此，问题探究型翻转课堂要求在教师的启发和帮助下，学生能在具体的情境中自觉、主动地探索，研究事物的性质，发现事物之间的联系和发展规律，从而获得所学的概念和原理。

翻转探究的教学模式之于物理、化学、生物等科学学科以及跨学科项目设计类课程的教学，其优势表现在以下几个方面。

1. 微视频可以丰富生活案例，增强学生的体验

课前以微视频为主要载体的线上学习，这也是慕课学习的阶段。该阶段的学习借助于慕课学习平台，充分利用视频的优势，呈现诸多和学习主题有关的各种现象，微视频的呈现方式可以极大地丰富学生的感性经验与认识，增强学生的直观体验，将学习内容和学生生活紧密相连。在有了更多直观感受的基础上，教师提出恰当的思考性问题，激发学生探究其内在原理和规律的兴趣与好奇心，引发学生深入思考。

2. 利用互联网的便利，随时随地获取所需知识

生活本身就是综合的，解决生活中的问题所需的知识也是多方面的。同样，在跨学

科的项目设计或跨学科创新课程的探究学习中，解决一个实践问题、设计一个实践方案，很多时候需要跨学科的知识。这些知识中，有的学生已经学习过，有的知识并没有学习过。在这种情况下，通过移动互联网学习的优势就显现出来了，学生可以随时随地在网上查询所需要的知识点，查询实践（实验）过程中的困惑和疑难的原因，寻求解决的思路和对策，也可以在线上和全球的同伴交流。这是移动互联网带给翻转探究教学的最大便利。

3. 在教师的指导下师生、生生进行更多的实验探究

针对一个项目或问题，因为有了前置的概念和原理的学习，在翻转后的学习中，师生、生生可以有更多时间和机会一起开展实验，合作探究，创造设计。此时，学生有更多动手操作的机会，更多交流讨论和体验的时间与机会，有利于学生更好地理解和巩固学习的内容，并能更好地运用它们。在此过程中，学生能体会科学探究的艰辛，体验新发现新发明的愉悦；能提高自身智慧，发挥自身潜力；能培养科学的精神和态度，学习科学探究的方法，从而发展学生多方面的综合素养。

（二）问题探究型翻转课堂的过程

实践和研究发现，翻转探究式教学可以遵循下述思路和环节。

1. 从社会现象引入，提出问题，激发探究兴趣

教师在教学视频设计中创设一定的情境，使学生在这个情境中发现矛盾或问题。物理、化学、生物及跨学科创新实验项目设计类的课程教学需要从学生周围的生活现象出发，引出需要讨论或学习的主题，提出能够引发学生思考的问题，让学生先行自学，课堂上可以进行更多的交流、联系和应用等。

当然，如果是较为复杂的课题，上翻转课堂教学，学生课前的学习需在教师和相关专家的指导下完成。这一阶段，学生主要在教师的引导下独立学习和思考，自己提出假设和猜想。这个过程是学生在线学习的过程，也是学生独立自学的过程。当然，这一过程中，如有任何问题，学生可以在线与同学交流、向教师和专家请教。

2. 交流与分享学生的思考或提出的假设

课前，学生在观看视频中掌握基础概念和原理，并发现问题。教师根据学生提出的问题进行梳理并选择需要学生探究的问题，或者由教师提出需要学生探究的问题。教师提供一定的材料，引导学生通过分析和研究，提出假设。

例如，围绕"无人驾驶飞机"模型的设计项目，学生在先行学习相关知识和提出假设的基础上，教师和专家组织学生面对面地交流与分享，让学生说出自己的设计假设和思路、需要做的各方面的准备。针对该假设和思路，师生一起讨论其合理与不合理之处，以及需要进行修改的地方，所需要的知识是否足以支撑其设计方案的实现，所需的材料需要具备什么样的特点，从哪里可以获得等。

3. 尝试设计，不断修正，总结反思

学生从不同的角度检验提出的假设，包括获取可以帮助他们解释和评价问题的证

据；根据证据通过观察、调查、假设、实验等探究活动提出自己的解释；通过比较其他可能的解释来评价他们自己的解释；交流和论证他们的解释，对问题做出结论，获得有关的知识。在上述的学习、思考、交流和准备较为充分的基础上，在学校教师乃至相关专家的帮助下，学生就可以动手操作，尝试设计。做了一段时间，进行反思和小结，发现错误及时修正，遇到问题和同学与教师商量，寻找解决或改善的思路和方法。

需要注意的是，中小学生的实验探究同样需要遵循科学实验的一般步骤，如发现问题、提出假设、观察与收集证据、证实或证伪假设、得出结论。教师要在实验过程中培养学生的科学精神、科学态度，为后续的研究奠定良好的基础。

（三）运用探究型翻转课堂应注意的问题

①不可能所有的科学知识都以探究的方式来教授，这样做是不值得的，是低效的，也会使学生感到枯燥。

②如果教学的目标是学习知识内容，问题的性质比来源更重要。问题可以由学生提出，也可以由教师提出。提高提问的能力需要经过提问的训练。学生需要发展高级的探究技能，理解如何获得科学知识。

③不是学生参与了动手做的学习活动就能保证探究的效果。只有学生思维能投入基本的探究过程，才能保证探究的效果。

④不可以脱离学习内容来独立培养学生的探究能力。学生对探究的理解不会也不可能脱离科学内容孤立地进行。学生应基于所掌握的知识去探究未知的事物，而探究的事物就是教材中所要学习的内容。如果教师教学的主要成果是让学生学会如何探究，那么学习的内容就是达到这一目的的一种媒介。

六、建构型翻转课堂

（一）研讨建构型翻转课堂的内涵

研讨建构型翻转课堂，是一种以研讨交流的形式促进学生知识建构的翻转课堂教学模式。

研讨交流学习，又称讨论式教学法，是以解决问题为中心的教学方式，强调在教师的精心准备和指导下，为实现一定的教学目标，通过预先的设计与组织，启发学生就特定问题发表自己的见解，以培养学生的独立思考能力和创新精神。它要求师生围绕一定的问题，经过认真、充分的准备，在课堂上各抒己见，相互启发，共同探讨，取长补短，以求得解决问题，具有独特的教学价值。

人文社科类科目教学的重要特点是"有史（事）有论，史（事）论结合"，既强调对史事的把握，也注重学生本人对史事的理解与思考。教学中，教师在把握事实的基础上，鼓励学生发表自己的主张与见解，对于史事大胆提出自己的创见。我们把上述教学思路称为"基于文本，自主建构"，也即是翻转课堂教学中的"翻转建构教学模式"。该模式主张，在教师的指导下，学生课前自主学习历史、社会等文本资料的内容，在充分理解文本内涵的基础上，学生需形成自己的观点，发表自己对历史和社会事件的想法与看法，这就是自我建构的过程。当然，学生的自我建构是基于特定文本资料或史料的，不是凭空建构自己的猜想与观点。而"基于文本"的过程即是一个阅读文本的过程，是信息吸取和内化的过程，强调对史事的了解与把握；"自主建构"是指在此基础上学生形成自己的观点和看法的过程，是学生主动思考的过程。

（二）建构型翻转课堂的教学环节

研讨建构型翻转课堂教学本质是教师的启发式教学与学生的自主式学习相结合，有侧重、着眼于突出重点和分析研究问题，在研讨中教学双方通过智慧、经验、直觉、心理的博弈，拓宽视野、开启心智、分享经验、学会方法，核心是学生独立思考、各抒己见、相互启发。其大致包括设计问题、提供资料、启发研讨、得出结论几个教学环节。

研讨建构型翻转课堂以小组或者班级为单位，对一个问题进行讨论，学生能够互相辩论，共同探讨，各抒己见，进行思想上的交流，从而扩大学生的知识面并提高其分辨能力。利用该法组织教学，教师作为"导演"，对学生的思维加以引导和启发，学生则是在教师指导下进行有意识的思维探索活动。学生的学习始终处于"问题—思考—探索—解答"的积极状态。学生看问题的方法不同，会从各个角度、各个侧面来揭示基本概念的内涵和基本规律的实质，如果就这些不同观点和看法展开讨论，就会形成强烈的外部刺激，引起学生的高度兴趣和注意，从而产生自主性、探索性和协同性的学习。

（三）"建构翻转式课堂教学模式"的实施成效

诸如地理、历史、社会等人文社科类学科的教学，遵循"基于文本，自主建构"的翻转课堂教学模式，课堂教学呈现出以下几方面的特征。

1. 学习参与度高，学生喜欢这样的课堂

通过微视频、教材等多种形式学习及网上的交流和求助，学生基本把握了知识内容。在这种条件下，课堂学习的形式更加灵活，课堂氛围更加活跃，学生参与和表现的机会也更多，教师对学生的帮助更具针对性。因而，实施翻转课堂，学生非常欢迎。

2. 讨论交流深入，高级思维能力得以培养

相对于以往教师讲授、学生听讲为主的课堂教学，在翻转课堂上，"学生的问题多，五花八门，教师难以应对""学生问的问题更有深度了、更有层次了""学生思维活跃，争着要发言，有时甚至教师都插不上话"，是教师们经常说起的话题，也是人文社科类翻转课堂教学常见的状态。这是翻转课堂之于人文社科类学科教学的最大魅力所在，是学生发散思维和深度思维得以培育的过程，而这恰恰也是传统的人文社科课堂教学中比较欠缺的。

3. 知识技能得以夯实，学生学业成绩提升

实施翻转课堂教学，学生知识技能的学习在程序上有足够的保障，课前的视频和其他资料的学习是围绕着基础知识展开的。而在翻转后的课堂上，第一环节就是组织学生谈学习收获与感受，进一步夯实与巩固知识，有问题的即时给予解答。因而，学生知识

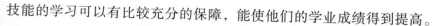

技能的学习可以有比较充分的保障，能使他们的学业成绩得到提高。

4. 教师更好地把握学情，教学的针对性增强

在信息化和大数据的支持下，教师对学情的把握有了数据的支持，更加科学和准确。实施翻转课堂教学，学生课前先自学教学微视频和其他学习资料，完成教师布置的进阶作业。在学习平台的支撑下，学习分析系统可以自动统计和分析每位学生学习的时间、与同伴互动交流的情况、进阶作业完成的情况等学情信息。上课时，对完全掌握了基本概念的学生，教师该提供什么样的帮助；而对还没有掌握基本概念的学生，教师又该提供什么样的指导。教师需要调整已有的教学内容，让教学和指导的针对性更强，使教学效益得以提升。

第二节 慕课

一、慕课的特征及意义

（一）慕课的特征

随着慕课的日渐成熟与社会影响的逐步增大，它的特征也表现得日益明显。

从教学特点和技术特点来看，MOOC 呈现出如下基本特征。

1. 知识点，短视频

与过去的远程教育和公开课只是简单地把教师上课的内容录下来放到网上不一样，慕课根据最新的教育研究成果，把一个课的内容分解成若干个知识点，每节课程都由 10～15 分钟的短视频组成。因为一系列的研究表明，最适合学习者集中注意力的视频长度一般不超过 15 分钟。

2. 随堂考试，满 10 分过关

每讲完一个十来分钟的知识点，计算机就自动跳出一些问题让学习者回答。而且，就像游戏里的通关设置一样，学习者只有全部答对，才能继续上下一堂课。考后马上给分，有时候还给出学习者在考过这个题的人中的排名，这样马上就激起了学习者的斗志，不少人学着学着就"上瘾"了。

3. 兵评兵，机评兵

对于简单的随堂测验，就用机器直接判分；而对问答题类的考试，就让学生互评。以前人们把学习者教学习者的方式叫"兵教兵"。借用这种说法，学生互评就可以叫"兵评兵"。学生之间要遵守一定的规则来互相评价。为防止串通起来作弊，5 个左右的互评者是系统随机匹配的，取一个平均的分数来保证评分的公正性。

4. 虚拟课堂，规模 PK

尽管慕课以网上个人学习为主，但也在尝试通过网上论坛的方式，把分布于世界各地的学习者联系起来，形成远程的讨论模式。有的慕课还设计出虚拟教室，有座位、有小组、有班长，以每天或每周研讨话题的形式，把学习者联系起来，发挥"兵教兵"的作用，这也能克服学生在网上学习的孤独感。

5. 大数据分析，小机器跟踪

一个慕课参与人数极多，你能不能在其中滥竽充数、浑水摸鱼？这是不可能的，学习者在什么时候上了多少分钟的课、答错了几道题、强项在哪里、弱项在哪里，机器都清清楚楚，而且能对大量数据进行分析，如这一个题目有多少人答对、多少人答错，这些反馈能够帮助教师分析出课程设置的问题。

（二）慕课的意义

1. 促进教师角色的转变

MOOC 对教学方式的改变促进了教师角色的转变，教师的角色更加多元化。具体体现在大部分教师变为学生学习的陪伴者、辅导者、课程资料筛选者及教学实践活动的组织者角色，而基本不再承担传统课堂中高深知识传播者这单一的角色。

2. 促进学习方式的多样化

第一，MOOC 提高了学习者的自主性。传统的学习内容大多是由学校安排的，而在MOOC 平台上，学习者可以根据自己的专业和兴趣选择自己感兴趣的课程。MOOC 还提供了在线答疑、在线交互和在线评价等功能，学习者可以在学习过程中自己寻找解决问题的方法和路径，其自主学习的能力显著增强。传统的学习模式多为学校安排的课程，MOOC 改变了学习者的学习模式，学习者可以自主规划学习内容，有计划地观看视频、自主练习、参与讨论和完成测评，通过自主的学习掌握所需的技能。MOOC 使学习者掌握了学习的主动权，自主选择学习内容和方式，根据自己的目标制订相应的学习计划，自主性得到了空前的提升。

第二，MOOC 促进了学习者进行碎片化学习。传统的学习都是学校安排的课堂学习，就连课外学习也需要较为完整和连续的时间段。而 MOOC 支持学习者随时随地学习，利用碎片化的时间，通过手机等移动终端学习全球的优质课程资源。MOOC 将学习内容细分为各个知识点模块，方便学习者利用碎片化的时间进行学习，这不仅提高了学习效率，也更好地适应了生活节奏和数字化的发展趋势。

第三，MOOC 使学习更加智慧化。MOOC 平台可以根据收集到的数据，对学生的学习情况进行统计分析。平台会向学生推送与兴趣爱好相关的课程，为学生提供学习进度图，提醒学生及时继续学习并参加测评等，这比传统提醒方式更及时、更精准、更有效、更智能。

3. 促进教学模式的创新

传统的课程教学过程一般是单向的"教与学"关系，教师滔滔不绝地讲授，而学生较被动地学，教师偶尔会提问抽查学生知识的掌握情况。而 MOOC 改变了这种单向传输的教学模式，把学习的主动权还给了学生。教师从知识传授者变成了学习的促进者和引导者，学生被动学习的形态得以转变，教师与学生形成了双向教与学的关系。

4. 促进教学内容的改变

MOOC 的课程教学内容更为丰富。传统的学校教育内容是以教材为中心，而现在很多教材的更新是滞后的。MOOC 的教学内容可以实时更新和补充，全球的大型会议或者名师课堂等大量优秀的课程资源都被搬到了平台上，变革了传统的教学内容。

MOOC 的课程教学内容更具吸引力。传统的学校教育或者普通的视频教学课程都是由若干个教学模块构成的，每个教学模块由几个教学单元构成。而 MOOC 在教学内容上的设计更具有吸引力，MOOC 将教学内容碎片化，以知识点为基本单元，采用 20～30 分钟的视频和即时练习反馈的模式引导学生学习。另外，MOOC 还通过学习社区的形式展示问题、提出引导和示范解答，用社会化协作的方式，促进教师与学生、学生与学生之间的互动，激发学生的学习兴趣。

就 MOOC 本身的发展而言，在诚信保证、课程标准与评估机制、可持续发展模式等方面还需要进一步探索。MOOC 既是挑战，也是机会。MOOC 为优质教育的普及和促进教育均衡发展提供了一个可能的解决方案。就大学教育教学而言，各界看法还有相当多的争议，支持人士认为 MOOC 以提升教学质量为己任，而部分参与 MOOC 的教师、学生及观察者对此表示怀疑。现在看来，传统课堂不可取代的结论已得到广泛认同，但传统课堂与 MOOC 如何结合及如何利用 MOOC 来促进课程质量的提升仍然是人们不断探索的。对于大学组织来说，MOOC 的影响可能逐渐引发大学地理界限的虚化、大学人员组织的非教员化、大学职能的偏转及大学国际化等方面的变化。在更宏观的层面，对于高等教育体系和社会来说，MOOC 将可能促进大学教育体系的重构，创造新的教育商业模式，推动公平民主学习型社会的发展。

二、互联网时代慕课教学的实践

根据程序设计课堂的探索实践，我们发现慕课教学的效果与在线平台的完善性密切相关。要想较好地实现慕课教学，相应的平台应具备以下几个特点：首先，提供学习资源并能够实现在线的实时互动交流。

这一平台不仅需要具有完备的学习资源，还需要实现教师与学生之间的交流、同校教师之间的交流。在学校内部交流的基础上，还可以进一步实现跨学校甚至与国外学校之间的交流。教师和学生分别拥有系统的不同权限，教师可以进行班级的大纲推送、作业布置和批改等工作，而学生主要进行课程学习、作业提交等工作。学生首先通过在线的方式学习微视频资源，完成相关练习，遇到任何问题都可以在平台上发布，同班同学和教师都可以进行解答。其次除了支持网页浏览之外，还能够通过相应的移动 APP 学习。在互联网时代，智能手机的使用已经非常普遍，而智能手机的普遍特点是屏幕大、运行速度快且联网方便。在现代社会的很多场合，电脑的功能都已经从一定程度上被便携的智能手机所代替，因此通过智能手机来完成学习，相比较电脑而言，是更受学生欢迎的一种方式。学生的排课通常都很满，时间也都比较紧，利用移动 APP 可以让学生的学习和做作业的时间更为机动。在任何地方，只要有时间，都可以拿出手机进行学习。除此以外，教师布置的随堂小练习也可以通过移动 APP 来完成，这样不仅可以严格把握做练习的时间，还可以在练习做完之后立即得到成绩统计的数据，这就为课堂上有针对性地讲解提供了极大的便利。教师可以在课堂上随时检查学生的学习状态，并及时回答学生的疑问和困惑，而且绝大部分学校都有无线网络覆盖整个校园区域，使得在校园内随时随地地利用移动 APP 进行学习成为可能。另外，需具备完备作业发布和成绩统计系统。由于程序设计课程本身的特点，知识点比较多而且细，一些小的知识点如果没有掌握会导致整个程序的运行失败，因此在设计教学作业和单元测试的习题时，需要每个知识点都有相应的习题进行练习，对于小知识点可以利用选择题进行复习，每个章节则可以利用程序设计题进行综合的复习。期中测试和期末测试则可以利用相应的题库，从中按每个章节随机抽取一定量的题目来进行，这样既可以杜绝考试时互相抄袭的行为，也可以保证考试内容的多变性，更能够评估学生的真实水平。

三、互联网时代教学方式的展望

随着互联网技术的迅猛发展以及近年来大数据技术、云技术的普及，已经引发了教学的一系列变革，引入慕课教学就是一个很明显的表现。慕课教学给传统的课堂单一教学方式带来了强大的冲击，启了教学的新时代。但必须指出的是，互联网教育并不能完全将传统的课堂教育方式所取代。虽然在线视频极大地丰富了教学资源，也给学生带来了更为灵活便利的学习方式，但对于学生本身而言，还需要有教师的答疑和引导才能更好的将网络资源和实际课程的应用合二为一。教学需要教师和学生之间有效的交流讨论才能达到更好的效果。

慕课教育具有很多传统教学无法比拟的优势，但传统教学也是现代教育环节中不可或缺的一部分。在实际的教学活动中，我们应该把互联网时代的慕课教育和传统的课堂教育有机地结合起来，利用混合式教学的模式，充分发挥两者融合的优势。

第三节　微课的设计

一、微课的基本概述

（一）教育信息化是备课发展的有力支撑

教育信息化被提升到新的战略高度，开始从分散建设向整体规划、统筹推进转型，促进教育改革发展的作用日益凸显。然而，教育信息化发展至今仍然面临着一些深层次问题，学校特别是中西部农村地区信息化基本环境建设尚未全面实现，优质教育资源的开发模式和有效应用机制尚未形成，信息技术与教育教学的融合仍不够深入，教师信息技术应用能力亟待提升，管理信息化在教育科学决策和精细化管理服务中的作用还未充分发挥。加快推进教育信息化必须从构建有效机制入手，坚持应用驱动的原则，制订切实可行的改革措施，促进信息技术与教育教学的深度融合，保障教育信息化快速、健康、可持续发展，为实现教育现代化和构建学习型社会提供有力支撑。

教育信息化要求教育与技术有机融合，以提高教育质量。教育与技术的融合过程中，要求正确看待技术与教育之间的关系，不能只停留在技术使用的表面和形式上盲目跟风，而是要对现有技术进行理性思考，深入研究技术究竟应该怎样促进教育。当下，微课应用成为课堂教学中的热点，全国各地掀起了研究微课的热潮，但在实践过程中出现了跟风、追求形式的现象，需要对相关问题和现象进行深入细致的探讨，发现现象背后的问题本质，即教育中技术使用的认识误区，进而针对发现的问题提出相应对策。

（二）"互联网＋教育"为微课发展指明了方向

信息技术革命深刻地改变着教育，但远不如其对产业的改变那样迅速和显著。尽管教育资源的存储和获取方式、教育的工作方式和教师学生之间的交往方式都会因互联网而变得不同，但是主流教育教学仍然延续传统方式。正如互联网催生的某些新产业出现之初，传统产业尚未觉醒，当今大规模网络公开课和在线教育迅猛发展，并没有引起传统学校管理者和教师足够的警觉。在互联网思维和方法向传统产业发起冲锋并将获得政策助力的情况下，校长和教师们有理由认真思考，自己面前的这块"奶酪"明天是不是还在那里。

互联网对主流教育的改变，既是现实的，也是长远的，体现在以下四个层次。

第一个层次是质量和公平目的下的资源覆盖。从20世纪后半期开始，教育信息的传播方式一直紧紧跟随信息传输技术发展的步伐。从函授教育、广播电视教育到网络教育，信息技术以其低成本、广覆盖的优势成为终身学习社会的重要支撑。在推进义务教育均衡发展、农村学校布局调整背景下，现代信息技术在突破师资水平限制、扩大优质资源覆盖面、解决农村教学点一些课程资源不足等方面发挥了不可替代的作用。当然，技术不只是提供了可能性，技术的应用带来制度变革及学校和教师转变角色的压力，也带来对学校特色和个性发展的担忧。

第二个层次是时空和方式意义上的学习革命。对于教育来讲，互联网与广播电视的不同，在于它的云存储、云计算功能，在于它的交互性。互联网打破了学习的时空限制，使有组织、有目的的学习成为人人皆学、处处可学、时时能学的活动。移动学习终端的出现和发展，让学习成为日常生活不可缺少的一部分。在线教育正在掀起一场学习方式上的变革，而学习模式上开始出现翻转课堂、维基解答、游戏教学；学习管理上开始使用过程监控、学习信息存储、效果评价等。这些基于互联网思维开发出的学习方式，在效率上是传统课堂望尘莫及的。如果冲破了学历制度、用人制度的樊篱，学习的这种革命将淘汰传统学校的大部分方式，学校功能和教师角色的转变将成为必然。

第三个层次是制度和管理层面上的权力转移。互联网本身就是一所开放的学校，进入这所学校只需简单的技术和低廉的成本，并不需要经过任何考试和资质的选拔。依托互联网提供的教育同样具有上述特征：学习的选择权完全在于学习者，而不是教育的提供者；学习内容由学习者基于自身兴趣和需要定制，学习者可自己安排学习时间和进度；入学实行低门槛或无门槛的"宽进"，对于学习者的学习质量实行过程监控，毕业通过颁发学习证书实行"严出"，毕业文凭的"含金量"则依靠市场评价。这种围绕学习者需要和人力资源市场需求提供的教育，将重构学校、政府、市场的关系，颠覆学校、教师与学生围绕教育教学的权力结构。

第四个层次是教育观念的深刻变革。互联网深刻地改变了我们的工作、生活、思维方式，并且它的影响还在不断深化。多元化、个性化、交互化将成为经济社会领域的常态，也将成为学习型社会的显著特征。不管"学习的革命"在传统学校发生的程度如何，这些特征都将涵盖所有类别的教育形式，并成为所有教育工作者应当具有的思维方式。

（三）翻转课堂奠定了微课发展的可能

翻转课堂的出现为微课提供了可能。微课和翻转课堂密不可分，并且被认为是最近几年推动教育信息化变革的重要技术。

翻转课堂可以理解为将传统的课堂教学方式"翻转"过来。学生可以在家或者寝室看视频以替代教师的课堂讲解；在课堂上，师生把精力集中在探讨学生自学有困难的内容上，并完成练习，还可以加强学生与教师/同伴的互动交流。翻转课堂的最大优点在于，学习节奏和时间完全由学生自主安排，学生可以反复观看不懂的内容，或者跳过自己已知的部分，这就避免了学习的时间和节奏完全被教师主宰的情况，还可以培养学生自主学习的能力。

传统的教学流程是教师在课堂上讲课，布置家庭作业，让学生回家练习。与传统的课堂教学流程不同，在翻转课堂式教学流程中，学生在家完成知识的学习，而课堂变成了教师与学生之间、学生与学生之间互动的场所，包括答疑解惑、知识的运用等，从而达到更好的教育效果。互联网的普及和计算机技术在教育领域的应用，使翻转课堂式教学流程变得可行和成为现实。学生可以通过互联网使用优质的教育资源，不再单纯地依赖授课教师学习知识。教师的角色也发生了变化，教师更多的责任是解答学生的问题和引导学生运用知识。

传统的课堂模式已无法满足人们变化中的需求，被动的学习方法早已过时，现代社会要求我们在处理信息时更加积极主动。传统的教育模式将学生根据年龄划分成不同年级，制定统一的课标，希望学生能在这种"一刀切"的教育模式中学有所成。这种教育模式在一百年前是不是最佳选择，已无从得知，但如今可以确信，它已不再适应当今社会对教育的需求。与此同时，新技术的发展为教学提供了更加有效的方式，但也给教师和学生带来了困惑甚至担忧。光鲜亮丽的新技术不仅没有成为理想的教学工具，反而成了摆放在橱窗里的无用装饰。

翻转课堂重新调整课堂内外的时间安排，将学习的主动权从教师转移到学生。在这种教学模式下，限于有限的课堂时长，学生能够更专注于主动的基于项目的学习，共同研究解决本地化或全球化的挑战及其他现实世界面临的问题，从而获得更深层次的理解。教师不再占用课堂的时间来讲授信息，这些信息需要学生在课外完成自主学习来获得，他们可以看视频讲座、听播客、阅读功能增强的电子书，还能在网络上与别的同学讨论，能在课外去查阅需要的材料。与此同时，教师也能有更多的时间与每个人交流。在课外，学生自主规划学习内容、学习节奏、风格和呈现知识的方式，教师则采用讲授法和协作法来满足学生的需要，促成他们的个性化学习，其目标是让学生通过实践获得更真实的学习。翻转课堂模式是大教育运动的一部分，它与混合式学习、探究性学习等其他教学方法在含义上有所重叠，但都能让学习更加灵活、主动，让学生的参与度更高。

二、微课设计的学习理论

所谓学习理论，顾名思义，就是指人类怎样学习的理论，旨在阐明学习是如何发生的，学习是怎样的一个过程，有哪些条件和规律，如何才能有效地学习，等等。学习理论指导着人类的学习，特别是学习者的学习和教师的教学，二者都离不开学习理论的指导。建构主义（constructivism）也称作结构主义，它最早是由瑞士儿童心理学家皮亚杰（J.Piaget）提出的。建构主义学习理论逐渐成为教育技术领域的核心理论。建构主义是现代学习理论历经行为主义、认知主义之后的进一步发展，对教育技术特别是对现代网络教育技术、教学过程的设计和教学资源的开发与应用具有普遍的指导意义，并且将会产生革命性的影响。

建构主义学习理论认为：学习的产生是一个主动的、自我调整的过程，从经验和获取经验的环境中获得意义，从而建构了个人意识。每个学习者都是在已有经验的基础上，用他自己特有的方式建构知识，而且每个学习者都是在特定的情境下建构知识的。每个人对每个知识点的理解不同，不同人之间的交流也影响着学习者对知识的建构。换句话说，获得知识的多少取决于学习者根据自身经验去建构有关知识的能力，而不取决于学习者记忆和背诵教师讲授内容的能力。建构主义学习理论的要素归纳为四个：情境、协作、会话及意义建构。

与建构主义学习理论及建构主义学习环境相适应的微课教学方式可以概括为：在微课教学过程中，以学习者为中心，教师的角色是组织者、指导者、帮助者和促进者，教师在微课教学中利用情境、协作、会话等学习要素充分激发学习者的主动性、积极性和首创精神，最终达到使学习者有效地实现对当前所学知识的意义建构的目的。在这种情境中，学习者是知识意义的主动建构者，而不是被动的接受者；教师是教学过程的组织者、指导者、意义建构的帮助者、促进者，而不是知识的传授者、灌输者；教材所提供的知识不再是教师传授的内容，而是学习者主动建构意义的对象；媒体也不再是帮助教师传授知识的手段、方法，而是用来创设情境、进行协作学习和会话交流的工具，即作为学习者主动学习、协作式探索的认知工具。显然，在这种情境下，学习者、教师、教材和媒体四要素与传统教学相比都有不同的作用，彼此之间有着不同的关系。这些作用与关系是非常清楚、非常明确的，因而成为教学活动的一种稳定结构形式，即建构主义学习环境下的微课教学形式。

建构主义学习理论在教学中得到广泛的应用，其教学方法主要有抛锚式教学、支架式教学等。

（一）抛锚式教学

在建构主义及其相关的情境认知理论的影响下，抛锚式教学应运而生，并逐渐产生较为广泛的影响。所谓抛锚式教学（anchoredin-struction），是指在多样化的现实生活背景中，或在利用技术虚拟的情境中，运用情境化教学技术以促进学习者反思，提高其迁移能力和解决复杂问题能力的一种教学方式。建构主义认为，学习者要想完成对所学知识的意义建构，最好的办法是让学习者到现实世界的真实环境中去感受、去体验（即通过获取直接经验来学习），而不是仅仅聆听别人（例如教师）关于这种经验的介绍和讲解。因此，抛锚式教学不是通过教师的讲解获得知识，而是在一个真实的情境中通过自己的努力获得知识。在抛锚式教学过程中，教师需要先搭建脚手架，引导学习者主动学习，学习者之间相互协作，探索出解决问题的多种方法。而且在抛锚式教学情境中，问题一旦被确定，整个教学内容和教学进程就被确定了。可以看出，这个核心要素是"锚"，它指的是在真实的情境中创设问题所依靠的故事情节，学习者的一些活动都要围绕它来进行。由于抛锚式教学要以真实事例或问题为基础（作为"锚"），所以有时也被称为"实例式教学"或"基于问题的教学"。

（二）支架式教学

"支架"（scaffolding）原意是指架设在建筑物外部，用以帮助施工的一种设施，俗称"脚手架"，在这里用来比喻对学习者问题解决和意义建构起辅助作用的概念框架，其实质是利用上述概念框架作为学习过程中的脚手架。

支架式教学被定义为："支架式教学应当为学习者建构对知识的理解提供一种概念框架（conceptual frame work）。这种框架中的概念是为加深学习者对问题的进一步理解所需要的，为此，事先要把复杂的学习任务加以分解，以便于把学习者的理解逐步引向深入。"根据这种理解，教学并不是把现成的知识教给学习者，而是在学习者学习的过程中给他们提供一套恰当的"概念框架"，以此来帮助学习者理解特定知识，建构知识意义。这种框架中的概念是为加深学习者对问题的进一步理解所需要的，也就是说，该框架应按照学习者智力的"最近发展区"来建立，通过这种脚手架的支撑作用不停地把学习者的智力从一个水平提升到另一个新的更高的水平，真正做到教学走到发展的前面。即教师作为文化的代表引导着教学，使学习者掌握和内化那些能使其从事更高认知活动的技能，这种掌握和内化是与其年龄和认知水平相一致的，一旦学习者获得了这些技能，便可以更好地对学习进行自我调节。

在微课中使用支架式教学，教师需要在教学前考虑到学生当前的水平与此节微课所要达到的目标。比如，教师可以在上课前回顾与该节课相关的已学的知识，然后设计一个学生讨论后能够解决的问题，以此过渡，逐步搭建脚手架，提升难度，达到最终目标，使学生的水平得到提升。

三、微课设计的传播理论

教学设计是运用系统的方法分析整个教学系统和教学过程，而教学过程的本质就是信息传播特别是教育信息传播的过程，这个传播过程有其内在的规律性和理论，所以教学设计应以人们对传播过程的研究所形成的理论 —— 传播理论作为理论基础。

四、微课设计的教学模式

长期以来，人们一直在寻找教学理论与教学实践相联系的通道与桥梁。由于教学模式既是教学理论的浓缩化和可操作化的体现，又是教学实践的概括化和理性化的提升，因此它既具有理论的品格，又具有实践的品格。

主要有如下几种观点：一种观点认为，教学模式就是教学结构，它是在一定的教学思想指导下建立的比较典型和比较稳定的教学结构；另一种观点认为，教学模式就是教学过程的模式，或是一种有关教学程序的策略体系、教学式样，即根据客观的教学规律和一定的教学指导思想而形成的整个教学过程中必须遵循的比较稳定的教学程序及其实施方法的策略体系；还有种观点认为，教学模式属于教学方法范畴，它是教学方法或是多种教学方法的综合。

人们虽然对教学模式的概念界定不一，但对教学模式结构的认识基本趋向一致。概括起来，任何教学模式都包含着教学思想（或教学理论）、教学目标、操作程序、师生组合、条件、评价等要素。这些要素各占有不同的地位，具有不同的功能，它们之间既有区别又彼此联系，相互蕴含，相互制约，共同构依据，它对其他要素起着导向作用；教学目标是教学模式的核心，它制约着操作程序、师生组合条件，也是教学评价的标准和尺度；操作程序是教学模式实施的环节和步骤；师生组合是教学模式对教师和学习者在教学活动中的安排方式；条件保证着教学模式功能的有效发挥；评价能使人们了解教学目标的达成度，从而调整或重组操作程序、师生活动方式等，以便使教学模式进一步得以改造和完善。一般说来，任何一个教学模式都包含这些要素，至于各要素的具体内容，则因教学模式的不同而大有差异。

（一）讲授教学模式

讲授教学模式是最为传统的教学模式，也是我国中小学教师运用最普遍的教学模式。它是一种以教师为中心的教学模式，在该模式中，教师通过口头语言系统地将知识与技能传递给学习者，并使学习者系统地掌握一定的知识与技能。它能使学习者在单位时间里比较迅速有效地获得更多的系统知识信息，适用于教师向学习者传授新知识，进行新课教学，是人类传播系统知识经验最广泛的模式。该教学模式的理论依据主要有两个：奥苏贝尔（Ausubel）的有意义学习理论和要素主义教育理论。美国心理学家奥苏贝尔认为，有意义学习是指建立实质性和非人性的联系，所谓实质性联系和非人性联系，指的是这些观念与学习者认知结构中原有观念的适当部分，如表象、已经有意义的符号、概念或命题的关联。要素主义次为，教育过程中的主动性在于教师而不在于学习者，教师应该处于教育过程的中心地位。知识是客观存在的，而教师是知识的先行掌握者，教师必须促使学习者明白掌握真理是必要的，同时应引导学习者在没形成自己的看法之前，了解前人是怎么认为的。

微课教学中使用讲授教学模式继承了教师讲解、学习者接受的传统授课方式，但其最大优点在于突破了传统课堂中教师与学习者之间知识的单向传递，使学习者由被动学习变主动学习。教师在微课教学中使用讲授教学模式是指教师利用多种工具，与传统教学手段如语言讲授、体态呈现、板书、模型等相结合而进行的微课教学活动。教学过程中，教师可以运用传统手段或网络手段向学习者传递教学信息，也可以通过二者有机结合从不同角度、不同层次呈现与阐述教学内容，使教学过程既形象与直观，又抽象和概括，进而能够获得比较理想的教学效果。微课教学中应用讲授模式可以分为同步式和异步式两种，但在微课教学中运用讲授模式，需注意以下几点。①强调学习者的积极参与。学习者要有充分的活动时间和空间，教学过程中要实现师生的互动，学习者的学习主要是在教师指导和帮助下积极参与学习过程，在人与人、人与环境、媒体的交互中主动进行意义建构，获取知识，培养能力素质。②强调在微课中创设情境，使学习者进入情境，这是实现此模式的前提。这些情境包括事实性、意境性、示范性、原理性和探究性的情境。③强调教师的多重角色，教师要结合自己的教学设计选择恰当的角色。在探究型教学模式中，教师应当成为学习者学习的指导者、意义建构的促进者，在能发挥系统讲授优势的教学时，又应当成为知识的讲解者和传授者。④强调教学形式的灵活多样性。这种教学模式的组织形式并不一定局限于教师的讲授，是融教师集体讲授、学习者自主学习于一体的。

（二）PBL 教学模式

PBL（problem-based learning）被称为"以问题为基础的学习"，与传统教学模式相比，PBL 教学模式以学习者为中心，以教师为引导，以重能力培养代替重知识传授，以多学科的综合课程代替单一学科为基础的课程，以小组讨论制代替授课制，以学习者为中心代替以教师为中心，以"提出问题、建立假设、收集资料、认证假设、总结"五个阶段教学代替"组织教学、复习旧课、讲授新课、巩固新课、布置作业"等传统教学法。在 PBL 教学模式中，教师、学习者和问题是 PBL 课程的三个重要的要素，其中，教师又是 PBL 教学模式能否成功的关键要素

PBL 是围绕着教师精心准备的案例，提出需要解决的问题，学习者利用各种资源寻求答案，通过自觉和小组讨论的方式学习相关知识。在微课教学中，该模式不仅能促进学习者获取知识，还能促进学习者能力的培养，如培养学习者自主学习的能力、终身学习的能力、交流能力及创新意识等。

微课环境下 PBL 教学模式应充分利用微课优势，强调以问题解决为主线，达到在

问题解决的过程中培养学习者的解决问题能力、交流协作能力和基本信息素养的目的。PBL 强调以学习者的主动学习为主,而不是传统教学中的以教师讲授为主,是真正意义上的主动学习;PBL 将学习与更大的任务或问题挂钩,使学习者投入问题中,有助于培养学习者创造性思维和解决问题的能力;它设计真实性任务,强调把学习放置到复杂的、有意义的问题情境中,通过学习者的自主探究和合作来解决问题,从而学习隐含在问题背后的科学知识,形成解决问题的技能和自主学习的能力。PBL 教学模式的实施,不仅提高了学习者的自主学习积极性,也培养了他们的人际交往能力和团队合作能力,提高了他们解决问题的能力、信息素养和综合素质,与现代微课教育的要求不谋而合。

在微课教学中,教师如果要用 PBL 教学模式,就需要摆正自己的位置,及时、准确地转变角色,以更好展现 PBL 教学的精髓,发挥其优越性。在 PBL 教学的每个阶段,教师通过担任提问者、引导者、组织者、解疑者等不同的角色,来帮助学习者掌握正确的学习方法,引导学习者进行自主学习。同时,教师在适当的时机也要参与讨论,以驾驭讨论的方向、广度、深度等,对于学习者讨论过程中即时出现的专业问题,教师要适当"解惑",使讨论顺利进行。因此,PBL 教学中,教师作为教学活动的"导演",对教学效果起着至关重要的作用。只有正确转变教师的角色,才能使 PBL 教学模式合理、顺利地实施。

建构主义学习理论认为,知识是学习者在一定的情境下,在学习过程中借助他人(教师和学习伙伴)的帮助,利用必要的学习资料,通过意义建构的方式获得。微课教学下 PBL 教学模式就是以建构主义理论为基础,以微课教学为平台,以问题为学习的起点,将一切学习内容以问题为主轴架构而成的。

PBL 是一种有助于培养学习者的问题解决能力和训练知识获取能力的教学模式,它不仅是一种比较先进的教学方法和理念,也和我国所倡导的素质教育的教育思想和目标相一致。PBL 是令人满意的、富有挑战性的、效果明显的、势不可挡的,换言之,PBL 教学模式的过程不仅可以带给教师和学习者精彩的体验,更为重要的是,学习者从知识的接受者变成了信息的分析者、评估者和组织者。在使用 PBL 教学模式进行教学的过程中,教师可以有意识、有目的、有计划地逐步引导学习者。

(三)探究式教学模式

学习者的学习过程与科学家的研究过程在本质上是一致的,因此,学习者应像"科学家"一样,以主人的身份去发现问题、解决问题,并且在探究的过程中获取知识、发展技能、培养能力,特别是创造能力,同时受到科学方法、价值观的教育,发展自己的个性。我国学者认为,探究式教学模式即为学习者提供真实的问题情境,让学习者通过探究事物现象和观点而自主地获得科学知识并形成探究技能和态度的过程,在教师指导下,学习者运用探究的方法进行学习,并主动获取知识,发展能力。探究式教学模式是将知识传授、能力培养和素质提高融为一体的创新教学模式,有助于解决学习者在校学习期间学习的局限性与科学知识增长的无限性之间的矛盾。探究使学习者的知识水平、创新能力和综合素质协调发展、全面提高,在教学过程中通过实施以研究为本的教学模式，为学习者提供一个在学习过程中发现和探索世界的轻松环境，为学习者提供研究问题的时间和空间。探究式教学模式是以学习者为主体的教学模式，其宗旨是培养创造性人才，学习者成了真正的主动探究者，而不再是被动的接受者，它打破了传统的"填鸭式"教学，鼓励学习者主动参与、亲身体验、协作交流，培养了学习者的创新精神，提高了学习者的信息素养和科学素养。因此，在微课教学中，教师应积极倡导、应用探究式教学，在教与学的关系上，正确处理"教师主导"与"学习者主体"的辩证关系，重视发挥教师和学习者双方的主动性，并强调学习者的主体地位。

探究式教学模式的实施主要包括创设情境、启发思考、自主探究、协作交流和总结提高五个环节。创设情境主要由教师完成，利用学习者熟悉的事物或事件，创设一个包含学习对象的情境，营造出一种真实体验的氛围，这将有助于学习者完成新旧知识的联系和转化，激发学习者进行学习和探索的兴趣；在明确了学习对象的前提下，教师在微课教学中要设计几个有针对性、启发性和开放性的问题，通过问题引导学习者思考和探究，使学习者在分析、解决问题的过程中构建知识、发展能力；在自主探究环节中，学习者围绕教师提出的问题，根据自身的认知结构、能力和经验自主完成任务；在微课教学中，学习者可以通过微课平台的讨论区或论坛，在对问题进行自主探究、认真思考的基础上，与小组成员或其他学习者之间相互分享观点、讨论、合作、借鉴、开拓思维，进一步促进自身对知识的深入理解和对多种学习方法的掌握；在总结提高阶段，学习者需要对学习的过程进行分析和总结，提炼出知识点的本质特征和内在联系，寻求解决问题的基本规律和方法。

探究式教学模式强调学习者的主动探究和亲身体验，以及基于真实任务的研究与问题的解决。它把教学活动的本质看成是学习者的发展过程，强调学习者的学习主体作用，教师指导学习者认识世界只是为学习者的发展服务，是达到学习者发展目的的手段和条件，从而使这种教学模式体现出培养人的素质是现代教育的目的这一特点。在探究式教学模式中，教师并不把现成的结论及对某一正确性的证明直接提供给学习者，而是让学习者对学习对象进行研究。在微课教学活动中，教师作为教学的组织者，职责是为学习者的活动创设一个有利的环境，为他们制订一些初步的计划，提供一些富有思考价值且符合实际的问题及反面的例证，借此引导学习者通过自己的实践、观察、类比、分析、讨论及教师必要的点拨，去理解概念、掌握知识、证明或推翻一个结论，进而产生创造性的意见并能够发现和解决新的问题。

比如，在设计习题型微课时，教师可以通过对同一类题型的解法进行引导，采用探究的教学方式，不要一开始就给出正确的答案；通过对习题解法的一步步探究，调动学习者多个感官积极主动地参与学习活动，体现了以学习者自主学习为主线的教与学的和谐统一，让学习者的解题思维能力得到一定程度的锻炼。在对同一类型习题的探究过程中，学习者逐步总结这一类题型的解题步骤，形成方法性的学习成果，使记忆更深。这种教学方法体现了教学以教会学习者学习、教会学习者思考为根本目的这一时代要求。

总之，探究性教学模式较好地处理了"授人以鱼"还是"授人以渔"的问题。运用探究性教学法，不仅可以使学习者得以主动地拓展知识并使之系统化，还可以使学习者通过解决问题，逐步认识和掌握思维的一般规律，进而学会如何研究问题，学会如何发现和创造。事实上，所谓发现和创造并非高深莫测的，法国数学家阿达玛（Hadamard）曾指出："一个学习者解决某一个代数问题或几何问题的过程，与科学家做出发现或创造的过程具有相同的性质，至多只有程度上的差异。"这也正是把研究引入教学过程中的根据和意义所在。

第九章　"互联网 +"时代计算机应用技术与信息化创新应用

第一节　云计算环境下学校信息化建设发展研究

一、云计算数据库在学校信息化中的应用

（一）学校信息化建设的重要意义

教育是社会发展的根本，学校作为教育实施的主要载体，对于教育的实践与发展有着重要的影响。当前背景下，信息技术正在快速的发展，它与教育领域产生了多种交叉，甚至对现代教育理念、教育方式都产生了巨大的冲击，继而推动着教育的改革。校园信息化不仅可以加强对计算机技术的掌控能力，而且可以加快校园建设，实现教务系统信息化管理，以达到校园资源充分利用和提高办学水平的目的。学校信息化建设的重要意义主要体现在三个方面：

1. 推动教育改革，提升教学水平

学校通过引入大量的多媒体设备、计算机设备来构建信息化校园，为教师展开数字化、多媒体教学提供硬件设备，有助于教师创新教学方法，提升教学水平。

2. 提升校园综合管理的效率，学校管理具有较高的综合性，涉及到许多方面的信息

学校的信息化建设将会形成一个信息中心，与学校经营有关的各项信息能够集中在信息中心，有效提升信息的利用效率，提升校园管理的效率。

3. 创建了一个便于师生交流的校园环境，有利于形成良好的校园文化

利用信息平台来传达教学任务、行政管理公告，促使校园管理相关信息处于一个公开、透明的状态，让学校的管理更加亮化。同时，师生之间、家长与学校能够通过信息平台进行良好的沟通、交流，促进学校管理的和谐发展。

（二）云计算在学校信息化教学资源建设中的应用

1. 建立一个全国性的信息化教学资源"云"

云计算的核心思想是"整合资源、集中共享"，各学校不必大动干戈修改现有的数据运行平台，它支持格式多样的资源，以很小的时间间隔为单位将不同地域的资源迅速整合在一起，形成资源互补，实现资源的全面整合与共享。因此，可以利用云计算资源的全面共享、高性能、兼容性等特点和优势将基础教育、高等教育、职业教育等各级各类学校各种类型的海量信息化教学资源共同加入到一个全国性的信息化教学资源"云"中，使之成为一个种类丰富的超级资源库，资源需求将得到极大的满足，可解决信息化教学资源总体匮乏、分布不均的问题。建立统一的接口，无论身处发达地区还是落后偏远农村的各级各类学校师生都可以通过统一接口随时进入超级资源库，共享共建对方的优质信息化教学资源。

另外，利用云计算软件即时更新、低成本投入等特点和优势，各学校在建立信息化教学资源"云"时，无需花大量资金重新购买和维护高性能的计算机，无需拨大量经费升级操作系统、应用软件，只需把旧计算机接入互联网即可，这样大大减少了学校信息化教学资源建设中的成本投入。学校师生无论何时何地，只要拥有任何可以上网的终端设备，就可接入因特网，按自己喜欢的方式访问信息化教学资源"云"进行自主学习。

2. 促进优质信息化教学资源的深度开发

云计算可以对信息化教学资源的接口、计费支付等进行管理，对各学校资源的使用和提供行为进行全程监测、控制、提供透明报告，并根据需要执行计费和支付功能。其中，计费技术是对各学校信息化教学资源的使用和提供行为进行记录，对信息化教学资源的使用者进行收费，而对信息化教学资源提供者进行付费奖励，从而扩大优质信息化教学资源的使用范围，并在一定程度上促进优质信息化教学资源的深度开发。

另外，利用云计算高共享、服务可计量等特点和优势，不仅可提高信息化教学资源的共享共建，还使优质信息化教学资源越来越受欢迎，劣质信息化教学资源备受冷落、淘汰，避免投入大量经费重复建设资源的局面的发生。

3. 创设崭新的自主学习环境

随着知识经济时代的飞速发展，人们必须通过不断的自主学习，才能满足不断提高的职业要求，自主学习已经成为我们的终身需要。而营造良好的个人学习环境对学生的自主学习是非常重要的。传媒学家麦克卢汉（McLuhan）认为"任何技术都倾向于创造

一个新的人类环境。"云计算作为一个整合的计算环境，学校的信息化教学资源全部存储在云端，学习者不管何时何地，只要通过可以上网的终端设备，就可以接入云计算，根据自己的知识背景、兴趣爱好、个人需要选择信息化教学资源进行自主学习。在整个学习过程中，都是以学习者个人为中心的，学习者完全可以根据自身的需要选定学习内容，自由控制学习进度并且选择自己喜欢的学习伙伴。

同时，教师也可以自由选择时间和地点，根据自身兴趣和需要，有效利用云端庞大的超级信息化教学资源"云"开展专题研讨、自主研修等学习活动，提供教师个性化的学习环境，促进教师的专业成长。同时也方便教师开展教学活动，把终端设备连接到网络，给学生布置任务，跟踪学生的学习进程来查看学生的学习效果，并及时给予指导。

4. 在管理信息化建设方面的应用

可以运用云计算数据库实现管理信息化建设，进一步提升学校管理质量。在学校管理中一般会涉及多个部门、多个主体、多个方向的管理，难免会出现大量的管理信息。传统学校管理大多为不同部门之间各司其职，有效提升了整体学校管理的效率。但由于不同部门的管理内容不同，所涉及的管理信息也不同，因此在管理系统开发上也不相同，为学校管理信息的整合带来了不小难题。面对此种情况，学校可以借助云计算数据库，进一步深化学校各管理部门系统开发，实现"全校一盘棋""全校一个网"等目标，进一步提升学校管理信息化水平与学校管理效率，为学校稳定可持续发展提供助力。

针对"全校一盘棋""全校一个网"等管理信息化建设目标，学校可以运用云计算数据库整合学校的管理信息，之后借助云计算数据库实现管理信息的运用，为学校管理信息化建设提供必要的保证。例如，可运用云计算数据库实现学生信息管理与整合。根据学校学生信息管理需求，设计云计算数据库学生信息处理程序，该程序可以通过对学生的主要信息进行筛选，构建学生个人虚拟数字化档案。相关程序导员、教师等相关管理人员可通过查询学生的虚拟数字化档案，了解学生的具体情况，同时借助相应系统可以实现学生信息快速查询，节省学生信息管理所耗费的时间。而在实现学生信息查询之前，辅导员、教师、宿管等人将借助互联网相关信息存储软件，将学生信息上传到云计算数据库中，然后云计算机数据库根据预先设定好的程序，智能化实现虚拟数字化学生档案的构建与更新。

云计算数据库技术在管理信息化建设中的运用可以提升学校的管理效率，促进学校信息化建设。但在学校需要抓住运用要点，以确保运用质量。首先，组建云计算技术运用相关队伍。云计算技术运用需要相应技术支持，为了满足这一需求，学校需要注重培养高技术人才，不断加强高素质人才队伍建设，为管理信息化建设提供支持。其次，成立专门的信息化工作小组。为了集中力量提高学校管理信息化建设的质量，学校可成立专门的信息化工作小组，主要负责学校各项信息化建设工作的管理与监督工作，统筹学校信息化建设工作，制定相应的信息化技术安全管理策略、信息化工作推进策略、信息化建设阶段性发展目标等。

5. 在教学信息化建设方面的应用

教学作为学校发展的主要内容，其承担着培养人才的重任。面对"互联网+"等技术的不断发展，传统教学模式已经无法满足学生逐渐多样化的学习与研究需求，因此借助云计算数据库构建云教学模式，进一步丰富当前学校教学模式十分必要。学校可借助云计算数据库实现高效教学信息化建设，满足教师的教学需求与学生学习要求，并在特殊时期确保教学工作顺利开展。在云教学平台开发上需要具备上传、下载、分区、浏览、互动等功能，以便于实现综合性教学，满足教学需要。首先，教师可以根据教学内容，设计多种形式的线上课堂。教师可以结合本专业的具体教学内容，设计专题性或者趣味性微课等，并将设计好的微课等通过云教学平台上传到云计算数据库中，之后云计算数据库通过预先设定好的程序对教师课堂内容进行浏览并精准分类，为后期学生浏览或下载学习打下良好的基础。其次，学生可以通过云教学平台查询自己感兴趣课程并选择在线浏览或者下载后浏览方式进行学习。学生在观看后，可在最后对教师进行打分，实现"教"与"学"互动，便于教师根据学生的打分情况掌握当前云教学中存在的不足

6. 在信息共享与开发方面的应用

无论是学校日常管理还是学校教学工作，均会产生多种多样的信息，这些信息的共享与开发对于促进学校持续性发展具有重要的意义。学校可以借助云计算数据库进一步完善当前信息共享与开发平台，实现高质量的信息化建设。例如，运用云计算数据库开发校园内部线上图书馆，学生可以借助线上图书馆实现电子图书及纸质图书的借阅、归还等，还可以实现图书馆座位的预约、续时等，并且可以通过线上图书馆准确掌握当前学校图书馆的座位情况、图书情况等，实现图书馆信息共享。

二、"互联网+"时代学校信息化建设的创新对策

随着"互联网+"时代的到来，校园信息化建设得到社会各界越来越多的关注和重视。校园大数据已经将学校的各种信息转变为资源，在这样的背景下，学校需要将这些数据资源进行信息化整合，并不断创新信息化建设的步伐，从而更好地满足"互联网+"时代的需求。

（一）高端布局，顶层设计

在"互联网+"的时代背景下，学校需要从思想层面重视学校信息化建设的事业。因为学校的领导部分只有从思想意识层面重视学校信息化建设的事业，并进行统一的方针和战略的规划，这样整个的信息化建设事业才能够有科学的理论指导和思想护航。所谓高端布局的创新策略落实到具体的方法就是，学校从事信息化建设的领导要加强组织工作，这些领导需要在总的事业建设布局上面进行"一手抓"，具体关键的问题需要亲自部署和处理研究，这样才能确保整个信息化建设工作能够贯彻落实到实际，从而减少不必要的纰漏。另外，从"互联网+"的时代背景思考，在进行学校信息化建设的事业中，重视大的层次布局是具有战略价值的，因为只有学校领导部门将自己学校的信息化建设

的总的情况摸清楚，这样才能进行更好的工作指导。最后，学校领导部门需要狠抓顶层设计，将信息化建设和"互联网+"时代的特征紧密结合起来，这样才能加快整个信息化建设的事业的进程。

（二）广开渠道，引进资金

学校信息化建设事业和我国的电信通讯公司是紧密相连的，所以学校在加强自身信息化建设步伐和效率的同时需要进一步广开渠道，将中国移动、中国联通和中国电信三大网络运行商，通过合理的渠道引入到学校自身的信息化建设事业中。这样学校可以通过科学合理地运用这些电信通讯公司的业务技术服务学校的信息化建设事业。因为学校在传统的管理过程中，缺乏对于信息化管理手段的应用，同时随着"互联网+"时代的来临，很多学校的工作管理采用传统的管理方法的效率很低，已经很难满足学校的需求，所有我们学校需要在"互联网+"的大环境下，借助三大网络运行商的信息化管理技术，从而整合好学校的各种信息化资源，这样才能全面有效地管理学校的各种信息资源，从而推动学校信息化建设事业的发展。

（三）注重应用，体现实效

在"互联网+"的时代背景下，学校进行信息化建设的目标除了方便学校各项事务工作的管理以外，还致力于学校各项资源的应用和发展。学校的日常工作包括学生工作、教师工作和学校各项管理工作等。如果学校的信息化管理建设工作没有取得实际成效的话，那么学校在进行这些管理工作的时候，就会出现管理不到位，建设没有效率等问题。

（四）培养人才，稳定队伍

学校在进行信息化管理和建设的工作中，要牢固树立"人才资源是第一资源"的工作理念，全面注重信息化管理和建设相关人才队伍的培训工作，这样学校的信息化建设事业才能有根本的保障。"互联网+"时代下的信息化管理和建设人才主要集中在教师队伍和学校领导部门中，其中很多的年轻教师和领导干部都是经过很多"互联网+"相关管理思维熏陶过的。

第二节　面向教育领域大数据处理的学生学习研究

一、大数据分析技术与教育发展结合的基本属性分析

大数据技术本身与统计学、计算机科学相关联，属于跨学科交叉科学。它在针对数

量规模与数据结构的数据处理方面非常到位，可实现对数学内容的有效采集、汇集与分析处理，深度挖掘数据之间的规律性与相关性内容，同时也能发现隐藏于数据背后的隐性信息，实现对数据内容的精确定位。与此同时，它也能够建立辅助管理措施，实时跟踪反馈监控预测内容，追求实现从"决策驱动"到"数据驱动"的有效转化。在大数据技术应用过程中，基于实时反馈有效解决传统教学中所存在的反馈脱节与滞后问题非常有效，其在深度实施数据挖掘过程中也能深层次了解学生的学习重点内容与学习成长轨迹，追求构建一种有层次的教学体系，满足因材施教教学目标。而在基于大数据分析技术背景下的在线学习平台应用过程中，它则希望实现与大数据技术的深度融合，保证大数据分析技术与教育发展相结合。

二、互联网时代下学生自主学习能力的培养

（一）互联网时代下，教师有必要培养学生的自主学习能力

1. 满足新课程标准的需要

新课程标准中特别指出，培养学生自主学习能力是一项长期的重要任务，要引导学生从"学会"到"会学""乐学"。因此，教师要把培养自主学习能力作为教学宗旨之一，并落实到平时的教育教学中去。

2. 促进学生全面发展的需要

网络时代下，学生获取信息的渠道多，接触的信息面也越来越广。这些都对学生自主学习能力提出更高的要求。换言之，传统教学中一味依赖教师的思想观念已经不能适应新的形势，学生要学会自己通过互联网获取想要的信息，再利用这些信息开阔视野、解决学习过程中遇到的问题。只有这样，将来，学生才能适应社会、融入社会，成为对社会有用人才。

3. 提升数学教学实效性的需要

学生数量多且学习素养参差不齐，对于教师在课堂上讲解的知识，有的学生觉得"吃不饱"，也有的学生认为"吃不消"。如果具备自主学习能力，学生就不再完全依赖教师获取知识，而是通过互联网去调整学习内容。譬如，"吃不消"的学困生，可以通过网络平台进一步学习相关知识，以确保自己能够在深入理解的基础上有效"消化"知识，而"吃不饱"的尖子生也可以通过网络平台获取更多拓展内容，以开阔视野，了解更多书本上没有的知识，使数学学习朝着广度和深度的方向拓展。这样既让学生的学习需求得到最大限度满足，又提升了数学教学的实效性。

（二）互联网时代下培养学生自主学习能力的策略

1. 学习兴趣是自主学习能力培养的基础

学生的学习动机是与其学习的态度直接关联。学习兴趣和学习动机是指激发学生进行学习活动，维持学习持续深入开展的积极心理状态，也是激发学生好奇心和求知欲，

以及主动探索、研究和获得知识的内在动力。这种内在动力会不断促使、激发学生对新知识的好奇心和探索欲望。在中小学生中，具有强烈、自觉学习兴趣和动机的学生，一般都能专心听讲，认真完成作业，遇到困难和问题时，能够主动地学习和探索，自主解决问题；而学习动机和兴趣不高的学生，学习的态度比较被动，遇到困难与障碍时往往会放弃，克服困难的信心与决心较差。在某种意义上说，学习兴趣是学生自主学习的原动力。所谓"知之者不如好之者"就是这个道理。在具体的教学过程中，教师要通过不同的方法，通过设计问题悬念和学生感兴趣的话题，引导和培养学生的学习兴趣，在每一个教学环节上都留意并设计一系列前瞻性的问题，使学生对问题产生好奇心，这样经过多年的培养，学生的学习兴趣就会越来越浓，这种学习兴趣可以正向地促进学生的自主学习能力。

2. 求知欲的培养是自主学习的关键

求知欲是学生自主学习的动力，也是学习活动中最关键的因素之一。当前，在信息化时代，知识的传播途径呈现出多样化的状态，教师的主要任务由传统的知识拥有者和知识的权威解释者转变为学生知识获取的引导者。教师要学习教育学理论知识，学习学生心理学，从而更好地培养学生的求知欲望，使学生变成知识的主动探索者。只有学生拥有了强烈的求知欲望，有了自主学习的动力，就会在老师的引导下主动探索知识，在探索知识的过程中获得成功的喜悦。这种喜悦可以进一步增强学生的求知欲望，进而形成良性循环，从而达到新课程强调的"从要我学变为我要学"。在具体的教学过程中，教师可以把书本知识与学生生活结合起来，让学生在生活化的情境中获得知识运用的成就感和成功体验，这种成就感和成功体验会不断促使学生产生求知欲望，从而形成相互促进、相互提升的良性循环。

3. 良好的学习方法是自主学习的核心

学习方法是学生获取知识的方式，学习方法决定着学生的学习效果。未来的文盲，不再是不认识字的人，而是没有学会怎样学习的人。新课程强调，要摒弃传统的、单一的、被动的、接受式的学习方式。在新课改背景下，在21世纪的今天，良好的学习方法越来越受到人们的重视，教育教学中对学习方法的培养与知识的传授应该摆在同等重要的地位。学生在某一学科中掌握了一种好的学习方法，不但对这门学科的学习带来积极影响，同时这种学习方式会在其他学科中得到正向迁移。教育理论研究表明，迁移是指已经获得的知识、技能，甚至方法和态度对学习新知识、新技能的影响。学习方法的正向迁移对学习效率的提升、对学生学习自信的培养和自主学习能力的提升具有不可低估的价值。

4. 掌握网络相关技术是自主学习达成的有效途径

在信息化社会，知识爆炸式增长。如何在纷繁复杂的海量知识中寻找到自己需要的知识信息以及适合自己的有效知识信息是非常关键的，因为在信息化社会学生不可能单独依靠课本知识，而是需要更多鲜活的知识信息，互联网信息媒介就成为获取这些知识的又一重要途径。因此，培养学生掌握相关信息技术，学会相关学习软件的使用就显得非常必要。因为学生自主学习不可能时时处处依靠教师，而教师也不可能时时处处都能指导每一位学生获得相关信息知识，只有学生自主掌握了相关网络技术和媒介使用技术，就可以随时随地地得到自己想要的知识和信息，同时网络信息素养也是新时代学生的核心素养之一。学习网络信息技术，熟练掌握运用网络技术和学习软件可以使学生自主获取知识，从而有效培养学生的自主学习能力。

5. 课前用微视频指导学生自主预习

课前预习尤为重要。虽然很多教师在教学中一再强调课前预习的重要性，学生也认识到这一点，但是，仍有部分学生由于知识水平、理解能力、自主学习能力有限等，在课前预习的时候不知道如何预习，部分学生仅仅是从头到尾浏览一遍课本，还有的学生通过死记硬背的方式记住公式、概念等知识，这样的预习浮于表面，不具有实效性，反而增加了学生学习压力。互联网时代下，教师可以通过微视频等现代化技术指导学生课前自主预习，让学生课前的时候能够有方向、有目标、有策略的预习。这样，一方面能够为学生后续听课奠定基础，另一方面，学生自主学习能力也得到了锻炼。

6. 课中通过互联网创造全体参与环境

一般的教学课堂通常都是教师主宰着，学生很少有活动的机会，机械地听着教师讲解知识，然后再通过死记硬背方式记住教师所讲的知识。这种学习环境下的学生的思维基本上处于停滞状态，各方面的能力得不到锻炼，反而越来越依赖教师。互联网时代下，教师可以通过互联网平台搭建一个良好的互动环境，让每个学生都能以主体者的身份积极参与，以此来锻炼学生自主学习能力。

7. 课后通过拓展性内容引导学生自主学习

学生学习能力参差不齐，所以对于课堂上教师所讲的知识，吸收的情况也不一样，有的学生完全吸收而且觉得不够，而有的学生吸收的知识未达到一半。互联网时代下，教师完全可以利用现代化信息技术为学生提供针对性的课后辅导服务。

在教学"长方体和正方体表面积"后，有的学生空间想象能力有限，在课堂上没有及时消化这节知识，我在课后的时候通过互联网给他们推送一些有关于讲解长方体和正方体表面积知识的简洁的、形象的视频，以促进他们理解和掌握。与此同时，我还通过QQ、微信等给学生提供在线指导服务，帮助学生有效消除学习障碍。而对于一些"没有吃饱"的学生，我给他们推荐一些具有挑战性的视频，让他们课后的时候观看、学习，并鼓励学生在遇到难题的时候在线提问，我再帮助他们解答。这样的课后辅导，具有很强的针对性，既能保障学生的复习效果，又能锻炼学生自主学习能力。

总之，互联网时代的发展对教师的教育教学工作提出了更高的要求，但同时也为教学改革与创新提供了诸多的平台和契机。在培养学生自主学习能力这项教育工作中，互联网的介入对于这一目标的实现有积极的促进作用。

第三节 "互联网+"背景下教师信息化应用能力研究

一、"互联网+"背景下加强教师信息化素养的路径

（一）强化教师开展信息化教学的意识

随着互联网技术的不断创新与发展，其对教育事业的影响越来越大，逐步渗入了教师的平时生活与教学活动。在互联网中包含了各种各样的信息资源，如何对这些信息进行提取，结合教师和学生的具体情况，共同应用到课堂教学活动中成为每一位教师必须深入探究的问题。比如说，移动智能终端设备手机是每一位教师必备的通讯与信息交流工具，在移动互联网的支持下，智能手机不仅能够实现传统的接打电话、发送信息功能，同时还可以浏览网页、查询信息，教师在使用智能手机上网时，可以特别关注与教学活动息息相关的内容，将其加以修饰与整合，使其能够与课堂教学内容具有较好的契合度，有效扩大课堂教学内容的范围，确保教学内容不再局限于课本内容，促使课堂教学内容的多样性。加强互联网教学资源与课堂知识内容的深度融合，不断提高教师提取与应用互联网资源的意识，帮助教师发现更多、更好的互联网教学资源包。此外，学校还要通过构建信息化教学环境、增加信息化教学软硬件技术创新的人力与物力投入等方式，不断强化教师应用信息化技术开展日常教学的意识。

（二）定期开展教师信息知识培训教育活动

对于教师而言，平时工作与学习中接触信息化技术较少，对信息化技术的了解也较为有限，同时由于信息化技术具有较强的专业性与技术性，因此为了提高教师的信息化素养，定期开展教师信息知识培训教育活动非常重要，制定明确的培训目标与计划，保障培训活动的长期性与高效性，防止培训活动形式主义严重。具体来说，信息知识培训教育活动的开展可以通过以下两个方面进行：一方面是教师利用个人时间主动地参与到学校与社会培训机构等组织的培训教育活动中，增加自身的信息化教学知识储备，深入了解和掌握信息技术的理论知识以及应用技巧，如基于互联网应用的教学模式改革与创新、网络资源教学课件的制作等。另一方面是教师自主探究，教师要养成自主学习信息化教学方面知识的习惯，主动阅读关于网络信息教学方面的刊物，主动参与到各种网络研讨会、论坛中，通过不断的努力提高自身的信息化素养。

（三）改善教师使用信息的水平

随着互联网在教育改革中的影响力越来越大，互联网在教学活动中的应用已然成了现代教育事业的发展趋势，教师不应该被动地去迎接互联网带来的挑战，必须积极主动、迎难而上地去认识、学习、应用互联网知识与技术，促使互联网技术和传统教学活动的相互融合，更好地弥补传统教学中的弊端。加强教师信息化素养的培养，就是要不断提高教师应用信息化技术改善课堂教学品质与效果的能力，促使教师能够在互联网技术的支持下更加高效地掌握学科知识、弥补教学中的弊端。在"互联网+"的背景下，并不是要求每一位教师都能够精通计算机，而是让每一位教师都能够具备基本的信息化技术应用能力与意识，保证教师能够紧随现代快速发展社会的步伐，从容地面对互联网带来的教育变革与挑战印。

（四）构建全面的校园信息管理体系

建立全面的信息管理体系是不断提升教师信息化素养的重要保障，而现阶段一些学校没有形成完善的信息管理体制，也没有将信息化教学技术与常规教学活动相互结合的实践经验。教育主管单位要明确要求教师应当具备的教学技能标准，同时将教师的信息化素养包含在其中，逐渐形成集培训学习、考核评估以及认证为一体的教师信息化素养培养体系，将教师的信息化素养转化成实实在在的考核指标，将其融入到教师资格证考试以及校园教师教学能力考核体制中，从而促使教师信息化素养能够得到质的改变。与此同时，学校也要健全互联网教学方面的行政管理制度，组织丰富多彩的教师信息技术演讲与教学比赛等活动，更好地强化教师的信息化素养。

二、"互联网+"背景下学校教师发展档案信息化建设

（一）学校教师发展档案的特点

1. 教师发展档案的概念

教师发展档案是建立在互联网电子信息平台上的信息搜集、管理、评价、分析的系统，是对教师教学过程的全程记录以及教师成长历程的搜集、记录和展示，更是教师个人综合素质能力提升道路上的最好、最完善的证据材料。

2. 教师发展档案的内容

教师发展档案的主体是教师，但并非把教师所有教学资料简单地放在一起，而是通过信息化的手段有针对性地整理和汇集教师个人各种教学信息和具有保存价值的、能反映教师专业化成长历程的文献、图片、教学视频等多种形式的资料。一是学校教师的个人基本信息。包含教学科目，教师学习培训记录和进修后的心得体会，参加各类培训的情况记录，心得等；二是教师的教学资料。教案、课件，公开课资料等；三是教师个人对自己本身的教学反思。囊括教研记录、教育随笔、教学反思笔记、授课经验总结，同行评课记录等材料；四是对教师多年教学成果的个人纪录。有着教师发表或获奖论文、比赛获奖、立项的课题等精选，教师的重要荣誉称号，指点学生发表的论文或获奖资料

等等诸多情况；五是教育教学评价信息。

3. 教师发展档案的特点

学校教师发展档案的核心信息资源库的建设，通过数据的录入、整理、分析建立数据库，使其具备动态性、连续性、高效性，所记录的内容真实、详细，既能发挥证明、依据、参考、促进作用，又能给教师提供一个展现个人成果的机遇平台，还能以多种方法对教师的学习、进修与发展过程进行描述，为教师专业发展的评估提供更加全面、丰富、生动的信息。

4. 教师发展档案的功能

主要有三方面的作用：一是信息化评价。教师发展档案是一种新型的质性评价模式，是对教师教学过程的真实性评价，同时也是一种发展性评价；教师的各项数据分析信息在一定范围资源共享打破传统纸质档案管理的相对封闭性在学校管理人才建设等方面充分发挥促进作用；二是服务。教师发展档案建设有利于发挥数据信息的服务功能。通过建设档案管理服务信息化平台，利用信息技术对加强各类信息的分类检索汇总可使教师个人、相关部门对有关资料的调用、分析、查询更为快捷；三是自我管理。教师教学发展档案的建设依托信息互联网平台，通过教师自我进行数据采集、更新、管理。按统一规范的模式快速实现信息资料提交、更新等流程。

（二）学校教师发展档案建设的必要性和重要性

1. 学校教师发展档案建设的必要性

（1）学校教师发展档案建设的重要性

作为一种新型评价教师教学能力的教师教学发展档案，现今受到的关注日趋增加，学校教师发展档案产生于多元评价的国际背景下，在发达国家中，学校教师发展档案被广泛地用于教师评价活动，在我国学校教育教师评价活动中显示出操作简洁、激励性强的优势。学校教师发展档案能潜在性地激发教师的反思性思维，高效率地促进学校教师的专业发展，提升青年骨干教师的能力，可成为推进学校教学发展和增加教学质量的有效路径之一。

教师发展档案作为教师教学活动的真实业绩，是学校进行教学管理的重要素材，为学校教学部门进行教学管理和教学改革提供依据，有利于学校对师资管理的科学决策。信息化教师发展档案系统能快速、及时、准确地完成对指定教师的各类指标进行查询统计、分析比较，还可对相同范围学院内的师资信息进行分析、比较，综合反映教师的整体状况作为学校教师档案的重要组成部分，教师发展档案可为学校各级领导及人事部门对教师进行聘期考核、职称晋升、评优评先、人才引进、人事改革等的政策制定方面，发挥重要参考作用。

（2）学校教师发展档案的积极作用

学校教师发展档案的建设不仅是满足国家教育建设的需要，也是为能让教师专业得到更快、更好的发展。教师是反思性实践者，教师教育档案能让教师更为直观地看到自己的成长与进步，提高教师对教学的反思，更快地促进教师的反思本领的成长。还可推进教师同行间的对话，增加教师间的互动交流学习，相互影响，相互进步，促进教师达到一个正确、公正评价自己的目的，看清自己的优点，也发现自己的不足，从而进一步降低自己的劣势；另一方面，教师发展档案的建设能很大程度上调动教师专业发展的主动性，只有这样，教师才能很好地融入自身的教学环境，才能不断去理解，去学习，去反思自己的教学理念和教学状态，从而提高自身的专业发展，并带给学生们更好的教学氛围，形成一个良性的互动循环。

（三）学校教师发展档案信息化建设的有效策略

1. 教师发展档案信息化建设的总体思路

教师发展档案建设就是应用以计算机为中心的现代网络信息技术对教师发展各个阶段的材料进行收集、整理、汇总、分析和利用。在学校教师教学发展越来越受到重视的情况下，学校教师教学逐渐追求更高提升的环境下，教师的终身学习制就成为一个可实现的话题，因此，教师教学发展电子档案一定会成为当下信息时代教师提高教学能力、彰显教育特色的高效帮手之一。为进一步高效率建设学校教师教学档案，首先应提高重视程度，为教师和档案管理员提供全方位的持续培训，增强他们对教学档案管理的重视，提高管理意识和管理水平，还需要掌握多媒体等新信息技术手段，并能用这些网络信息技术完成对教师教学档案信息化管理工作。

2. 加强教师发展档案的信息化系统建设

要完善教学档案信息化基础建设，要在管理平台上构建出包括学校和教师个人三个层面以及教师个人发展资料的评价体系和模型。模型中应该系统地展示教师的信息：一是利用教师平时上传的各种资料，自动生成的教师个人的发展规划档案。管理学校教师的个人信息，囊括了教师的各类基本信息，形成自我剖析、总体目标、总体发展指标以及阶段目标的评估，为教师发展提供更加明确的方向；二是个人空间。以时间学年轴的形式记录教师的履历历程，更好地展现学校教师每年的成长轨迹；三是学校教师的个人档案袋。记录学校教师的教学资料，包括所讲授课程质量较高的课件，课堂教学实录、教学手段应用调查报告等相关资料，以及自己编制的习题、试卷，教师参与课题研究记录等；四是教师个人对教育教学的思考。包括参加学校培训记录、教育学习随笔、教学反思笔记、教学经验总结、督导同行听课记录等材料；五是对教学质量的评估，包括各个方面对教师的评估以及教师自我评估；六是建立 SNS 社交网络机制。以学科组、教研组组成圈子，让教师的资料形成共享，教师间可相互观看记录进行学习，相互促进，相互提高；同时建立健全的各种规章制度，制订出清晰明确的指导方针增强教学发展档案管理的科学性、有效性与规范性，提高教师教学档案的价值。

3. 建设数字化的教师发展档案管理服务系统

要创新教师档案管理模式，充分利用现代信息技术和大数据技术，建立开发一个能充分挖掘教师档案内在价值可准确、高效、多维度地为学校提供教师信息的教师发展档案管理服务系统，将原有纸质档案转化为电子信息，由"固态化"档案管理为系统化的"动态化"管理，变"被动性"的查询服务为"主动性"的信息提供服务。利用多媒体和大数据技术开展存储，检索教师教学档案信息，将档案管理服务系统管理层级扩大至各二级教学单位，分类对教师在教学年度内的相关教学实绩数据资料进行价值分析和资源汇总，并制订相关的资料搜集和管理制度，及时定期地搜集教师各类教学活动的新信息、新材料，及时按要求录入管理服务系统上报至学校相应档案管理部门。

4. 加强档案信息化管理队伍的建设

学校教师教学档案管理人员应加强档案信息化建设，定期对档案进行审核校对工作，检查档案中存在哪些问题，有哪些不合格的地方，并对教师进行一个全面的反馈，使他们明白自己的教学档案中有哪些问题需要解决、可以改进，从而更好地提升教师队伍综合素质，发挥出教师发展档案的价值；另外，各学校还应加大对教师发展档案信息化建设的宣传力度，让教师教育教学发展档案从隐藏的角落中走出来，进入更多师生的视野中，提升学校教师的档案意识，更快、更好地建设信息化的教学发展档案。

三、"互联网+"背景下学校教师信息化教学能力发展策略

学校教师信息化教学能力的提升主要依靠教师和学校两大核心要素，起决定性作用的要素是教师，其信息化教学理念的更新、教学实践与反思能力的培养、终身学习理念的树立等是推动自身信息化教学能力发展的关键。学校为教师信息化教学能力的提高提供条件保障，科学的教育培训机制、数字化的教学环境、完善的教学评估体系等对教师信息化教学能力的提升起支撑和激励作用。

（一）教师层面

1. 增强信息化教学意识，更新信息化教学理念

信息化教学能力提升的基础和前提是学校教师要具备较强的信息化教学意识，能够自觉认识到信息化教学的重要性并愿意主动学习。具体而言，教师要自觉主动地观摩、分析优秀的信息化教学案例，并将其与传统的授课方式进行比较，以体会信息化带来的变革与进步。同时，通过实地学习、翻转课堂、微课堂教学等课堂教学实践，领悟信息化教学对课堂教学的影响，增强信息化教学意识。

只具备了信息化教学意识是不够的，还必须有正确的理论引导。教师应积极转变理念，通过文献阅读、参加讲座、参与培训等形式积极学习前沿的信息化教学理论，正确理解信息化教学的内涵，并结合教学实践活动，在实践过程中加深对信息化教学理念的认识。

2. 开展信息化教学实践，加强信息化教学反思

实践是经验生成的最主要途径，只有对实践与反思足够重视，才能获得信息化教学能力的提高。教师可以采取多种形式开展实践演练，如进行信息化教学设计、微格教学、同课异构等，并通过反复观看自己的教学录像、向优秀教师请教、开展有效的观摩学习、进行教学研讨等形式进行教学反思，发现并改进教学过程中的不足。

3. 转变角色定位，树立终身学习理念

在"互联网+"时代，知识技能更新换代速度极快，因此，具备较强的学习意识与学习能力，树立终身学习的观念成为信息化时代对教师的新要求。学校教师需主动获取新知识、新技能，通过终身学习，不断适应教育信息化带来的问题与挑战，夯实信息技术与教学方面的知识与技能，培养创造性思维能力，提高自身综合素养，进而提升信息化教学能力。

（二）学校层面

1. 完善信息化教学培训机制，提升信息化教学能力

学校应建立健全的教学培训体系，细致规划培训的对象、内容及方式，以转变教师的信息化教学观念为基础，采用多种培训方式进行个性化培训，全面贯通理论与实践，综合提升教师信息化教学能力。

①细化培训对象，实施针对性培训计划。根据受训教师年龄、所教专业、信息化教学需求，细分类型，对不同类别进行个性化的训练，以提高培训的质量和效果。将同年龄段、接受能力相同的教师作为一类别，共同培训，避免由于教师接受能力的不同而导致培训结果的不理想；依据专业类别对教师进行分组培训，以便教师进行组内经验分享与交流；根据教师开展信息化教学的不同需要分组，按需开展针对性培训，以达到高效、个性化的效果。

②丰富培训内容，全面贯通理论与实践。教师信息化教学能力的培训应结合目前学校教师信息化教学能力所面临的问题，培训内容既应包括信息化教学所需的知识、技术等理论知识，也应该包括设计开发、实践、反思等具体能力，力争在培训中实现理论学习与实践演练的全面贯通，最终实现信息化教学能力的综合提升。

③创新培训手段，实现培训方式多样化。学校可借助信息技术采用线上线下相结合的培训模式，线上通过网络教学平台自主学习理论知识，开展基于网络的自主探究活动，线下通过举办知识讲座、面对面教学研讨、观摩信息化教学设施、听评公开课等多种方式加强理论理解，丰富实践经验。

2. 加强基础设施建设，营造信息化教学环境

学校应重视学校的信息化教学环境建设工作，健全基础设施，为信息化教学活动的开展提供环境支持与设备保障。加强校园网络建设，营造开放、共享的网络环境；配置基本的数字化教学软硬件设施；组建完善数字的教学资源库和在线教学平台，便于教师进行优质教育资源共享，促进交流学习。

3. 完善教学评价体系，确保信息化教学质量

教学质量评估是学校教育管理的一个重要内容，具有指导和监督的功能，是提升教育质量的保障。为了进一步保证学校的信息化教学质量，学校应完善教学评价体系，建构以知识技能为基础、以实践应用为核心，以创新突破为终极目标的三级考核评价体系，逐级提升对学校教师信息化教学能力的要求，确保每一级目标高质量达成。

参考文献

[1] 余萍.互联网＋时代计算机应用技术与信息化创新研究 [M].天津：天津科学技术出版社，2021.09.

[2] 龚星宇.计算机网络技术及应用 [M].西安：西安电子科学技术大学出版社，2022.02.

[3] 王钱超.计算机应用技术基础实践教程 [M].合肥：合肥工业大学出版社，2022.08.

[4] 李彩玲.计算机应用技术实践与指导研究 [M].北京：北京工业大学出版社，2022.07.

[5] 常春燕，荣喜丰.计算机应用技术及其创新发展研究 [M].长春：吉林科学技术出版社，2021.

[6] 李焕，韩多成.计算机网络技术与应用 [M].北京：北京理工大学出版社，2021.10.

[7] 段新华.计算机网络技术与应用研究 [M].长春：吉林教育出版社，2021.

[8] 姚本坤.计算机信息技术与网络安全应用研究 [M].长春：吉林教育出版社，2021.

[9] 孟敬.计算机网络基础与应用网络技术类 [M].北京：人民邮电出版社，2021.04.

[10] 张瑛.计算机网络技术与应用 [M].长春：吉林科学技术出版社，2020.05.

[11] 马志强.计算机网络技术与应用 [M].长春：吉林出版集团股份有限公司，2020.05.

[12] 孙超.计算机前沿理论研究与技术应用探索 [M].天津：天津科学技术出版社，2020.06.

[13] 赵克宝.计算机网络安全技术应用探究 [M].长春：吉林出版集团股份有限公司，2020.05.

[14] 吴婷.现代计算机网络技术与应用研究 [M].长春：吉林科学技术出版社，2020.09.

[15] 易威环，许满英，王英资.计算机应用技术基础与实践 [M].天津：天津科学技术出版社，2020.07.

[16] 段欣.计算机网络技术应用 [M].北京：电子工业出版社，2020.02.

[17] 陈雪蓉.计算机网络技术及应用 [M].北京：高等教育出版社，2020.08.

[18] 温爱华，刘立圆.计算机与信息技术应用 [M].天津：天津科学技术出版社，2020.09.

[19] 王玺，叶利，高昆.计算机信息网络技术与应用 [M].延吉：延边大学出版社，2020.

[20] 饶绪黎.信息技术与计算机应用基础 [M].福州：福建教育出版社，2020.08.

[21] 张福潭，宋斌，陈芬.计算机信息安全与网络技术应用 [M].沈阳：辽海出版社，2020.01.

[22] 张四平.计算机应用技术 [M].长沙：湖南大学出版社，2019.11.

[23] 李卫卫 . 计算机应用技术教程 [M]. 成都：电子科技大学出版社，2019.06.

[24] 陈卉 . 计算机应用技术教程 [M]. 北京：中国铁道出版社，2019.01.

[25] 杜菁 . 计算机应用技术实践指导 [M]. 北京：中国铁道出版社，2019.03.

[26] 董倩，李广琴，张惠杰 . 计算机网络技术及应用 [M]. 成都：电子科技大学出版社，2019.12.

[27] 李兴田，张丽萍 . 计算机绘图及 BIM 技术应用 [M]. 北京：中国铁道出版社，2019.07.

[28] 李晓华，张旭晖，任昌鸿 . 计算机信息技术应用实践 [M]. 延吉：延边大学出版社，2019.07.

[29] 宋颜云 . 微计算机理论与应用技术研究 [M]. 北京：中国大地出版社，2019.04.

[30] 鲁丽彬 . 计算机多媒体技术应用研究 [M]. 西安：西北工业大学出版社，2019.05.

[31] 张婉 . 计算机网络技术应用及发展探究 [M]. 成都：四川大学出版社，2019.06.

[32] 郭丽蓉，丁凌燕，魏利梅 . 计算机信息安全与网络技术应用 [M]. 汕头：汕头大学出版社，2019.04.

[33] 徐骏骅，卢雪峰，李桂香 . 计算机应用技术 [M]. 杭州：浙江大学出版社，2019.11.